Hans Christian von Baeyer

DAS ATOM IN DER FALLE

Forscher erschließen
die Welt der kleinsten
Teilchen

Deutsch von Hainer Kober
Fachliche Beratung Dr. Kai Zuber

Hans-[illegible]
September 1994

Rowohlt

Der Verlag dankt dem Autor für seine
Hilfe bei der Übersetzung.

1. Auflage März 1993

Die Originalausgabe erschien 1992 unter dem Titel
«Taming the Atom: The Emergence of the Visible Microworld»
im Verlag Random House, New York

Redaktion Jens Petersen
Umschlag- und Einbandgestaltung Jens Kreitmeyer
Fotos des IBM-Forschungslaboratoriums Zürich:
RTM-Spitze und Probe unter dem Elektronenmikroskop
RTM-Aufnahme einer Goldoberfläche mit atomaren Stufen
Mit freundlicher Genehmigung der IBM Deutschland GmbH
Satz Iridium (Linotronic 500)
Gesamtherstellung Clausen & Bosse, Leck
Printed in Germany
ISBN 3 498 00553 7

Für Madelynn und Lili

«Was ist WIRKLICH?» fragte das Stoffkaninchen eines Tages, als sie nebeneinander in der Nähe des Kamins lagen, bevor Nana kam, um das Zimmer aufzuräumen. «Heißt das, daß man innendrin Sachen hat, die brummen, und einen Griff, der aus einem herausragt?»

«Wirklich ist nicht, wie man beschaffen ist», sagte das Fellpferd. «Es geschieht mit einem.»

Margery Williams
‹The Velveteen Rabbit›

Inhalt

Prolog

Als ich zum erstenmal ein Atom sah, blinkte es – es überraschte mich, weil es flimmerte wie etwas Lebendiges. Seit ich als Junge erstmals von Atomen gehört hatte, stellte ich sie mir wie Sandkörner vor, als mikroskopische Teile inerter, unbelebter Materie, die allein auf äußere Reize reagieren kann, wie Sand, der von Wind und Wellen an der Küste verteilt wird. Doch dieses Atom, zufällig eines des Quecksilbers, blinkte von sich aus, als folge es irgendeinem inneren Einfluß. Mir war, als sei mir ein unerwarteter flüchtiger Blick hinter seine äußere Erscheinung in die geheimnisvolle, verborgene Welt unter der atomaren Oberfläche vergönnt worden.

Die Kunst, Atomteilchen einzufangen und zu isolieren, ist neu. Die erste Fotografie eines einzelnen Atoms, aufgenommen an der Universität Heidelberg, wurde 1980 veröffentlicht. Zehn Jahre später war weltweit ein halbes Dutzend Institute in der Lage, das Kunststück nachzuahmen. Als theoretischer Physiker habe ich, solange ich in meinem Beruf tätig bin, Atome mit Hilfe der Mathematik beschrieben, aber die Vorstellung, sie in Aktion sehen zu können, erregte meine Neugier. Deshalb hatte ich mich umgehört, um mehr darüber zu erfahren, und war hocherfreut, als mich David Wineland, der Wissenschaftler, der am National Institute of Standards and Technology in Colorado für diesen Bereich zuständig ist, zu einem Besuch einlud. Zwar kannte ich Reproduktionen seiner Atombilder aus der wissenschaftlichen Literatur, doch wollte ich mir die Gelegenheit, ein Atom mit eigenen Augen zu sehen, nicht entgehen lassen. Also packte ich meine Reisetasche und buchte einen Flug nach Boulder.

Das National Institute of Standards and Technology ist in einer Reihe niedriger, grauer Gebäude untergebracht, die aus den roten Klippen in den Ausläufern der Rocky Mountains wie ein fremdartiger Auswuchs hervorzutreten scheinen. Die Mikrowellen-Parabolantennen auf den Dächern sehen eindrucksvoller und professioneller als normale Satellitenschüsseln aus und verraten die wissenschaftliche Funktion des Komplexes. Nachdem der Besucher eine marmorne Eingangshalle durchquert hat, steigt er eine unerwartet weitläufige Treppenflucht empor (die wahrscheinlich den Aufstieg in das felsige Gelände bahnt) und betritt einen langen, schlecht beleuchteten Flur. Wie die Korridore wissenschaftlicher Laboratorien überall in der Welt besteht sein Schmuck aus Postern, auf denen Albert Einstein die Zunge herausstreckt, ausgeschnittenen Cartoons über verrückte Wissenschaftler in weißen Kitteln, den Ankündigungen hochaktueller Tagungen in exotischen Teilen der Welt, Diagrammen, die von den neuesten Leistungen des Instituts künden, und einer bunten Sammlung von Gerätschaften. Der merkwürdigste Gegenstand an diesem Ort ist eine Standuhr aus durchsichtigem Plastik, die daran erinnert, daß die Labors zu beiden Seiten des Flurs der Time and Frequency Division angehören, der offiziellen amerikanischen Institution für Zeitmessung. Der wichtigste Rechtfertigungsgrund für David Winelands Arbeit ist die Suche nach der vollkommenen Uhr, für die ein isoliertes, eingeschlossenes Atom ein guter Kandidat ist.

Wineland, Mitte Vierzig, groß, sportlich, wortkarg, trug keinen weißen Kittel, sondern Jeans und Sweater. (Isolierte Atome machen keine Flecken.) Auf der Tür zu seinem Labor stand ein warnender Hinweis auf die starken Laserstrahlen im Innern des Raums. Dieser selbst war nicht größer als ein durchschnittliches Wohnzimmer und vollgestopft mit Geräten, unter denen vor allem drei optische Bänke auffielen – Stahlungetüme, die allein schon auf Grund ihres Gewichts Vibrationen verhindern sollen und deren Oberfläche so außerordentlich glatt geschliffen ist, daß auf ihnen präziseste Ausrichtungen möglich sind.

Am Tag meines Besuchs waren alle drei mit optischen Geräten beladen. Auf den ersten Blick schienen die Linsen, Spiegel, regulierbaren Irisblenden, Prismen, Schirme und Filter zufällig verteilt zu sein, doch die feinen Laserlichtfäden, die sie zu einem filigranen mehrfarbigen Gewebe verbanden, verrieten, daß dem Ganzen ein umfassender Plan zugrunde lag. Einige Lichtstrahlen verliefen sogar zwischen den Tischen hin und her und schlossen den ganzen Raum zu einem einzigen integrierten Instrument zusammen, so daß ich das unbehagliche Gefühl hatte, ich würde das ganze Experiment zum Scheitern bringen, wenn ich versehentlich irgendwo anstieße. Nur eine billige Taschenlampe, die völlig deplaciert auf einem der Tische lag, milderte den Anblick unnahbarer Vollkommenheit ein wenig.

Hinter den optischen Bänken standen zwei riesige Holzkisten, aus denen geheimnisvolle Rohre und Drähte hervorragten. Während ich mich fragte, welche wohl die Atomfalle sein könnte, öffnete Wineland eine Schublade und zog eine kleine Plastikschachtel heraus, die einen Penny enthielt. Auf diesen hatte er so, daß kaum die Aufschrift *e pluribus unum* verdeckt wurde, für Besucher wie mich eine seiner Fallen geklebt. Sie bestand aus einem winzigen kringelförmigen Ring und kolbenartigen Gebilden zu beiden Seiten des Rings, die lose das Loch des Kringels verdeckten, ohne ihn jedoch richtig zu berühren. Alle drei Stücke – der Ring und die beiden Verschlußkappen – bestanden aus grauem, Feuerstein ähnelndem Molybdänmetall, das äußerst präzise bearbeitet war. Mich verblüfften die winzigen Ausmaße der Falle, bis ich mir klar machte, daß aus dem mikroskopischen Blickwinkel eines Atoms der Raum im Innern des Rings, zwischen den beiden Verschlußkappen, eine Riesenhöhle von den Ausmaßen eines Sportstadions darstellen mußte. Wenn die Falle in Betrieb ist, wird sie elektrisch geladen, und zwar so, daß ihre Wände das Atom abstoßen. Dieses ist durch den Verlust eines seiner Elektronen selbst geladen und deshalb gezwungen, in der Mitte des Hohlraums hin und her zu schießen.

Die Falle, die gerade in Betrieb war, hing im Innern eines Vakuumgefäßes aus Glas in einer Ecke des Labors. Ein Hochvakuum ist wichtig für die Isolierung von Atomen, weil sie sonst von unzähligen Luftmolekülen umhergestoßen und schließlich aus der Falle hinausbefördert werden. Über der Falle befand sich ein Detektor für ultraviolettes Licht, der mit einem Kontrollbildschirm verbunden war. Wineland erklärte, er würde mir ein Quecksilberatom zeigen, das von ultraviolettem Licht beleuchtet wird – UV-Licht ist für das bloße Auge unsichtbar. Die Bänder aus Laserlicht, die überall im Labor zu sehen waren, dienten, wie sich herausstellte, nur verschiedenen sekundären Zwecken, zum Beispiel der Erzeugung und Eichung des primären, unsichtbaren Lichtstrahls.

Der Umstand, daß ich das Atom nicht direkt, sondern nur mittels einer so komplizierten Apparatur sehen würde, störte mich nicht sonderlich. Instrumente zur Unterstützung der Sehschärfe sind nichts Ungewöhnliches – zwischen einer einfachen Brille und so aufwendigen Geräten wie den Bildverstärkern, die Farbbilder ferner Galaxien einfangen, bestehen nur graduelle, nicht prinzipielle Unterschiede. Der Umstand, daß zwischen mich und mein Atom ein Verstärker wie der UV-Licht-Detektor geschaltet war, wird das Erlebnis, es zu erblicken, nicht beeinträchtigen, dachte ich. Auch so würde ich des Gegenstandes gewiß sein können, den ich betrachtete.

Wineland zeigte auf ein bleistiftdünnes Glasröhrchen an der Rückseite des Vakuumapparates; es enthielt ein paar Tropfen Quecksilber, das die einzufangenden Atome liefern sollte. Er erklärte, es sei kein gewöhnliches Quecksilber, wie man es in Barometern und Thermometern benutzt. Natürlich vorkommendes Quecksilber besteht aus einer Mischung etlicher unterschiedlicher Atomarten, die gleich aussehen und chemisch identisch sind, sich aber, wie Sandkörner, in ihrem Gewicht etwas voneinander unterscheiden. Eine genaue Gewichtskontrolle ist von entscheidender Bedeutung für den Atomeinschluß, deshalb mußte Wineland nach einer Quecksilberquelle von extremer Reinheit suchen, die sogar hinsichtlich des Atomgewichts übereinstimmte. Zu seiner Überraschung fand er sie in der eigenen Behörde: Das National Bureau of Standards, der ehrwürdige Vorgänger des National Institute of Standards and Technology, hatte in einem vergessenen Safe eine winzige Menge künstlichen Quecksilbers gelagert, das kurz nach dem Zweiten Weltkrieg durch die Strahlung eines Kernreaktors aus einem anderen Element entstanden war. In einer ironischen Umkehrung der Träume mittelalterlicher Alchimisten war das ursprüngliche Element Gold gewesen. Das Atom, das ich gleich sehen sollte, war also das edelste aller Atome – das des Goldes –, das man mit den Mitteln moderner Hexenkunst zu gewöhnlichem Quecksilber entwertet hatte.

Bevor Wineland die Beleuchtung einschaltete, ließ er mich durch ein Fenster, nicht größer als das Guckloch in meiner Haustür, spähen, um mir einen Blick in das Innere des Vakuumgefäßes zu gewähren. Durch ein Miniaturfernrohr konnte ich die Falle erkennen, die an einem Draht im Innenraum aufgehängt war. Der enge Spalt zwischen dem Ring und einer der Abdeckkappen diente als Schlüsselloch, durch das man beobachten konnte, was im Innern vor sich ging. Der UV-Detektor war, wie Wineland erklärte, durch den Spalt auf einen Fleck in der Mitte der Falle ausgerichtet, wo das Atom schon gefangen war, während ich jetzt hineinsah – es war natürlich zu klein, um im Halbdunkel des Gefäßinneren erkennbar zu sein.

Schließlich schaltete Wineland den Monitor ein. Mein erster Eindruck war, daß der Bildschirm Schneefall im strahlenden Sonnenschein zeigte. Jedes Blinken stellte ein einzelnes Lichtteilchen, ein Photon, dar, das von dem ultravioletten Laser auf die Falle abgeschossen und von der Molybdänoberfläche reflektiert wurde. Da ich inzwischen den kleinen kringelförmigen Ring zweimal gesehen hatte, das erstemal auf dem Pennystück und das zweitemal in Gestalt der richtigen Falle, konnte ich seine Umrisse unschwer auf dem Schirm ausmachen. Doch der Raum in der Mitte war dunkel. Wineland erklärte, er müsse die Frequenz des UV-Lasers auf den

Wert einstellen, der sich am besten zur Sichtbarmachung von Quecksilberatomen eigne. Er machte sich an die Arbeit – und schließlich sah ich mein erstes Atom.

Direkt in der Mitte der Falle erschien ein kleiner Stern. Zunächst kaum erkennbar in all den flackernden Reflexionen rundum, doch dann mit zunehmender Intensität gab das Quecksilberatom sein Licht ab. Fest umschlossen von elektrischen Kräften, die sich zwischen seiner eigenen Ladung und der der Metallwände seiner Falle entfalteten, rührte es sich nicht von der Stelle. Seine zitternde Bewegung in der Falle war viel zu winzig, als daß man sie hätte bemerken können. Es sah fest verankert aus – und das war es auch. Wineland berichtete mir, andere Atome seien bis zu zehn Tage lang auf diese Weise an Ort und Stelle gehalten worden, bevor irgendein Zufallsereignis, etwa der Zusammenstoß mit einem verirrten Luftmolekül oder ein kleiner Defekt in der elektrischen Versorgung, sie wieder in die Vergessenheit habe entschwinden lassen. Hier hatte ich es also vor Augen: ein Atom in Gefangenschaft.

Während ich es wie gebannt betrachtete, begann ich zu bemerken, daß es blinkte. Zunächst schrieb ich die Erscheinung dem allgemeinen Flackern des Schirms zu, doch bald wurde deutlich, daß das Quecksilberatom – mehrere Male pro Sekunde – an- und ausging. Dies war ohne Zweifel der erstaunlichste Anblick, der mir je zuteil geworden war. Was für eine Ursache dieses Phänomen auch haben mochte, es rief mir nachdrücklich ins Bewußtsein, daß Atome aktive, dynamische Systeme sind, fähig zu höchst komplizierten inneren Wandlungen, und nicht die mindeste Ähnlichkeit mit den unveränderlichen, ewig gleichen Materiekörnchen aufweisen, für die die Griechen sie gehalten hatten. Obwohl dies meinem Verstand längst klar war, bedurfte es des dreisten Zwinkerns eines eingefangenen Quecksilberatoms, um es mir in unvergeßlicher Weise einzuprägen.

Wineland hob hervor, daß das Blinken weit mehr als eine störende Ablenkung war. Es sei vielmehr der beste Beweis dafür, daß wir tatsächlich ein einzelnes Atom betrachteten und nicht beispielsweise ein kleines Quecksilbertröpfchen, das aus Milliarden Atomen bestand. Auch ein solches Kügelchen würde das ultraviolette Licht reflektieren, doch im Gegensatz zum Atom in einem stetigen, ununterbrochenen Strahl. An der Größe des hellen Flecks auf dem Monitor hätte man ein Atom von einem Tröpfchen nicht unterscheiden können – er ist viel größer als beide –, nur im Blinken gab es sich zu erkennen. Es erwies sich als ein entscheidendes Element des Experiments, als Erkennungszeichen eines einzelnen Atoms.

Isolierte Atome reflektieren Licht anders als Spiegel oder Quecksilbertröpfchen. Sie absorbieren die Lichtteilchen, um sie dann praktisch sofort wieder abzustrahlen. Die Absorption ist nur möglich, wenn sich die Elektronen des Atoms in einer besonderen Konfiguration, einem bestimmten Quantenzustand befinden. Das Atom muß gewissermaßen in einer aufnahmebereiten Verfassung sein. Doch manchmal ordnen sich seine Elektronen spontan und ohne äußeren Reiz zu anderen Konfigurationen an. Sie hüpfen im Innern des Atoms umher, führen sogenannte Quantensprünge aus, und wenn sie dann in einem nicht aufnahmefähigen Zustand angeordnet sind, vermag das Atom kein Licht mehr zu absorbieren: es geht aus. Sobald es wieder in seinen ursprünglichen Zustand zurückspringt, geht es abermals an. Dieses Phänomen wurde als theoretische Möglichkeit erstmals 1913 von Niels Bohr vorgeschlagen, ließ sich aber experimentell erst beobachten, als einzelne Atome in Fallen eingeschlossen werden konnten. Es stellte sich also heraus, daß Wineland mehr bieten konnte, als er mir am Telefon versprochen hatte. Er zeigte mir nicht nur ein Atom, sondern auch ein Anzeichen seiner genuin quantenmechanischen Natur.

Als ich an jenem Tag das Quecksilberatom betrachtete, begann ich zu verstehen, welche Faszination von diesen Einschlußexperimenten ausgeht. Schon in den wenigen Minuten, während ich es beobachtete und das Muster seines Blinkens zu erkennen begann, konnte ich die Anfänge eines Gewöhnungsprozesses verspüren, den Antoine de Saint-Exupéry in ‹*Der kleine Prinz*› als Zähmen bezeichnet. «Das ist eine in Vergessenheit geratene Sache. Es bedeutet: sich ‹vertraut machen›», sagt der Fuchs, einer der Protagonisten dieses entzückenden Märchens. Der Verlauf des Vertrautwerdens ist langsam: Erst nachdem wir uns an eine Sache gewöhnt haben, können wir sie begreifen. Der kleine Prinz wußte um den Wert der Geduld, denn auf seinem Asteroiden wuchs nur eine einzige Rose, die er liebevoll gepflegt und großgezogen hatte – die er gezähmt hatte.

Wir alle haben erfahren, wie aus Zähmung Bindung wird. Wir haben unsere Lieblingspantoffeln, Lieblingstassen und Lieblingssessel, und wir schreiben diesen Gegenständen eine Bedeutung zu, die die geschäftige Welt um uns her nicht nachvollziehen kann – wir entwickeln liebevolle Gefühle ihnen gegenüber. Auch Menschen zähmen wir: Vertrautheit hilft, aus Fremden Bekannte zu machen, aus Bekannten Freunde und aus einem bestimmten Freund eine Familie («familiaris» heißt im Lateinischen «zur Familie gehörig», aber auch «vertraut»). Indem wir Atome zähmen, können wir uns auch sie vertraut machen und allmählich ein intuitives Verständnis für sie entwickeln.

Der blasse Lichtfleck in der Mitte des Sichtschirms, inmitten des myriadenfachen zufälligen Flimmerns rundherum, erinnerte mich an ein anderes Bild. Ende Februar 1990 befand sich die unbemannte Raumsonde *Voyager 1* am Rand des Sonnensystems, dreizehn Jahre und fünfeinhalb Milliarden Kilometer von zu Hause entfernt, hoch über der Ebene der irdischen Umlaufbahn. Unter anderem auf Drängen des Astronomen Carl Sagan wurde die Kamera der kleinen Raumsonde herumgedreht, um einen letzten Blick auf die Erde einzufangen, die winzig unter den Sternen war und vom hellen Schein der nahen Sonne fast verschluckt wurde. Aus wissenschaftlicher Sicht ist das Foto nicht sehr erhellend, doch emotional geht es einem nahe, was Sagan sehr wohl vorausgesehen hatte. Nie wurde ein Bild der Erde aus größerer Entfernung aufgenommen, und es zeigt unsere Bedeutungslosigkeit in der Weite des Kosmos mit unbarmherziger Deutlichkeit.

Auf diesem Bild ist die Erde nur ein blaßblauer Fleck in einer

Gruppe heller Sterne. Eine verirrte Spiegelung in der Kamera wirft einen breiten Lichtstrahl über die Fotografie, so daß es auf unheimliche Weise dem Bild der Falle auf David Winelands Monitor ähnelt, mit seinen glitzernden Lichtpunkten und den Reflexionen.

Die beiden Bilder stellen die Extrempunkte eines breiten Spektrums von Abständen dar. In Zehnerpotenzen, oder Größenordnungen, gemessen, sind wir von beiden Extremen fast gleich weit entfernt. Als das Foto entstand, befand sich *Voyager 1* ungefähr 10^{12} (eine Million Millionen) Meter von uns entfernt, während das Atom ungefähr 10^{-10} (ein Zehnmilliardstel) Meter im Durchmesser aufweist. Außerhalb dieses Spektrums, jenseits des Sonnensystems, zeigen unsere Teleskope Sterne, Galaxien, Haufen und Superhaufen von Galaxien, die sich bis zum sichtbaren Horizont des Universums erstrecken. Weder wir noch unsere Roboter-Gesandten sind jemals dort gewesen. In der anderen Richtung, jenseits des Atoms, machen Teilchenbeschleuniger Kerne und Elementarteilchen bis hin zu den schwer nachweisbaren Quarks und Leptonen sichtbar, die die fundamentalen Bausteine der Materie darstellen. Doch wir können sie nicht sehen und werden vielleicht niemals dazu in der Lage sein. Die Region zwischen den beiden Bildern – der zugängliche Teil des Universums – umfaßt einen Großteil des Ganzen. Die Bandbreite der Abstände vom Durchmesser des Universums bis zur Größe der kleinsten Teilchen erstreckt sich über vierundvierzig Größenordnungen. Davon umfaßt das zugängliche Spektrum, von 10^{12} bis 10^{-10}, zweiundzwanzig Größenordnungen oder, anders betrachtet, die Hälfte der Schöpfung.

In den letzten Jahren ist viel über Kosmologie, die Welt des unvorstellbaren Großen, und die Teilchenphysik, die Welt des unbeschreibbar Kleinen, sowie die Begegnung beider im Urknallmodell geschrieben worden. Zwar sind beide Bereiche intellektuell sehr reizvoll, doch aufgrund ihrer Unvorstellbarkeit und Unbeschreibbarkeit auch außerordentlich abstrakt. Das zugängliche Universum dagegen ist sichtbar und greifbar. Den Menschen, deren Vorstellungskraft nicht durch die Interpretation wissenschaftlicher Daten geschult ist, erscheint dieser Teil wirklicher. Und eben weil er unseren Alltagserfahrungen näher liegt, sind seine Geheimnisse zumindest ebenso faszinierend wie diejenigen der unzugänglichen Welt jenseits seiner Grenzen.

Die Ähnlichkeit der beiden Bilder an den Rändern unserer unmittelbaren Erfahrung wird durch den Umstand unterstrichen, daß sie beide sozusagen in derselben Richtung aufgenommen wurden. Häufig sieht man Gegenüberstellungen von Bildern der makroskopischen Welt und solchen der mikroskopischen Welt – eine wirbelnde Galaxie etwa, die einer gallertartigen Amöbe ähnelt. Doch solche Bilder sind in entgegengesetzter Richtung aufgenommen, beide aus dem Blickwinkel unserer eigenen Größenordnung. Dagegen wird das *Voyager*-Bild wie Winelands Videoaufnahme eines Quecksilberatoms aus gewaltiger Entfernung herangeholt, was den Vergleich besonders eindringlich macht.

In Hinblick auf das Wissenschaftsverständnis der Öffentlichkeit nehmen die beiden Bilder jedoch unterschiedliche Positionen ein. Während die Atomphysik als Geheimwissenschaft gilt, die einigen wenigen Eingeweihten vorbehalten bleibt, hat die Astronomie, die sich mit unserem Sonnensystem befaßt, die Phantasie der Menschen in weit höherem Maße beschäftigt. Als Junge habe ich die Namen der Planeten auswendig gelernt, vom sonnennahen Merkur bis hin zum äußersten Planeten, dem Pluto. Doch das waren nur Wörter. Die Planeten selbst blieben fern und unerreichbar, bloße Punkte am Himmel. Sie waren Abstraktionen in der ursprünglichen Bedeutung des Wortes, das heißt der alltäglichen Erfahrung «entzogen». Doch mit dem Raumfahrtprogramm wurden die Planeten real, jeder nahm eine eigene, besondere Persönlichkeit an. Die abschreckenden Krater der Venus, der rote Staub des Mars, die großen wogenden Methanmassen auf dem Jupiter, die eisigen Radierungen der Saturnringe und die unvergeßliche blaumarmorne Erdhülle selbst sind der Stoff, von dem die Medien zehren. Als die Planeten zugänglich wurden, wurden sie auch vertraut. Sie wurden gezähmt.

Was mit den Planeten geschehen ist, steht auch den Atomen bevor. In den achtziger Jahren sind nicht weniger als fünf Nobelpreise für die Entwicklung von Techniken zur Manipulation und bildlichen Wiedergabe einzelner Atome verliehen worden. Indem wir zur atomaren Ebene hinabsteigen und sie unseren Sinnen zugänglich machen, zähmen wir sie. Einzelne Atome lassen sich heute zählen, fotografieren und einschließen. Wir können die Oberflächenunebenheit von Substanzen millionenfach vergrößern, auf diese Weise Aufschluß über ihre atomare Struktur gewinnen und einzelne Atome zu synthetischen Stoffen zusammenfügen. Bald werden uns die neuen Bilder von Atomen so vertraut sein wie Fotos der Planeten. Die Unterschiede zwischen Quecksilber-, Gold-, Sauerstoff- und Kohlenstoffatomen werden deutlich erkennbar werden, und die Elemente werden charakteristische Persönlichkeiten annehmen. Wie unser Bewußtsein vom Planeten Erde sich unter dem Eindruck der Daten des Raumfahrtprogrammes verändert hat, wird auch unsere Beziehung zur gewöhnlichen Welt um uns her eine andere werden, weil uns die Augen für die verschwenderische Schönheit der Landschaft der Atome geöffnet werden.

Doch das Betrachten der Atome ist etwas ganz anderes als das Verständnis ihrer Zusammensetzung. Wie wir wissen, daß der blaßblaue Fleck auf dem *Voyager*-Foto in Wirklichkeit eine Welt blühenden Lebens ist, so wissen wir, daß das Quecksilberatom, das wie ein blitzender Punkt in der Dunkelheit des Vakuums aussieht, in Wirklichkeit eine Struktur von außerordentlicher Komplexität ist. Die Physiker haben diese Struktur bis in ihre kleinsten Einzelheiten erforscht und sind heute in der Lage, sie exakt und zuverlässig zu beschreiben. Nur die Begriffe, derer sie sich bedienen, um über das Innere des Atoms zu sprechen, sind nicht die vertrauten Wörter, mit denen wir unsere Sinneswahrnehmungen beschreiben. Statt dessen reden sie in der höchst exotischen Sprache der Quantenmechanik, die die Atome nicht als kleine Objekte wie Sandkörner beschreibt, sondern als immaterielle Wolken, deren Realität, um es vorsichtig auszudrücken, fraglich ist.

Einer der Väter der Quantentheorie, Werner Heisenberg, hat ihnen ihre Wirklichkeit fast gänzlich abgesprochen: «In den Experimenten über Atomvorgänge haben wir mit Dingen und Tatsachen zu tun, mit Erscheinungen, die ebenso wirklich sind wie irgendwelche Erscheinungen im täglichen Leben. Aber die Atome oder die Elementarteilchen sind nicht ebenso wirklich. Sie bilden eher eine Welt von Tendenzen oder Möglichkeiten als eine von Dingen und Tatsachen.» Im Innern des Atoms scheint die Wirklichkeit zu einem Rätsel zu werden.

Bis in jüngste Zeit hat die Unzugänglichkeit des Atoms eine Schranke zwischen der abstrakten Welt der Quantenmechanik und der Welt, die wir als Wirklichkeit erleben, errichtet. Obwohl die Theorie genaue Vorhersagen zu Experimentalbeobachtungen macht, waren ihre eigentlichen Objekte, die einzelnen Atome, bloße theoretische Abstraktionen. Nur in großen Anhäufungen waren sie zu beobachten, was viele Wissenschaftler zu der Annahme verleitete, die Geheimnisse der Quantenmechanik seien auf irgendeine Weise hinter bloßen Zahlen verborgen: Wie der Mittelwertsatz Ordnung aus bloßer Zufälligkeit schaffe, so werde die Wirklichkeit aus einer Ansammlung nicht zählbarer und nicht erklärbarer individueller Quantenereignisse erwachsen. Doch diese Hoffnung ist heute dahin. Einzelne Atome erscheinen vor unserem Auge nackt und isoliert und erinnern uns mit ihrem Blinken an ihre irreduzible quantenmechanische Natur.

Atome sind Grenzgänger zwischen der Welt, die wir sehen, und der Welt, die nur unserem theoretischen Wissen zugänglich ist. Der Dramatiker Tom Stoppard hat die Faszination, die von dieser Grenze ausgeht, in seinem Spionagedrama ‹*Hapgood*› auf den Punkt gebracht: «Es führt eine gerade Leiter vom Atom bis hin zum einzelnen Sandkorn, und das einzige wirkliche Geheimnis in der Physik ist die fehlende Sprosse. Unterhalb der Sprosse: Teilchenphysik; oberhalb: klassische Physik; aber dazwischen: Metaphysik.»

Die Metaphysik ist ein Gegenstand, mit dem sich Physiker nicht auseinandersetzen, denn er liegt außerhalb ihrer Disziplin und ist, soweit es sie angeht, unverständlich. Stoppards Epigramm bringt die höchst beunruhigende Erkenntnis zum Ausdruck, daß zwischen der Welt unserer Sinne und der theoretischen Welt, die Wissenschaftler künstlich konstruiert haben, eine unüberbrückbare Kluft liegt. Die Vorstellung ist verwirrend, denn wenn die Physik tatsächlich eine empirische Wissenschaft ist, deren Weg von der Erfahrung zur Abstraktion verläuft, wie hat dann ein solcher Graben entstehen können? Ist dieser Bruch in unserem physikalischen Weltbild etwas Neues, die Folge einer wissenschaftlichen Revolution, die erst vor kurzem stattgefunden hat, oder ist er so alt, daß wir uns allmählich an ihn gewöhnt haben? Wie sind wir in dieses beunruhigende Dilemma geraten?

Die Wurzeln des Problems reichen zu den Anfängen der Physik zurück, als die griechischen Philosophen zum erstenmal nach der Natur der materiellen Welt fragten und die Theorie der Atome ersannen. Von Beginn an gab es eine Kluft zwischen Theorie und Erfahrung, und in den nachfolgenden Jahrhunderten schienen die Atome manchmal so fern zu sein, daß die Theorie ihre Glaubwürdigkeit verlor und in Vergessenheit zu versinken drohte. Aber stets aufs neue, trotz Mangels an konkreten Beweisen, lebte die Atomistik wieder auf, bis die Physiker schließlich zu Beginn des 20. Jahrhunderts die Atome als reale Objekte erlebten – um dann feststellen zu müssen, daß die Quantenmechanik die alte Trennung zwischen Theorie und gesundem Menschenverstand wieder herstellte.

Ist diese Kluft ein unvermeidliches Merkmal des modernen Weltbildes, oder werden Experimente wie die Isolierung von Atomen dazu beitragen, sie zu schließen? Die Geistesabenteuergeschichte von der Zähmung des Atoms, die mit den neuesten Entwicklungen der modernen Forschung endet, begann vor mehr als zweitausend Jahren an den Ufern der Ägäis.

VERGANGENHEIT

GEGENWART

ZUKUNFT

1 Die fortwirkende Idee der Atomistik

Der griechische Philosoph Demokrit hat einst verkündet, er wolle «lieber eine einzige Ursachenerklärung finden als König über die Perser werden». Heute, zweieinhalb Jahrtausende nachdem das Perserreich und seine griechischen Widersacher längst untergegangen sind, ist die Atomtheorie, Demokrits größte Leistung, das vorherrschende Paradigma der Physik. Kein Weltreich kann sich an Einfluß und Langlebigkeit mit dieser Idee messen. Demokrit hätte sich in seiner Weisheit, wäre er vor die Wahl gestellt worden, für den besseren Teil des Handels entschieden.

Angesichts seiner Verachtung für die Verlockungen des weltlichen Erfolgs, eine Überzeugung, die seine Lebensgeschichte bestimmt hat, liegt eine gewisse Ironie darin, daß Demokrit heute mit einem Porträt auf einer Münze geehrt wird – eine Ehrung, die normalerweise Königen und anderen Staatsoberhäuptern vorbehalten ist. Das griechische Zehndrachmenstück zeigt auf der Vorderseite Demokrits Profil, auf der Rückseite ein Atom. Der Kopf des Philosophen ist kräftig und gedrungen und sitzt auf einem stämmigen Ringerhals. Sein massiger Schädel ist mit kurzem lockigem Haar bedeckt, das in einen Bart von gleicher Beschaffenheit übergeht. Das Gesicht ist flach, die Nase leicht gekrümmt, und der vorspringende Unterkiefer verrät Festigkeit und Entschlossenheit. Durch Hebung der Wangenknochen und Betonung der vorspringenden Augenbrauen ist es dem Schöpfer dieser Münze gelungen, Augen hervorzuheben, in denen ein leidenschaftliches Feuer zu glühen scheint. Das Bild vermittelt den Eindruck von Männlichkeit und Kraft. Aus dem Kontext erschließt sich dem Betrachter, daß die Kraft ebensosehr von geistiger wie von körperlicher Art ist.

Doch ein Detail des sonst so lebensecht wirkenden Porträts scheint nicht ins Bild zu passen. Die gefurchte Stirn und die tief eingekerbten Linien der Mundwinkel deuten auf eine Gemütsverfassung hin, die Demokrits traditionellen Beinamen, den des «lachenden Philosophen», Lügen straft. Ob dieses legendäre Gelächter fröhlich oder sardonisch war oder, was wahrscheinlicher ist, ironisch, darüber mag man streiten, doch wissen wir aus Demokrits Schriften, daß seine Ethik auf der Idee beruht, Fröhlichkeit sei eine Voraussetzung des rechten Lebens. Deshalb ist es rätselhaft, warum er auf der Zehndrachmenmünze grimmig und nicht fröhlich aussieht.

Die Lösung zeigt sich auf der Rückseite der Münze. Das dort abgebildete Atom ist weder das primitive Teilchen der griechischen Philosophie noch die rätselhafte Wolke der modernen Physik, sondern wegen der bildnerischen Wirkung eine Version des überholten Bohrschen Planetenmodells. Der zentrale Kern ist als Sonne dargestellt, die im Verhältnis zur Größe des Atoms notgedrungen (sonst wäre sie nicht zu sehen) viel zu groß abgebildet und von drei einander überschneidenden, kreisförmigen Elektronenbahnen umgeben ist. Letztere werden aus einem schrägen Blickwinkel gezeigt, so daß sie elliptisch wirken. Die Elektronen selbst erscheinen als Punkte, einer auf jeder Bahn. Da Punkte keine inneren Bestandteile haben, hätte Demokrit in *ihnen* die Atome gesehen und nicht in dem ganzen Planetenmodell. Die drei Elektronen sind charakteristisch für ein Atom des Lithium, jenes Elements, das, wie man festgestellt hat, von entscheidender Bedeutung für seelische Ausgeglichenheit und ein fröhliches Gemüt ist. Insofern liefert das Atom symbolisch ein Gegenmittel für die Verstimmtheit des Philosophen auf der anderen Seite der Münze.

Zwischen ausgedehnten Weltreisen lebte der wirkliche Demokrit bescheiden in der thrakischen Stadt Abdera an der Nordküste der Ägäis, wo heute die Grenze zwischen Griechenland und Bulgarien verläuft. Wir können ihn uns vorstellen: einen vitalen, kräftigen jungen Mann, mit dröhnender Stimme und gesundem Appetit, in endlose Gespräche mit seinem Lehrer Leukipp vertieft. Warum die griechischen Philosophen der Antike auf die Idee kamen, sich in krassem Gegensatz zum allgemeinen menschlichen Verhalten über Habgier, Ehrgeiz, Aberglaube und aggressive Regungen hinwegzusetzen, um sich ganz der mühsamen Erkundung und leidenschaftslosen Erörterung der Natur des Menschen und seiner Welt zu widmen, ist ein Geheimnis. Doch ihr Denken hat die Entwicklung der abendländischen Kultur geprägt.

Die besondere Frage, die Leukipp und Demokrit beschäftigte, war ein Jahrhundert zuvor von dem legendären Begründer der Philosophie, Thales von Milet, aufgeworfen worden. «Woraus bestehen alle Dinge – von welcher Substanz ist die Materie?» hatte Thales gefragt und dabei für «Substanz» das Wort «physis» verwendet, auf das unser Wort «Physik» zurückgeht. Die Frage hat nichts von ihrem Interesse verloren. Sie wird heute von sechsjährigen Kindern ebenso gestellt – «Woraus bin ich gemacht?» – wie von Physikern unter Zuhilfenahme von Forschungsgeräten, die Milliarden kosten, denn diese Frage ist so alt wie die Philosophie, so universell wie die Neugier und so fundamental wie die Sprache.

Die atomistische Hypothese – Materie besteht aus Atomen –, die von Leukipp ersonnen und von Demokrit zu einer vollständigen Theorie ausgearbeitet wurde, ist eine Antwort auf die Frage des Thales. Sie entstand als einfallsreicher Kompromiß zwischen zwei im Widerstreit stehenden philosophischen Positionen, der Lehre des Einen und der der Vielheit. Das Ziel der Mystik und ein Ursprung der Religion ist das menschliche Verlangen, die Welt durch den Glauben an eine universelle Einheit zu vereinfachen. Die philosophische Suche nach dem Einen führt zu dem Bestreben, die Materie durch eine einzige fundamentale Substanz oder zumindest einige wenige Substanzen, von welcher Beschaffenheit auch immer, zu erklären. Feuer, Wasser, Luft und Erde erfreuten sich anfangs in Griechenland und in einigen philosophischen Systemen Indiens großer Beliebtheit. Doch die Sinne registrieren fraglos eine Welt des Vielen, eine Welt von unermeßlicher Komplexität und grenzenloser Mannigfaltigkeit. Verwandt mit dieser Dualität des Einen und des Vielen ist der Konflikt zwischen der Suche nach beständigen Ursachen, nach ewigen Wahrheiten und der offenkundigen Tatsache, daß sich die Welt in stetigem Fluß befindet. Hier Ein-heit und dort Vielheit, hier Dauer und dort Veränderung – die Probleme lassen sich nicht trennen. Wie können wir das Verlangen unseres Verstandes nach Einfachheit und Dauer mit den Daten unserer Sinneserfahrungen über die vielfältige Komplexität dessen, was wir um uns her sehen, versöhnen?

Einen Hinweis lieferten die Schriften eines früheren Denkers, des Philosophen und Befehlshabers der samischen Flotte Melissos: «Wäre eine Vielheit von Dingen, so müßten sie gerade so beschaffen sein wie das Eine.» Dieses orakelhafte Epigramm veranlaßte Leukipp und Demokrit zu ihrer phantasievollen und weit konkreteren Hypothese: Wenn die Welt aus unzähligen einzelnen Atomen besteht, die miteinander identisch sind, dann liegt das Einssein in ihrer Beschaffenheit und die Komplexität in der unendlichen Vielfalt der Anordnungen. Wenn die Atome darüber hinaus unzerstörbar sind, dann ist die Dauer ein Merkmal jedes Atoms und Veränderbarkeit ein Merkmal ihrer räumlichen Beziehungen. So lassen sich Dauer und Veränderung miteinander vereinbaren. Auf einen Streich hatte die reine Vernunft somit eine fundamentale Wahrheit über die Natur der Materie entdeckt und zwei scheinbar unverträgliche Weltanschauungen miteinander versöhnt. Das Porträt auf einer Münze von geringem Wert mag als allzu bescheidene Würdigung für einen so gewaltigen Triumph des menschlichen Verstandes erscheinen. Doch wie das Atom selbst, so ist auch dieses Porträt in unzähligen identischen Kopien im Umlauf.

Die Quintessenz der Theorie faßt Demokrit in einfacher, kraftvoller Sprache zusammen: «Der gebräuchlichen Redeweise nach gibt es Farbe, Süßes, Bitteres, in Wahrheit aber nur Atome und Leeres.»

Diese Formulierung läßt keinen Zweifel an dem, was wirklich ist und was bloße Erscheinung. Die Menschen mögen höchst unterschiedliche Meinungen hinsichtlich dessen hegen, was sie bitter oder süß nennen, heiß oder kalt, aber sie müßten sich über die Gegenwart und Abwesenheit der kleinen, festen Materieteilchen einig sein, die Atome heißen, wenn ihre Sinne fein genug wären, sie zu entdecken. Die Existenz des Leeren, eines hypothetischen Zustands, den wir heute Vakuum nennen, sollte die nächsten zweitausend Jahre hindurch ein Gegenstand von Kontroversen bleiben. Für Demokrit indessen war er nur eine notwendige Folge aus der Theorie, daß Materie nicht kontinuierlich, sondern körnig ist – eine Eigenschaft, die für ihn die endgültige Wirklichkeit bedeutete.

Wie Leukipp und Demokrit auf die atomistische Hypothese kamen, wissen wir nicht. Die Quellen sind unvollständig und spätere Kommentare unzuverlässig. Da Demokrit ein hervorragender Mathematiker mit besonderem Interesse für die Geometrie war, ist es möglich, daß er auf die Theorie stieß, als er nach Lösungen für die mathematischen Paradoxa seiner Zeit suchte. Ein Beispiel für ein solches Dilemma ist die Suche nach der Formel für das Volumen des Kegels. Demokrit wird nachgesagt, er habe die einfache, aber keineswegs auf der Hand liegende Rechenregel gefunden: Man multipliziere ein Drittel der Höhe mit der Grundfläche. Vielleicht verdankt die atomistische Hypothese ihre Entstehung der Art und Weise, wie er dieses mathematische Problem löste.

Demokrit hielt den Kegel für einen festen Körper, der aus einem Stapel unendlich dünner, kreisförmiger Schichten von stofflicher Beschaffenheit besteht, ähnlich einem Stapel dünner Pfannkuchen. Die Größe der Pfannkuchen bereitete ihm Probleme: Wäre der feste Körper ein Zylinder und kein Kegel, gäbe es keine Schwierigkeit, denn die Schichten wären alle identisch. Doch bei einem Kegel muß jede Schicht etwas kleiner als die darunter liegende sein, so daß sich der Stapel nach oben verjüngt. Wenn man die Kanten der Pfannkuchen jedoch genauer betrachtet, so sehen die Seiten des Kegels wie eine Treppe aus und nicht wie die glatte, schräge Fläche eines idealen mathematischen Kegels.

Als mathematisches Paradoxon blieb dieses Problem bis zur Erfindung der Infinitesimalrechnung zweitausend Jahre später ungelöst. Als Physiker, der an die Existenz von Atomen glaubte, gelangte Demokrit zu dem Schluß, daß jeder Pfannkuchen eine Schicht von Atomen darstelle und daß jeder Pfannkuchen kleiner als der unter ihm befindliche sei. Da Atome zu klein sind, um sichtbar zu sein, erscheinen die Seiten, so Demokrit, unseren Sinnen so glatt, daß es im Falle der realen, physischen Kegel keinen Widerspruch gibt.

Von solchen Argumenten beflügelt und von den Ideen seines Lehrers Leukipp geleitet, gelang es Demokrit mit den Mitteln des Verstandes und der Intuition, «einen Zipfel des großen Schleiers zu lüften», wie Albert Einstein einmal über einen anderen Forscher geschrieben hat, womit er den Schleier des Geheimnisses meinte, hinter dem die Natur ihr Wirken verbirgt. Doch Wissenschaft ist ein Mittel, kein Zweck, und für jede Erklärung, die unser Verständnis der Welt vereinheitlicht, finden wir ein weiteres Geheimnis, eine noch fundamentalere Frage. Auf jedem Berggipfel, den wir erklimmen, sehen wir in der Ferne einen noch höheren, von dem aus wir weiter blicken könnten, wenn wir ihn nur erreichten.

Demokrit hat Thales' Frage nach der Substanz der Natur der Materie beantwortet, indem er eine Theorie der unsichtbaren Atome einführte, die ihrerseits die Frage aufwirft: «Was ist die Natur dieser Atome?» Und als diese Frage in unserer Zeit beantwortet wurde, stellte sich heraus, daß wir auch dafür einen Preis zu zahlen hatten. Ein neues Geheimnis von zentraler Bedeutung, das Geheimnis des Quantums, trat an die Stelle des Rätsel der Materie und des Atoms. Und so wird es bleiben, denn die Natur ist immens und der Schleier undurchsichtig.

Doch selbst als Zwischenstufe im endlosen Prozeß wissenschaftlicher Forschung wurde die Atomtheorie des Demokrit keineswegs allgemein anerkannt. Nachdem sie ein Jahrhundert lang ihr Recht als eine unter mehreren rivalisierenden Philosophien behauptet hatte, fiel die Atomistik bei dem Philosophen par excellence, dem ehrwürdigen Aristoteles, in Ungnade. Zunächst hatte er ihr beträchtliche Aufmerksamkeit in seinen Kommentaren geschenkt, sich am Ende aber doch gezwungen gesehen, sie abzulehnen. Er stufte sie als unwahrscheinlich ein, weil sie der faktischen Beschaffenheit der Welt, wie die Sinne sie wahrnehmen, zu fern stehe. Da Aristoteles die physikalischen Wissenschaften mehr als ein Jahrtausend lang allein beherrschte, verlor die Atomistik an Bedeutung. Nur wenige wagten die Autorität des unsterblichen Weisen der Antike in Frage zu stellen.

Doch die atomistische Lehre war zu kraftvoll, um zu sterben. Der römische Dichter Lukrez, ein Zeitgenosse von Julius Cäsar, erwies sich für alle Zeiten als ihr eloquentester Vertreter. Sein Lehrgedicht ‹*De rerum natura*›, meist übersetzt als «Von der Natur der Dinge» – besser: «Von der Natur» –, ist insofern einzigartig, als es Dichtung, wissenschaftliche Abhandlung und moralischer Traktat zugleich ist und auf allen drei Ebenen spektakuläre Wirkung hatte.

Als wissenschaftlicher Text gewinnt das Gedicht seine Bedeutung aus der Hartnäckigkeit, mit der es sein Thema verfolgt. Nach Einführung des Atoms erklärt Lukrez mit ihm alles – von der Kosmologie über die Physik, Geologie und Meteorologie, die Biologie, Psychologie und Soziologie bis hin zur politischen Wissenschaft. Der heutige Leser begegnet Argumenten, die ihm teils wie fundierte wissenschaftliche Schlußfolgerungen und teils wie lächerliche Spekulationen erscheinen. Das Gedicht verlangt vom Leser ein gewisses Selbstbewußtsein, um der Versuchung zu widerstehen, das Ganze wegen seiner phantastischen Schlußfolgerungen als Unsinn abzutun und sich statt dessen auf seine vernünftigen Grundlagen und verblüffenden Einsichten einzulassen.

Besonders überzeugend gelingt es Lukrez, die Gründe für den Glauben an Atome darzulegen. Sehr zwingend ist die elegante Lösung, die er für das sinnverwirrende Problem der Teilbarkeit der Materie findet: Wenn man eine Münze in zwei Teile zerschneidet, dann in Viertel, dann in Achtel und mit dem Zerschneiden fortfährt, wo hört man auf? Setzte man diesen Prozeß endlos fort, käme man an einen Punkt, wo die Metallstückchen so klein würden, daß sie vom Nichts praktisch nicht mehr zu unterscheiden wären. Aber ist ein solches Stück wirklich noch *etwas*? Unserem Denken schwindelt angesichts der Begriffe des Unendlichen und des Infinitesimalen in der Physik und Mathematik. Wenn sich ein Tropfen Milch im Wasser auflöst, verschwindet er dann wirklich im Nichts? Und wenn, was geschieht dann mit den stofflichen Bestandteilen der Milch? Hört der Prozeß der spontanen Unterteilung irgendwo auf? Und wenn, wo?

Das Konzept des endlichen «Atoms» – ein Wort, das im Griechischen unteilbar bedeutet, von *á-tomos* gleich «ungeschnitten» – liefert natürliche Lösungen für diese Rätsel. Lange bevor ein Materiestück unerkennbar klein wird, kommt der Teilungsprozeß am Atom zum Stillstand. Wenn Milch sich auflöst, zerfällt sie einfach in zahllose Moleküle, die sich in den Leerräumen zwischen Wassermolekülen verstecken. Der Verstand braucht sich nicht mit der Vorstellung einer Auflösung in infinitesimal kleine Teile abzumühen, weil es sie in der Natur nicht gibt.

Ein anderes überzeugendes Argument für die Atomistik, das Lukrez anführt, betrifft die Durchdringbarkeit der Materie. Wenn Materie kontinuierlich wäre, so fragt er, wie könnte dann ein Fisch durchs Wasser schwimmen? Wenn das Wasser ein kontinuierlicher Stoff wäre, der den Raum restlos ausfüllt, wie könnte Bewegung dann einen Anfang haben? Wer an die Kontinuität der Materie glaubt, so erklärt Lukrez, schließt sich einer zweifelhaften Denkweise an:

Vor'm Andrange der Fische, behaupten sie, weiche das Wasser,
Öffne die flüssige Bahn, weil beim Fortschwimmen dieselben
Hinter sich lassen den Raum, wo die Flut sich wieder vereinigt.
Ähnlich gescheh' auch sonst jedwede Bewegung der Dinge,
Jeglicher Wechsel des Orts, sei durchaus Alles gefüllt auch...

Er antwortet darauf:

All das aber ist bloß auf trügende Schlüsse gebauet:
Denn wo könnte zuletzt ein Fisch hinstreben, wofern nicht
Raum ihm gäbe die Flut? Wohin entwiche das Wasser,
Wenn sich der Fisch in ihm nicht mehr zu bewegen vermöchte?

Geht man davon aus, daß es Atome und Leerräume gibt, ist das Paradoxon gelöst: Die vordere Extremität des Fisches sucht sich den nächsten Spalt zwischen benachbarten Wassermolekülen und dringt ohne Widerstand in diese Lücke ein.

Beginnend mit den Atomen, erklärt Lukrez im weiteren, wie sie sich zu immer komplexeren Strukturen zusammenfügen, bis die ganze Welt von einer einzigen grundlegenden Theorie erfaßt ist. Dabei dient ihm das Alphabet als Metapher: Wie der unendliche Reichtum der Literatur durch Kombination und Vertauschung von nur sechsundzwanzig Buchstaben hervorgebracht wird, so setzen sich das Universum, das Leben und alle anderen Dinge aus zahllosen identischen Kopien von nur einer Handvoll verschiedener Atome zusammen.

Doch das Werk des Lukrez hat noch einen anderen Aspekt – eine religiöse Bedeutung. Die erklärte Absicht des Dichters ist es nämlich, die Menschheit vom drückenden Joch des Aberglaubens zu befreien. In einigen der leidenschaftlichsten und lyrischsten Passagen erläutert Lukrez, daß eine Erklärung der natürlichen Prozesse mittels der Atome den Glauben an göttliche Kräfte überflüssig mache. Wenn man sich den Wind beispielsweise als einen Strom aus materiellen Teilchen vorstelle statt als Werk eines rächenden und grausamen Gottes, dann erweise sich die Tat Agamemnons – das Opfer der eigenen Tochter Iphigenie zu dem Zweck, günstige Winde zu beschwören – in ihrem ganzen barbarischen Schrecken als sinnloser Mord.

Zum Nachteil für seine wissenschaftliche Absicht gelang es Lukrez nur zu gut, seine moralische Botschaft zu übermitteln. Von seinen Lebzeiten bis ins 17. Jahrhundert hinein wurde er als Atheist gebrandmarkt und seine Lehre verurteilt. Die Gleichsetzung der Atomistik mit dem Atheismus brachte die wissenschaftliche Welt um viele präzise und prinzipiell richtige Erklärungsmöglichkeiten. Lange bevor die Kirche versuchte, Galileis Theorien im Namen Gottes zu unterdrücken, stiftete bereits Lukrez ebenso großen Unfrieden, indem er die Götter im Namen der Wissenschaft leugnete. Demokrit hätte wohl über den endlosen Streit zwischen Wissenschaft und Religion gelacht, der keinem hilft und beiden nur zum Nachteil gereicht, aber die Saat, die er und Leukipp ausgestreut hatten, verdorrte nicht. Im Laufe der Zeit erholte sie sich, keimte und gedieh zu dem beherrschenden Weltbild, das sie heute ist.

Um das Jahr 1600 kam der Wendepunkt. Im Zeitalter der Entdeckungsfahrten, als die höfische Regierung von Königin Elisabeth der eher wirtschaftlich ausgerichteten Herrschaft Jakobs I. wich und Shakespeare die englische Sprache prägte, schlug auch die Geburtsstunde der modernen Wissenschaft. Eine folgenschwere Neuerung beschäftigte das Denken der Gelehrten in ganz Europa: Sie hatten entdeckt, wie man Entdeckungen macht. Männer wie Johannes Kepler in Prag, Galileo Galilei in Venedig, Thomas Harriot in London und, eine Generation später, René Descartes in Paris hatten eine neue Methodologie entwickelt. Sie vereinigten zwei verschiedene Forschungstechniken zu einer einzigen Disziplin, die viel wirkungsvoller war als jede für sich: die rationale Analyse der griechischen Philosophie und die empirische Forschung der mittelalterlichen Alchimie. Von den Griechen übernahmen sie die Logik und die Mathematik, von den mittelalterlichen Adepten, die in ihrem verzweifelten Bemühen, der Natur den Schleier fortzureißen, ihre Erkenntnisse aus der Astrologie, der Medizin, dem Bergbau und anderen praktischen Künsten bezogen, lernten die neuen Naturwissenschaftler, welchen Wert Experimente und quantitative Messungen haben. Die Kombination erwies sich als über alle Maßen erfolgreich.

Die Mathematik war von entscheidender Bedeutung. Die Alchimisten wußten bereits, daß zum Verständnis der Natur sowohl Beobachtung als auch Denken erforderlich ist. Sie konnten auch wiegen, messen, verschiedene Stoffmengen miteinander kombinieren und sie über verschieden lange Zeitspannen erwärmen, um zu unterschiedlichen Ergebnissen zu gelangen. Der exzentrische Alchimist Dr. Philippus Aureolus Theophrastus Bombastus von Hohenheim, Paracelsus genannt, der 1528 von der Universität Basel ausgeschlossen wurde, weil er die Kühnheit besessen hatte, gewöhnliche Bürger der Stadt zu seinen Vorlesungen einzuladen, veröffentlichte im Juni 1527 eine Art Flugblatt, eine «Intimatio», wie er es nannte. Sie enthielt eine Ankündigung, die allen mittelalterlichen Usancen zuwiderlief und wie ein Rezept für die moderne Naturwissenschaft klingt: Seine Lehrbücher, schreibt er, «vermitteln das, was mich die höchste Lehrerin Erfahrung und eigene Arbeit gelehrt haben. Demnach dienen mir als Beweishelfer Erfahrung und eigene Erwägung statt Berufung auf Autoritäten.» (Was hätte Paracelsus darum gegeben, ein zahmes Quecksilberatom zu sehen! Sein ganzes Leben kreiste um dieses erstaunliche Metall. Als Arzt hatte er entdeckt, daß es die Syphilis heilt, als Alchimist hatte er vergeblich versucht, es in Gold umzuwandeln, und als Scharlatan hatte er seine Opfer durch gelegentliche Erfolge in Erstaunen versetzt.)

Doch die Methode, die Paracelsus lehrte, war noch keine Physik – nicht bevor Kepler und andere lernten, die Ergebnisse ihrer Beobachtungen in eine quantitative Form zu bringen und sie mit Hilfe der Mathematik zueinander in Beziehung zu setzen. Erst dann – als Galilei eine einfache Formel für die Strecke gefunden hatte, die eine Kanonenkugel in einer gegebenen Zeit fällt, Kepler eine Gleichung für die Umlaufbahn des Mars entwickelt, Harriot eine mathematische Regel für die Brechung des Lichts im Wasser aufgestellt und Descartes die Größe des Regenbogens numerisch hergeleitet hatte – begann die moderne Naturwissenschaft.

Als die neue Wissenschaft aus der Taufe gehoben wurde, stand die Atomistik Pate, doch litt sie noch immer unter dem alten Stigma ihrer Verbindung mit dem Atheismus. Thomas Harriot, sowohl historisch wie geographisch eine Schlüsselfigur – sein Leben reicht aus dem 16. in das 17. Jahrhundert hinein, und er verbrachte ein Jahr als Mitglied einer englischen Kolonie in Amerika, fünfzehn Jahre vor der Gründung von Jamestown –, war ein überzeugter Atomist. Trotz vieler großer Entdeckungen auf dem Gebiet der Physik, der Astronomie und der Mathematik ist sein Name praktisch unbekannt geblieben. Er veröffentlichte sehr wenig, vor allem weil er formell, wenn auch ohne Erfolg, des Atheismus angeklagt wurde – eines schweren Verbrechens in damaliger Zeit – und sich nicht zu exponieren wagte: ein spätes Opfer des Lukrezschen Eifers.

Thomas Harriot wußte, was mit den Atomen zu geschehen hatte, verfügte aber nicht über das nötige Hintergrundwissen, um es zu tun. Am 2. Oktober 1606 schrieb ihm Kepler und erbat seinen Rat in der Theorie des Regenbogens. Zwei Monate später antwortete Harriot und erklärte die Brechung des Lichts in einem stofflichen Medium durch Reflexion an den Atomen des Mediums im Wechsel mit ungehinderter Bewegung durch die leeren Zwischenräume. Harriots abschließender Rat, der eine erstaunliche wissenschaftliche und menschliche Einsichtsfähigkeit verrät, könnte all denen, die eine Antwort auf die Frage des Thales suchen, als Motto dienen: «Ich habe Euch jetzt an die Türen des Hauses der Natur geführt, hinter denen ihre Geheimnisse verborgen liegen. Wenn Ihr nicht eintreten könnt, weil die Türen zu schmal sind, dann abstrahiert und verkleinert Euch mathematisch zu einem Atom, so daß Ihr leicht eintreten könnt, und wenn Ihr wieder herauskommt, dann berichtet mir von den wunderbaren Dingen, die Ihr erblickt habt.»

Was Harriot hier vorschlug, war ein theoretisches Verfahren, das man als Gedankenexperiment bezeichnet. Für Kepler, der mit einem Fuß noch fest auf dem Boden der mittelalterlichen Philosophie stand, war die Vorstellung, ins Innere eines hypothetischen

Atoms zu klettern, zu radikal. Deshalb lehnte er Harriots Vorschlag ab. Das hätte er nicht tun sollen, wie sich später herausstellte, denn das Gedankenexperiment sollte eines der leistungsfähigsten Verfahren im Instrumentarium der Atomphysiker des 20. Jahrhunderts werden.

Nach Harriots Tod im Jahre 1621, während die moderne Physik sich zu ihrem ersten großen Triumph, der Newtonschen Mechanik, aufschwang, konnte sich die Atomtheorie endlich von dem Verdacht befreien, mit dem Atheismus unter einer Decke zu stekken. Ungefähr vierzig Jahre später, als der junge Isaac Newton sein Physikstudium aufnahm, konnte er ohne Furcht vor Repressalien schreiben, daß «die Materie letztlich aus Atomen besteht». Er glaubte an Atome und ging in großen Teilen seiner Philosophie von der Annahme aus, daß sie existieren, doch auch ihm fehlten direkte Beweise, seine Hypothese zu untermauern. Er bereitete jedoch seinen Nachfolgern den Weg, indem er die Bewegungsgesetze für materielle Teilchen vervollkommnete – wie sie von Wänden und voneinander abprallen, wie sie dem Einfluß äußerer Kräfte unterworfen sind, wie sie Richtung und Geschwindigkeit verändern, kurzum, wie sie sich verhalten. Als David Wineland dreihundert Jahre später seine Atomfalle konstruierte, verwendete er Newtons Gesetze in ihrer ursprünglichen Form – nicht die Relativitätstheorie, nicht die Quantentheorie oder eine andere der modernen Verfeinerungen –, um die Bewegung jedes Quecksilberatoms zu berechnen. Newton hätte genau verstanden, wie Atome eingefangen werden, obwohl er so erstaunt wie ich gewesen wäre, wenn er gesehen hätte, daß sie blinken.

Die Form, in der der reife Newton seinen Glauben an die Atomhypothese zum Ausdruck bringt, ist klar und verrät eine erstaunliche Hellsicht: «Nun können die kleinsten Teilchen der Materie durch kräftigste Anziehung zusammenhängen und größere Partikeln von schwächerer Kraft bilden; von diesen können wieder viele zusammenhängen und größere Teilchen bilden, deren Kraft noch schwächer ist und so weiter, in verschiedenen Aufeinanderfolgen, bis die Progression mit den größten Partikeln endet, von denen die chemischen Operationen und die Farben der natürlichen Körper abhängen und die durch ihre Kohäsion Körper von wahrnehmbarer Größe bilden.»

Diese Passage ist nicht nur deshalb erstaunlich, weil sie ungewöhnlich viele Einzelheiten über die Eigenschaften von Atomen enthält, sondern auch, weil sie die Hierarchie der Materie, wie sie von Demokrit und Lukrez entwickelt wurde, auf den Kopf stellt. Die Bausteine der Chemie und der Optik, also die Atome der antiken Philosophen, sind nicht die *kleinsten* Teilchen in der Natur, sondern die *größten*. Newton vermutete zutreffend, daß sie ihrerseits aus kleineren elementaren Komponenten und diese wiederum aus noch kleineren Partikeln bestehen. Außerdem meinte er, die Kräfte zwischen den Teilchen müßten mit jedem Schritt die Komplexitätsleiter hinunter an Stärke zunehmen. Heute heißen die elementarsten Teilchen am Fuß der Leiter, die wirklich unteilbaren Urteilchen, Quarks und Leptonen, und die Kräfte zwischen ihnen sind in der Tat stärker als die Kräfte zwischen Atomen. Newton hat zwar keine Quarks vorhergesagt, aber seine intuitiven Annahmen hinsichtlich des Aufbaus der Materie waren richtig.

Elf Jahre nach Newtons Tod, 1738, gelang es Daniel Bernoulli aus Basel, Newtons Bewegungsgesetze auf Atome anzuwenden, obwohl sie unsichtbar waren, um auf diese Weise eine quantitative Vorhersage über ein beobachtetes Phänomen zu machen. Die Mathematik, die Schlüsseldisziplin der modernen Naturwissenschaft, hatte lange gebraucht, um die Atomhypothese in den Griff zu bekommen. Bernoulli postulierte, daß ein Gas aus unzähligen festen Teilchen besteht, die weit voneinander entfernt sind, selten zusammenstoßen und sich geradlinig fortbewegen, wenn sie nicht wie Tennisbälle von Wänden abprallen. So konnte er ihre grundlegenden Eigenschaften erklären. Vor allem vermochte er zu zeigen, daß sich der Druck eines Gases umgekehrt zu seinem Volumen verhalten muß, was den Experimentalergebnissen genau entspricht.

Druck ist nach diesem Modell nichts anderes als das Drängen zahlloser Atome, die auf die einzelnen Wände auftreffen und von ihnen zurückprallen. Bernoulli nahm einen mit Gas gefüllten würfelförmigen Behälter an und stellte fest, daß bei einer Verdoppelung der Seitenlänge des Würfels jedes Atom doppelt so lange braucht, um die ganze Länge des Gefäßes hin und zurück zu durchmessen, so daß sich die Zahl der Zusammenstöße der Atome mit einer Wand pro Sekunde halbieren muß. Gleichzeitig ist die Wand viermal so groß geworden, so daß sich die Kraft pro Quadratzentimeter – der Druck – noch einmal um einen Faktor von vier reduziert. Die gesamte Druckminderung – um einen Faktor von acht – entspricht exakt der Volumenzunahme des Behälters.

Die Bedeutung dieser mathematischen Analyse läßt sich kaum überschätzen. Im Unterschied zu Demokrit, der Atome als bequeme logische Hilfskonstruktionen eingeführt hatte, ging Bernoulli davon aus, daß sie konkrete Materieteilchen sind, die sich dadurch bemerkbar machen, daß sie kollektiv und in außerordentlich großer Zahl wirken. Bestimmte beobachtbare Effekte, etwa das Verhältnis von Volumen und Druck in Gasen, hängen nicht von der Größe und der Beschaffenheit der Atome ab, während dies bei anderen Erscheinungen, etwa den Gesetzen der Optik, der Fall ist. Bernoullis Genialität lag darin, daß er einen Fall auswählte, in dem sich eine quantitative Vorhersage mathematisch aus sehr allgemeinen Annahmen ergab. Insofern ist seine einfache und unkomplizierte Ableitung das erste Beispiel für die Verfahren der theoretischen Atomphysik unserer Zeit.

Trotzdem reichte die Forschungsrichtung, die Bernoulli einschlug, nicht aus, um die Wirklichkeit von Atomen zu beweisen. Es war damals – und noch hundert Jahre danach – möglich, sich die Atome so vorzustellen, wie die Kirche die heliozentrische Theorie am liebsten sah: als einen geschickten Trick, der Antworten lieferte, aber die Wirklichkeit nicht betraf. («Also scheint es mir, daß Euer Hochwürden und Signor Galilei klug handeln», schrieb Kardinal Bellarmino versöhnlich Pater Foscarini, «wenn sie sich darauf beschränken, hypothetisch und nicht apodiktisch zu sprechen... Sagt man nämlich, die Annahme, daß die Erde sich bewege und die Sonne stillstehe, wahre den Anschein der Himmelserscheinungen besser... dann heißt das mit hoher Vernunft gesprochen und birgt keinerlei Gefahr in sich. So zu sprechen ziemt einem Mathematiker.») Bei dieser ausweichenden Redeweise verhält sich die Natur, *als ob* die Erde sich bewege und als ob Gas aus Atomen bestehe, ohne daß die Dinge wirklich so sein müssen. Die Hintertür des «als ob» gibt es in jeder Naturbeschreibung. Heute hilft sie Physikern entscheidend dabei, mit den Paradoxa der Quantenphysik fertig zu werden. Im 18. Jahrhundert wurde sie, unbeschadet der Bernoullischen Theorie, gewohnheitsmäßig benutzt, um die Wirklichkeit der Atome zu leugnen.

Ob wirklich oder nicht, die Atome waren physikalische Erscheinungen, und die Physik im Zeitalter der Aufklärung verlangte, daß sie in Übereinstimmung mit der Newtonschen Philosophie zu untersuchen seien. Die Stärke der Newtonschen Methode war ihr zweigleisiger Ansatz zur Beschreibung der Natur. Einerseits führen allgemeine theoretische Annahmen mittels der Deduktion zu bestimmten Vorhersagen, die sich experimentell verifizieren lassen. Bernoullis Herleitung der Beziehung zwischen Volumen und Druck aus der Atomhypothese war ein klassisches Beispiel für die deduktive Methode. Die Induktion geht umgekehrt vor, sie leitet aus besonderen empirischen Befunden das allgemeine Naturgesetz ab. Newtons Methode wurde von Erfolg gekrönt, als beide Wege zu gleichen Ergebnissen führten.

Bei der Erforschung der Atome hielten sich die Chemiker Ende des 18. und Anfang des 19. Jahrhunderts an den induktiven Ansatz. Wo Bernoulli sich ganz auf die Bewegung der Atome konzentriert hatte, ohne ihr Gewicht und ihre Wechselwirkung zu berücksichtigen, versuchten die Chemiker das Umgekehrte; sie legten Nachdruck auf Kombinationen und Trennungen, ohne Rücksicht auf Bewegung, und entwickelten so ihre eigene Theorie des chemischen Atoms, das kaum Beziehungen zu Bernoullis Konzept des physikalischen Atoms aufwies. Damals wendete man bei der Untersuchung der Atome die deduktive und die induktive Methode parallel an und zeigte wenig Neigung, sie zusammenzuführen. Wie Jäger, die sich im hohen Gras von verschiedenen Richtungen an eine Beute heranpirschen, gingen Physiker und Chemiker das Problem der Atomstruktur auf je eigene Weise an.

Das Atomkonzept der Chemiker begann im frühen 19. Jahrhundert mit einem System abgekürzter Symbole für die Elemente. Zweck dieses Schemas war es zunächst, die Buchführung zu erleichtern, die angesichts der immer umfangreicher werdenden chemischen Kenntnisse erforderlich war. Der einflußreichste Vertreter dieses Systems, der englische Lehrer John Dalton, verwendete Piktogramme, die Ähnlichkeit mit den astronomischen Zeichen für die Planeten hatten, doch sie wurden aus typografischen Gründen bald durch die uns heute vertrauten Buchstaben H für Wasserstoff, O für Sauerstoff, Au für Gold usw. ersetzt. Die wichtige Entdeckung, daß Wasser aus zwei Teilen Wasserstoff und einem Teil Sauerstoff besteht (wobei das Wort «Teil» angemessen zu definieren ist), wird durch die Formel H_2O erschöpfend wiedergegeben, doch nichts in dieser Schreibweise verweist auf physikalische Atome.

Während Dalton selbst an die Wirklichkeit der Atome glaubte, als er 1803 eine Atomtheorie der Chemie zu entwickeln begann, vermochten viele seiner Zeitgenossen diese Ansicht nicht zu teilen. Wie andere vor und nach ihnen hielten sie Atome für eine bequeme Fiktion und dachten über sie etwa so, wie wir uns die Aktien an der Börse vorstellen – als nützliche Abstraktionen und nicht als greifbare Dinge. Die Erkenntnis, daß die Buchstaben H oder O für reale physikalische Materieteilchen stehen, die Atome eben, stellte sich nur langsam ein.

Uns mag es heute merkwürdig erscheinen, daß die Erfolge des philosophischen Atoms von Demokrit, des physikalischen Atoms von Bernoulli und des chemischen Atoms von Dalton nicht ausreichten, um die Realität der Atome zu konstituieren. Die jüngere

Geschichte zeigt eine Parallele, die Licht auf die Geistesverfassung der Wissenschaftler im vorigen Jahrhundert wirft. Als die amerikanischen Physiker Murray Gell-Mann und George Zweig 1964 das Konzept der Quarks vorschlugen, dachten sie an mathematische Objekte, mit deren Hilfe sie Ordnung in das Durcheinander der Experimentaldaten über die damals neu entdeckten subatomaren Teilchen bringen wollten. Diese Quarks ähnelten insofern Daltons chemischen Atomen, als sie Ureinheiten waren, die durch Kombination und Vertauschung eine Klassifikation möglich machten. Sie waren nach der Metapher des Lukrez die Buchstaben im Alphabet der Natur.

Noch im gleichen Jahrzehnt wurde eine vollkommen andere Teilchenart vorgeschlagen. Der große amerikanische Physiker Richard Feynman äußerte die Hypothese, die Atomkerne könnten reale, harte Materiestückchen, ähnlich Apfelkernen, enthalten. Da sie Bestandteile – englisch *parts* – anderer Teilchen waren, nannte Feynman sie etwas unelegant Partonen, und eine Zeitlang lebten Partonen und Quarks als unabhängige theoretische Konzepte nebeneinander her. Als sich jedoch immer klarer herausstellte, daß Quarks mehr als nur metaphorische Hilfsmittel zum Verständnis waren, und man in dem mehr als drei Kilometer langen Linearbeschleuniger in Stanford konkrete Beweise für die Existenz von Partonen fand, verschmolzen die beiden Konzepte schließlich zu einem einzigen: Partonen *waren* Quarks, und der Terminus «Parton» verschwand als eigenständiges Konzept allmählich aus dem wissenschaftlichen Wortschatz. Die frühen Quarkjäger, die sich aus verschiedenen Richtungen an ihre Beute heranpirschten, steckten im gleichen Dilemma wie die Atomisten des 19. Jahrhunderts.

Im Jahre 1900 wies eine überwältigende Zahl indirekter Anhaltspunkte, die aus der Chemie und der Gastheorie stammten, aber auch aus anderen Entwicklungen wie etwa den in der Entstehung begriffenen Theorien der Wärme und der Elektrizität, auf die Existenz von Atomen hin. Dennoch hielten sich einige führende Physiker auch weiterhin das «Als ob»-Hintertürchen offen, weil sie sich weigerten, als real anzuerkennen, was ihre Sinne ihnen nicht direkt offenbarten. Der berühmte österreichische Physiker Ernst Mach, dessen Name heute die Maßeinheit für Überschallgeschwindigkeiten trägt und dessen Wissenschaftstheorie Einstein stark beeinflußt hat, zeigte sich in dieser Hinsicht beharrlicher als die meisten seiner Kollegen. «Atome können wir nirgends wahrnehmen, sie sind... Gedankendinge», schrieb er und: «...Molecüle [sind] nichts wie ein werthloses Bild». Allenfalls räumte er ein: «Die Atomtheorie hat in der Physik eine ähnliche Function, wie gewisse mathematische Hülfsvorstellungen, sie ist ein mathematisches *Modell* zur Darstellung der Thatsachen.»

1903 wurde dann ein einfaches Instrument erfunden, das wie das Okular eines Fernrohrs aussah. Man bezeichnete es als Spinthariskop, nach dem griechischen Wort für Funke. Eine kleine fluoreszierende Fläche im Innern, die aussah wie ein winziger Videobildschirm, wurde von einer radioaktiven Quelle mit einem Teilchenstrahl beschossen. Jeder Zusammenstoß eines Teilchens mit dem Bildschirm rief einen Lichtblitz hervor, ein Blinken, das den Zerfall eines Atomteilchens in der Quelle signalisierte. Machs Assistenten drängten den fünfundsechzigjährigen ungläubigen Thomas, ins Labor hinabzusteigen, damit er Zeuge dieses Wunders werde, das ihm den sichtbaren Beweis für die Realität der Atome bringen sollte. Mach blickte in den Apparat hinein, sah das Flimmern und gab sich geschlagen. «Jetzt glaube ich an die Existenz des Atoms», sagte er, was den alten Skeptiker allerdings nicht daran hinderte, sechs Jahre nach der scheinbaren Bekehrung zu seinem tief verwurzelten Vorurteil zurückzukehren und die Atomistik abermals als «hypothetisch-fiktive Physik» zu bezeichnen.

Zu dieser Zeit spielte Machs Meinung jedoch keine Rolle mehr: Um 1900 verließ das Atom, das dreiundzwanzig Jahrhunderte zuvor an den sonnigen Ufern der Ägäis ersonnen worden war, endlich das Reich der Hypothese und wurde als Tatsache akzeptiert.

In der Wissenschaft ist die Metamorphose einer Hypothese zu einem Faktum kein plötzliches Ereignis. Eine Idee braucht gewöhnlich längere Zeit, um experimentell untermauert und damit von der wissenschaftlichen Gemeinschaft anerkannt zu werden.

Ein Diagramm, das die «Akzeptanz» von null bis hundert Prozent auf der senkrechten Achse und die Jahre auf der waagerechten Achse verzeichnen würde, ergäbe eine Kurve, die zunächst steil anstiege und dann flacher würde, je näher sie der Gewißheit käme; sie sähe aus wie das Profil eines Tafelberges, von weitem betrachtet.

Nehmen wir beispielsweise Newtons Theorie der Schwerkraft, jenes vielbewunderte allgemeine Gravitationsgesetz, das die gegenseitige Anziehung aller mit Masse versehenen Körper beschreibt. Nach seiner Formulierung im Jahre 1666 stieg seine Akzeptanz rasch an, denn es sprach sich herum, wie erfolgreich es die komplexe Mondbewegung, die Planetenbahnen, die Gezeitenzyklen, das allmähliche Abrücken des nördlichen Himmelspols vom Polarstern und den Tanz der Jupitermonde erklärte. Gegen Ende des Jahrhunderts hatte die Akzeptanz, sagen wir, neunzig Prozent erreicht. Aber es gab noch Zweifler, die weiterhin anderslautende Theorien vertraten.

Als dann die Theorie Mitte des 18. Jahrhunderts die Rückkehr des Halleyschen Kometen richtig vorhersagte, stieg ihre Akzeptanz wiederum um ein paar Prozentpunkte. Hundert Jahre später schien der Planet Uranus von seiner errechneten Umlaufbahn abzuweichen, woraufhin abermals Zweifel an der Allgemeingültigkeit des Gesetzes laut wurden. Doch dann sagten der junge englische Astronom John Adams und unabhängig von ihm sein französischer Kollege Joseph Le Verrier mit Hilfe eben dieses Gesetzes die Existenz eines bislang nicht vermuteten Planeten voraus, auf den sie die Abweichungen des Uranus zurückführten. Als der neue Planet 1846 genau an dem Ort entdeckt wurde, wo ihn die beiden Forscher vermutet hatten, verwandelte sich die Akzeptanz in Gewißheit: Das Gravitationsgesetz wurde zu einer Tatsache.

Die Atomhypothese brauchte weitaus länger, um diesen Weg zurückzulegen. Da die Atome den normalen Sinneserfahrungen weit entrückt sind, dauerte es Jahrtausende, bis die Theorie völlige Akzeptanz erlangte. Die Beiträge von Leukipp, Demokrit, Lukrez, Harriot, Newton, Bernoulli, Dalton und anderen Renegaten, die sich vorzustellen vermochten, was ihre Augen nicht sehen und ihre Hände nicht fühlen konnten, die irgendwie in der Lage waren, die innersten Geheimnisse der Natur zu erahnen, erstrecken sich über die gesamte Geschichte der abendländischen Kultur. Die Zähmung des Atoms, die mit dem lachenden Philosophen 400 v. Chr. begonnen hatte, endete mit dem Spinthariskop im Jahre 1903. Doch als die Atomistik endlich als bewiesene Tatsache akzeptiert wurde, begann das Atom selbst sich in seine Bestandteile aufzulösen.

Ohne innezuhalten, um den erfolgreichen Abschluß der uralten Suche nach der Natur der Materie auszukosten, wandten sich die Physiker sogleich dem nächsten Problem zu, der zentralen Frage der Atomphysik im 20. Jahrhundert: Wie sieht der Aufbau des Atoms aus? Oder genauer: Aus welchen Teilen besteht das Atom, und wie fügen sie sich zusammen?

2 Bausteine des Atoms

Die beiden wichtigsten Bausteine des Atoms, das Elektron und der Kern, wurden um die Jahrhundertwende, 1897 beziehungsweise 1910, in England entdeckt, der erste in Cambridge und der andere in Manchester. Obwohl die Entdecker, Sir Joseph John Thomson und Lord Ernest Rutherford, ihr Leben lang Kollegen und Freunde waren, lassen ihre Beiträge höchst gegensätzliche Arbeitsweisen erkennen. Die Entdeckung des Elektrons in den letzten Jahren des 19. Jahrhunderts bedeutete den Höhepunkt der methodischen Elektrizitätsforschung, die im 18. Jahrhundert begonnen hatte, während Rutherford auf den Kern zufällig bei der Untersuchung der Radioaktivität stieß, eines damals neuen und noch wenig erforschten Phänomens. Nicht von ungefähr rahmen die Daten dieser beiden bahnbrechenden Entdeckungen das Jahr 1900 ein: Als die Welt vom alten in das neue Jahrhundert aufbrach, gelang es den Physikern endlich, die Oberfläche des Atoms zu durchbrechen und in sein Inneres zu gelangen.

Das Objekt in der Mitte des Atoms, der Kern, ist keineswegs ein fundamentales Teilchen, sondern ein zusammengesetztes Objekt, das sich von Atom zu Atom unterscheidet. Allerdings ist er so klein, daß sich seine innere Struktur nicht auf den Aufbau eines Atoms auswirkt. Nur die groben, äußeren Eigenschaften des Kerns sind von Bedeutung – seine Gesamtmasse, seine elektrische Ladung und seine magnetische Stärke. Von den Elektronen aus gesehen, ähnelt der Kern der Erde, wie sie *Voyager I* aufgenommen hat, oder einem Quecksilberatom in der Falle, das mit UV-Licht bestrahlt wird: Er ist eine winzige Korpuskel, ein Miniatursandkorn im Mittelpunkt des Atoms.

Das Elektron dagegen ist von fundamentaler Beschaffenheit. Im Gegensatz zum Kern hat es weder Form noch Struktur noch Bestandteile. Es unterscheidet sich vom Kern auch darin, daß es eine Vorgeschichte hat, handelt es sich doch um das langgesuchte Teilchen der Elektrizität. Bereits 1750 hat Benjamin Franklin in der Tradition der Atomistik vermutet, ein elektrischer Strom bestehe aus einem Fluß außerordentlich feiner Teilchen, die leider zu winzig seien, als daß man sie wahrnehmen könnte. Ihre tatsächliche Entdeckung hundertfünfzig Jahre später verdanken sie einer einfachen technischen Neuerung, die ebenfalls bis in Franklins Zeit zurückreicht und die Welt ebenso tiefgreifend verändert hat wie die legendäre Erfindung des Rades.

Während des 18. Jahrhunderts waren die wichtigsten wissenschaftlichen Instrumente die Elektromaschine und die Luftpumpe. Erstere erzeugte Funken durch das Reiben von Leder auf Glas, letztere ein Vakuum, indem sie aus einem geschlossenen Gefäß die Luft heraussaugte, ganz ähnlich wie eine Spritze Blut aus einer Vene holt. Die entscheidende Neuerung erfolgte, als man diese beiden einfachen Geräte kombinierte, um das «Erscheinen des Funkens *in vacuo*» zu zeigen, wie es im Jargon der Zeit hieß.

Ein Funken in der Luft, der nichts anderes als ein winziger Blitzstrahl ist, verhält sich überaus ungebärdig, weil sich der elektrische Strom seinen Weg durch ein Gedränge von Luftmolekülen bahnen muß, wie eine Polizeistreife, die sich durch eine Menschenmenge schiebt. Doch wenn man die Luft entfernt, wird der Fluß der elektrischen Teilchen glatt, zügig und zahm. Während Elektrizität, die über einen stürmischen Himmel oder durch einen Metalldraht rast, rohe Kraft darstellt, zeigt sich an einem elektrischen Strom in einem Vakuum die Wirkung präziser Kontrolle.

Aus der Verbindung der Elektromaschine mit der Luftpumpe ging eine eindrucksvolle Liste von Entdeckungen und Erfindungen hervor: Neonröhren und Leuchtstofflampen; die Vakuumröhren, die in den ersten Radios, Fernsehgeräten und Computern zur Anwendung kamen; Kathodenstrahloszilloskope, Fernsehbildröhren und Computerbildschirme. Kurzum, fast jeder Bereich unserer informationshungrigen Gesellschaft ist in irgendeiner Weise auf die Elektrizität angewiesen, die durch luftleere Röhren fließt. Noch wichtiger: Die Röntgenstrahlen wurden entdeckt, als man einen elektrischen Strom in einer Vakuumröhre auf einen Kupferblock prallen ließ. Die modernen Teilchenbeschleuniger sind Fortführungen der gleichen Technik. Der drei Kilometer lange Linearbeschleuniger an der Stanford University, dem wir die Entdeckung der Quarks verdanken, ist im Prinzip nur eine enorm vergrößerte Version jener kleinen Vakuumröhren aus dem 18. Jahrhundert. Doch das bedeutendste Vermächtnis dieses einfachen Geräts war die Entdeckung des Elektrons durch Joseph John Thomson.

J. J., wie ihn alle Welt, auch sein Sohn, nannte, war ein ungewöhnlicher Experimentalphysiker. Im Gegensatz zu den meisten Praktikern seiner Zunft war er so ungeschickt, daß seine Assistenten ihn baten, die Geräte in seinem Labor nicht anzufassen. Sein Student Francis William Aston, später selbst ein berühmter Physiker, hat seine Erinnerungen an den schlecht rasierten, schmächtigen, gebeugten Professor im zerknitterten Anzug zu Papier gebracht:

Wenn es Schwierigkeiten gab... schlurfte diese bemerkenswerte Gestalt heran. Nachdem er eine Zeitlang in charakteristischer Haltung über seinem kuriosen alten Pult in der Ecke gebrütet und in seiner ordentlichen Handschrift ein paar Zahlen und Formeln auf die Rückseite einer Dissertation, einen alten Umschlag oder auch ins Protokollbuch des Labors gestreut hatte, zog er irgendeinen brillanten Vorschlag wie ein Kaninchen aus dem Hut, wobei er nicht nur die Ursache des Problems, sondern auch die Mittel zu seiner Beseitigung nannte.

Obwohl J. J. handwerkliche Geschicklichkeit fremd war, hatte er offensichtlich ein intuitives Gespür für Experimentiergeräte und eine geniale Begabung, Schlußfolgerungen von grundlegender Bedeutung aus einfachen Beobachtungen zu ziehen.

Um die Jahrhundertwende wäre es nicht möglich gewesen, ein Elektron zu isolieren. Die Technologie zum Einschluß einzelner Teilchen stand erst achtzig Jahre später zur Verfügung. Statt dessen erfand J. J. eine geistreiche Abwandlung des «Funken-*in-vacuo*-Experiments». Er leitete einen Elektrizitätsfluß, ungefähr so dick und so lang wie eine Stricknadel, durch eine Vakuumglasröhre auf einen fluoreszierenden Schirm von der Art, wie man ihn sechs Jahre später in jenem Spinthariskop verwendete, mit dem Ernst Mach die Realität von Atomen vor Augen geführt wurde. An der Stelle, an der der Strahl auf den Schirm traf, erzeugte er einen Lichtpunkt. J. J. brachte einen einfachen kleinen Magneten an der Stelle der Röhre an und konnte auf diese Weise den Elektrizitätsfluß ablenken, so daß der Fleck nach unten hüpfte.

Aus der Verlagerung dieses Leuchtpunktes um den Bruchteil eines Zentimeters zog J. J. eine Schlußfolgerung, die eine Tür zur Welt der subatomaren Physik aufstieß. Er erklärte seine Beobachtung durch die Annahme, daß Elektrizität aus winzigen elektrisch geladenen Korpuskeln, sogenannten Elektronen, bestehe. Ihren gemeinsamen Weg durch den Apparat verglich er mit der Bahn einer Kanonenkugel; indem er die Schwerkraft durch die magnetische Kraft ersetzte, konnte er aus der Stärke des Magneten die Ablenkung des Lichtpunktes errechnen. Dabei mußte J. J. einen bestimmten Wert für die Masse des Elektrons ansetzen. Indem er diesen Wert so lange veränderte, bis seine Rechnung mit dem Ergebnis des Experiments übereinstimmte, fand er heraus, daß er ungefähr zweitausendmal kleiner ist als die Masse eines Wasserstoffatoms, die man in der Chemie einige Jahre zuvor bestimmt hatte.

Diese Entdeckung beeinflußte das wissenschaftliche Denken nachhaltig. Jahrhundertelang hatte man die Atome für die elementarsten Bestandteile der Materie gehalten, wobei das Wasserstoffatom das leichteste von ihnen war. Doch hier war etwas zweitausendmal leichter. Die Zerlegung des Atoms in subatomare Teilchen hatte begonnen.

Obwohl Demokrit sich im Detail geirrt hatte – es *gibt* etwas Substanzielleres und Fundamentaleres als das Atom –, hatte er im Grundsatz doch recht behalten. Er hatte nicht vorhersehen können, daß man auf der Suche nach den Unteilbaren der Natur nicht am Atom halt machen würde, sondern noch auf das Elektron und den Kern, dann auf die Bestandteile des Kerns und schließlich auf die Quarks stoßen sollte. Es stellte sich – seltsames Spiel des Zufalls – heraus, daß das erste subatomare Teilchen, das man entdeckte, zugleich auch eines der fundamentalsten war. Unter den Hunderten sogenannter Elementarteilchen gehört das Elektron zu den ganz wenigen, die sich nicht weiter teilen lassen. Es ist wahrhaft elementar.

Mit der Entdeckung des Elektrons eröffnete J. J. die Physik des 20. Jahrhunderts , aber als sich das Tempo der Entdeckungen beschleunigte, blieb er hinter der Entwicklung zurück. Er stieß die Tür zum Atom auf, ging aber nicht selbst hindurch, während sein Assistent und Mitarbeiter Ernest Rutherford wie ein Stier hindurchstürmte. Die beiden Männer unterschieden sich nicht nur in ihrer physikalischen Arbeitsweise, sondern auch in jeder anderen Hinsicht, einschließlich ihrer Statur. Auf einem Foto erinnern sie ein wenig an Laurel und Hardy: Der schmächtige, gekrümmte, etwas ungepflegt wirkende J. J. in seinem bis oben hin zugeknöpften Mantel, die Melone bis zu den Augenbrauen hinuntergezogen, lauscht schmallippig den Ausführungen Rutherfords, der, viel größer, von einnehmendem Äußeren, lässig, mit offenem Mantel, in seiner gewohnten Lautstärke auf ihn einredet.

1897, in dem Jahr, als das Elektron entdeckt wurde, arbeitete Rutherford als Hilfsassistent in J. J.'s Labor. Doch statt seinem Mentor bei der Erforschung des Elektrons zu folgen, wandte sich der junge Rutherford der Radioaktivität zu, die gerade in Frankreich entdeckt worden war. In seiner Entscheidung, die konservative Linie seines Lehrers zu verlassen und sich auf ein neues Gebiet zu wagen, folgte er dem ungestümen Drang eines jugendlichen, selbstbewußten Wissenschaftlers. Später sollte er sie als die wichtigste seines Lebens bezeichnen, weil sie am Ende zu seiner größten Entdeckung führte – der des Atomkerns.

Seine Abenteuerlust trug Rutherford auch noch in einer anderen Hinsicht über seinen Mentor hinaus: Während J. J.'s Stärke in seiner Fähigkeit lag, sich das Innere seiner Versuchsgeräte vorzustellen, vermochte Rutherford dem Rat Thomas Harriots zu folgen und sich auf atomare Ausmaße zu verkleinern, um sich dann umzublicken. Wenn jemand behauptete, Atome gäbe es nicht, vertrat er mit seiner ungewöhnlich lauten Stimme die entschiedene Auffassung, daß sie sehr wohl existierten und daß es sich um «muntere Kerlchen handelt, die so wirklich sind, daß ich sie fast sehen kann». Was hätte er wohl gesagt, wenn er gewußt hätte, daß seine Vorstellungskraft eine Entwicklung in Gang setzte, die drei Generationen später tatsächlich zur Sichtbarmachung der Atome führen sollte?

1909 untersuchte Rutherford, damals an der University of Manchester, wie Alphateilchen, eine Form positiv geladener radioaktiver Strahlen, streuen, wenn sie auf transparente Goldfolien abgefeuert werden. Alphateilchen, die von radioaktiven Stoffen wie Radium abgestrahlt werden, sind so energiereich, daß sie normalerweise durch dünne Ziele glatt hindurchschießen. Die meisten von ihnen setzen ihren ursprünglichen Weg geradlinig fort. Nur wenige prallen von Goldatomen ab und werden dadurch zur Seite abgelenkt. Rutherford berichtete, ein Assistent sei eines Tages zu ihm gekommen und habe gefragt: «Meinen Sie nicht, daß der junge Marsden, den ich in radioaktiven Verfahren unterweise, mit einer kleinen Forschungsarbeit betraut werden sollte?» – «Daran hatte ich auch schon gedacht», fuhr Rutherford fort. «Deshalb sagte ich: ‹Warum lassen Sie ihn nicht herausfinden, ob es Alphateilchen gibt, die in einem großen Winkel gestreut werden?›»

Ernest Marsden führte das Experiment durch. Er legte ein Stück radioaktiven Materials in einen schweren Bleikasten, der mit einem kleinen Loch versehen war, durch das Alphateilchen in einem dünnen, geraden Strahl entweichen konnten. Diese Teilchen trafen auf ein Stück Goldfolie, das ihnen den Weg versperrte, und auf die andere Seite seines Ziels hatte Marsden ein Spinthariskop gestellt: Jede Szintillation auf seinem fluoreszierenden Schirm signalisierte das Eintreffen eines einzelnen Alphateilchens. Auf diese Weise stellte Marsden fest, daß die meisten Alphateilchen ihren Weg auf der anderen Seite der Goldfolie praktisch ohne Ablenkung fortsetzten. Dann stellte er seinen Detektor vor der Goldfolie auf, auf der Seite, von der aus der Strahl auf die Goldfolie traf. Er suchte nach Reflexionen und erwartete, keine zu finden. Obwohl die Zahl der Teilchen, die er zählte, tatsächlich klein war, prallten einige wenige doch so von dem Gold ab, daß sie auf dem gleichen Weg zurückkamen.

Für Rutherford, der eine feste Vorstellung von den Größen, Geschwindigkeiten und Massen im atomaren Bereich hatte, war dieses Ergebnis verblüffend. Später erklärte er: «Es war, als sei eine Vierzig-Zentimeter-Granate, die man auf ein Stück Seidenpapier abgefeuert hatte, abgeprallt und hätte einen selbst getroffen.»

Lange dachte er über dieses erstaunliche Ergebnis nach und stieß ein Jahr später, kurz vor Weihnachten 1910, auf die Antwort. Indem er sich ausmalte, wie eine Begegnung zwischen einem einfachen Alphateilchen und einem Goldatom aussähe, gelangte er zu dem Schluß, daß die für dieses Phänomen verantwortlichen Agenzien sehr kleine, schwere positiv geladene Klümpchen sein müssen, die in jedem Goldatom verborgen sind, und daß diese die Projektile abprallen lassen, wie Granatsplitter, die sich in ein Holzbrett gegraben haben, Stahlkugeln streuen würden. Rutherford stellte sich vor, daß jedes Atom ein solches Klümpchen enthalten müsse, und nannte es Kern.

Um zu dieser Schlußfolgerung zu gelangen, berechnete Rutherford, welchen Weg ein hypothetisches Alphateilchen durch das Vakuum zwischen den Goldatomen in das Innere eines bestimmten Goldatoms nehmen und wie es wieder hinausgelangen würde. Wenn das positiv geladene Alphateilchen sich dem positiv geladenen Kern des Goldatoms nähert, wird es von immer stärkerer Kraft zurückgedrängt, denn gleichnamige Ladungen stoßen einander ab. Wie ein Fluchtauto, das sich einer Polizeisperre nähert, macht es eine Kehrtwendung und verläßt das Atom auf schnellstem Wege. Rutherfords Theorie hatte Ähnlichkeit mit den Berechnungen von J. J., die der gekrümmten Elektronenbahn durch eine Vakuumröhre galten – nur hatte sich der Schauplatz vom Labor, wo die Ereignisse immer noch sichtbar sind, in den unzugänglichen Bereich des Atoms verlagert. Fortan sollte diese unsichtbare Welt zum Hauptbetätigungsfeld der Physiker werden.

Die revolutionäre Wirkung, die von der Entdeckung des Kerns ausging, läßt sich kaum überschätzen. Fünf Jahre zuvor hatte Albert Einstein die spezielle Relativitätstheorie veröffentlicht und damit den festgefügten Rahmen von Zeit und Raum gesprengt, der das Skelett der klassischen Physik gebildet hatte. Doch während Einstein nur eine abstrakte Idee demontiert hatte, hatte Rutherford die Materie selbst aufgelöst. Das Atom, das man sich als greifbares Objekt gedacht hatte, als Miniatursandkorn, mußte aus der Vorstellung gestrichen werden. Es hatte sich in eine Vakuumkugel verwandelt, in der ein winziger Kern und einige punktartige Elektronen ein geheimnisvolles Menuett tanzen. Rutherford hat uns den Teppich und mit ihm zusammen den festen Boden unter den Füßen fortgezogen, so daß wir seither auf leerem Raum gehen. Auf diese Weise hat er noch stärker als Einstein für die Überwindung des geschlossenen Weltbildes gesorgt, das die Physik seit der Antike praktisch unverändert beherrscht hatte.

Mit der Entdeckung des Kerns waren die primären Bestandteile des Atoms gefunden. Jedes Element im Periodensystem ist durch einen Kern mit einer bestimmten positiven Ladung gekennzeichnet, und jeder Kern ist von einem Gefolge negativ geladener Elektronen umgeben, deren gemeinsame Ladung die des Kerns genau ausgleicht. So hat das Wasserstoffatom eine positive Ladung im Mittelpunkt und ein Elektron, das Heliumatom je zwei und das Lithiumatom, das auf der Zehndrachmenmünze abgebildet ist, drei positive Kernladungen und drei Elektronen. Die Elektronen werden durch elektrische Anziehungskräfte an ihrem Platz gehalten und befinden sich in einer Elektronenhülle, die zehntausendmal größer als der Kern ist, aber zweitausendmal leichter. Soweit ist alles klar, einfach und unstrittig. Die Frage lautet, wie nun genau die Elektronen um den Kern angeordnet sind. Das ist das Kardinalproblem der modernen Atomtheorie.

Da Atome zu klein sind, als daß man sie wie Frösche sezieren könnte, läßt sich das Problem nur indirekt angehen. Rutherford hatte eine Tür zum Atom aufgestoßen, aber seine Methode war zu grob: Die Alphateilchen verfolgten ihren Weg mit so viel Energie, daß das zarte Gewebe des Elektronenschleiers, der mit millionenfach geringerer Energie zusammengehalten wird, in Fetzen zerrissen wurde wie ein Spitzendeckchen durch eine Kanonenkugel. Man ersetzt die Alphateilchen besser durch Lichtstrahlen, weil sie weit weniger Zerstörung anrichten. Doch zunächst mußte man mehr vom Licht selbst wissen.

In der ungebrochenen Tradition der Atomistik glaubte Newton, Licht bestehe aus Teilchen, konnte aber mit dieser Hypothese nicht mehr anfangen als mit der Atomtheorie der Materie selbst. Hundert Jahre später stellte man fest, daß Licht sich eher in der Art von Wellen als von individuellen Korpuskeln verhält, und Ende des 19. Jahrhunderts war man allgemein der Auffassung, die Teilchentheorie des Lichts lasse sich nicht halten.

Das wichtigste Argument für die Wellentheorie des Lichts ist das Phänomen der destruktiven Interferenz. Zwei sich kreuzende Wasserstrahlen aus Gartenschläuchen oder zwei Geschoßgarben aus Maschinengewehren können sich nicht gegenseitig vernichten. Sie können nur ihre beiderseitigen Effekte verstärken. Anders verhält es sich mit Wellen. Wenn man zwei Steine in einen Teich wirft und die Wellen beobachtet, ist zu erkennen, daß sich diese an den Stellen, wo ein Kamm der einen Quelle auf ein Tal der anderen trifft, gegenseitig aufheben und umgekehrt. Dieser augenfällige Effekt, eben die destruktive Interferenz, läßt sich in der Aussage zusammenfassen, daß unter bestimmten Umständen Welle plus Welle gleich null ist. Das ist bei Teilchen nicht möglich.

Ein überzeugendes Beispiel für die destruktive Interferenz des Lichts ist Ihnen so nah wie Ihre Nasenspitze: Wenn Sie Ihre Finger so ausstrecken, daß sie sich fast berühren, sie in einem Abstand von zwei bis drei Zentimetern vor die Augen halten und durch die Lücke zwischen den Knöcheln in die Ferne oder in eine Glühbirne blicken, können Sie senkrechte schwarze Streifen erkennen. Diese werden nicht durch Schatten hervorgerufen, und es handelt sich auch nicht um Ihre Wimpern, sondern um genuin optische Erscheinungen, die nur durch Lichtwellen zu erklären sind. An einigen Stellen sind Teile des Lichts, das durch die Lücke fällt, gegenüber anderen Teilen, die an der gleichen Stelle eintreffen, zufällig phasenverschoben, und diese Teile heben einander auf. Diese und ähnliche Experimentaldaten fanden 1873 eine weitere Bestätigung durch James Clark Maxwells Theorie, die das Licht als schwingende magnetische und elektrische (oder, kürzer, elektromagnetische) Felder beschrieb und die all die damals bekannten komplizierten optischen Phänomene erklärte. Damit schien die Sache ein für alle Mal zugunsten der Wellentheorie entschieden.

Interferenzexperimente mit verschiedenen Lichtquellen führten sogar zu einer quantitativen, numerischen Bestimmung der Farbe, der faszinierendsten Eigenschaft des Lichts. Die Farbe hängt mit der Wellenlänge zusammen, dem Abstand zwischen aufeinanderfolgenden Wellenkämmen: Je größer die Wellenlänge, desto roter das Licht; je kleiner die Wellenlänge, desto näher rückt es dem violetten Ende des Regenbogens. Ein anderes Verfahren zur numerischen Behandlung der Farbe ist die Bestimmung der Frequenz oder Zahl der Wellenkämme, die an einem Beobachter in einer Sekunde vorbeiziehen. Rotes Licht mit seiner großen Wellenlänge hat eine niedrige Frequenz. Blaues und violettes Licht ist durch kurze Wellenlängen und hohe Frequenzen gekennzeichnet. Damit wurde die Farbe des Lichts mit der Wellenlänge und der Frequenz verknüpft, die eng verwandte quantitative Eigenschaften von Wellen sind.

Doch abermals bewies die Atomistik Hartnäckigkeit und meldete ihre Ansprüche sogar im Bereich des Lichts an. Den ersten Schritt in Richtung einer Teilchentheorie des Lichts tat im Jahre 1900 der deutsche Physiker Max Planck. Planck, der als Urvater der Quantentheorie gilt, war ein Revolutionär wider Willen. Mit zweiundvierzig wirkte er als Physikprofessor in Berlin und hatte nicht die geringste Absicht, jemals etwas anderes zu tun, als sich dem klassischen Programm der Physik zu widmen – die Erscheinungen der materiellen Welt mit den mechanischen und elektromagnetischen Theorien von Newton und Maxwell zu erklären. Doch das Schicksal hatte anderes mit ihm vor.

Das Problem, mit dem Planck sich damals herumschlug, schien nicht von weltbewegender Bedeutung zu sein. Er versuchte zu erklären, wie es kommt, daß ein heißer Körper seine Farbe je nach seiner Temperatur wechselt: Worauf ist es zurückzuführen, daß das Heizelement eines elektrischen Herdes, das in der Dunkelheit glüht, seine Farbe von schwarz über rot bis zu weißglühend verändert? Plancks Formel zur Verknüpfung der Temperatur mit der Farbe versagte am violetten, hochfrequenten Ende des Spektrums. Nach der klassischen Theorie müßten kleine Wellenlängen in größerer Zahl vorkommen als große: Zählt man die Wellen im Meer, findet man viele winzige Kräuselungen für jede lange Welle. Doch in den Experimenten, die Planck zu verstehen versuchte, zeigten sich die hohen Frequenzen eines heißen Körpers nicht in dem erwarteten Maße. Irgendein geheimnisvoller Mechanismus unterdrückte sie. Auf seiner Suche nach einer Erklärung gelangte Planck zu folgender Annahme: Wenn aus irgendeinem unbekannten Grund mehr *Energie* erforderlich ist, hohe Frequenzen zu erzeugen als niedrige, dann werden diese violetten Farben nicht auftreten, einfach weil nicht genügend Energie vorhanden ist, um sie hervorzubringen.

Die Idee war, wie er später sagte, ein «Verzweiflungsakt», der jeglicher physikalischer Grundlage entbehrte. Den Rest seines Lebens war Planck mit dem Versuch beschäftigt, die Hypothese in den Rahmen der klassischen Physik einzuordnen – vergebens; aber sie funktionierte. Sie lieferte nicht nur eine Formel für die Beziehung zwischen Farbe und Temperatur, die mit den Beobachtungsdaten vollkommen übereinstimmte, sondern trug zudem als Eckpfeiler der modernen Atomtheorie Planck 1918 den Nobelpreis ein.

Um seine Hypothese schlüssig zu formulieren, mußte Planck von der verblüffenden Annahme ausgehen, daß ein heißer Körper Licht und Strahlungswärme nicht in kontinuierlichem Fluß abgibt, wie er gemäß dem gesunden Menschenverstand und der klassischen Physik erwarten mußte, sondern in diskreten Energiebündeln. Jedes Bündel trägt eine Energiemenge, die ein Vielfaches seiner Frequenz ist. Je höher die Frequenz, desto größer die Energie. Die Formel zur Berechnung der Energie eines Lichtbündels aus seiner Frequenz bezeichnet man als Plancksches Gesetz. Die Zahl für diese Umwandlung – ähnlich der Konstanten, die Kilometer in Meilen umwandelt – ist die Plancksche Konstante oder das Plancksche Wirkungsquantum, heute der Dreh- und Angelpunkt der Atomphysik.

Vor zwanzig Jahren ehrte die bundesdeutsche Regierung Plancks Leistung, indem sie das Zweimarkstück mit seinem Porträt schmückte: Über den Lebensdaten, 1858–1947, ist er im Profil abgebildet. Mit Adlernase und hängendem Schnurrbart blickt er durch einen Zwicker melancholisch in eine Welt, zu deren Umgestaltung er wesentlich beigetragen hatte, die er aber in ihrer neuen Form nie ganz hat akzeptieren können. Sein kahler Schädel erscheint riesenhaft, als habe ihn die Kraft seines Verstandes geweitet. Im Gegensatz zur Zehndrachmenmünze, die das Porträt des Demokrit und das Bild eines Atoms zeigt, liefert das Zweimarkstück keinen Hinweis auf Plancks Beitrag zur Wissenschaft. Es gibt keine Möglichkeit, seine Entdeckung visuell und augenfällig zu vermitteln. Doch vom Gedanken her ergänzten sich die Erkenntnisse der beiden Männer: Sie führten zu der folgenschweren Idee, daß die Welt aus Materie und Licht, so bruchlos und kontinuierlich sie auch erscheinen mag, in Wirklichkeit in diskrete Einheiten, infinitesimale Münzen gewissermaßen, unterteilt ist.

1905 wies Albert Einstein – im selben Jahr, in dem er die spezielle Relativitätstheorie entwickelte – auf die revolutionäre Bedeutung der Planckschen Entdeckung hin. Ihn interessierte, auf welche Weise Licht, das auf bestimmte Metalle fällt, Elektronen freisetzen kann – ein Effekt, der der Wirkung von Photozellen zugrunde liegt. Er vermochte sich nicht zu erklären, warum selbst ein außerordentlich schwacher Lichtstrahl überraschend energiereiche Elektronen freisetzt. Der Prozeß erschien so paradox, als würde eine ruhige Meereswelle (das Licht) plötzlich ein Stück Treibholz auf ihrer Oberfläche (das Elektron) hoch in die Luft schleudern. Einstein vermutete, das Bild sei falsch: Licht habe sowenig Ähnlichkeit mit ruhigen Meereswellen wie ein Hagel von Kanonenkugeln. Man müsse sich seine Wechselwirkung mit Elektronen eher wie das Einwirken solch massiver Projektile auf das Stück Treibholz vorstellen. Vor allem äußerte er die Hypothese, das Licht trete in Form von Bündeln, Korpuskeln oder, wie er sagte, Quanten auf. Schwaches Licht, meinte er, bestehe aus einem spärlichen Strahl von Quanten, von denen jedes genügend Energie besitze, um ein Elektron aus einem Metall herauszuschlagen.

Einsteins Hypothese gründete sich auf Plancks Theorie, unterschied sich aber in einem wichtigen Aspekt. Wo Planck sich zu der Annahme genötigt sah, Licht werde von heißen Körpern in Form diskreter Bündel *emittiert*, behauptete Einstein, es *bestehe* stets aus solchen Bündeln. Er verdeutlichte den Unterschied anschaulich, indem er Licht mit Bier verglich: Während Planck lediglich gezeigt habe, daß Bier gewöhnlich in Halbliterflaschen *verkauft* werde, vertrete er, Einstein, die Auffassung, es *bestehe* aus unteilbaren Halbliterportionen – eine weit radikalere Hypothese. Der Energiebetrag, der von jedem Quantum getragen wird, steht über das Plancksche Gesetz mit der Frequenz in Beziehung. Fortan wurden Farbe, Wellenlänge, Frequenz und Energie zu fast austauschbaren Begriffen für die Beschreibung des Lichts.

Damals war man so fest von der Wellentheorie überzeugt, daß Einstein bei der Wiedereinführung einer atomistischen Interpretation eine für ihn ganz untypische Scheu zeigte. Unter Rückgriff auf den alten «Als-ob-Trick» bezeichnete er seine Theorie als heuristisch, also vorläufig oder nur brauchbar als Hilfsmittel für weitere Untersuchungen. Ein merkwürdiger Zufall will, daß Isaac Newton 1672 in einer Rede vor der Royal Society, in der er seine Überzeugung zum Ausdruck brachte, das Licht bestehe aus Teilchen, diese Idee ebenfalls heuristisch nannte. Doch auch diese Einschränkung konnte nicht verhindern, daß die wissenschaftliche Gemeinschaft skeptisch auf Einsteins Theorie reagierte. 1913, acht Jahre nach der Veröffentlichung seiner Theorie der Lichtquanten, schrieb Planck zusammen mit drei namhaften Kollegen eine Empfehlung zur Berufung Einsteins in die Preußische Akademie der Wissenschaften, in der unter anderem zu lesen war: «Daß er [Einstein] in seinen Spekulationen gelegentlich auch einmal über das Ziel hinausgeschossen haben mag, wie zum Beispiel in seiner Hypothese der Lichtquanten, wird man ihm nicht allzuschwer anrechnen dürfen. Denn ohne einmal ein Risiko zu wagen, läßt sich auch in der exaktesten Naturwissenschaft keine wirkliche Neuerung einführen.»

Doch wie in so vielen anderen Fällen erwies sich Einsteins Idee als äußerst fruchtbar. Seine Lichtquanten wurden später von dem amerikanischen Chemiker Gilbert Newton Lewis Photonen genannt (nach den griechischen Wörtern für «Licht» und «Ding»), und der Name setzte sich durch. Die wahre Natur des Photons – ob Teilchen, da durch seine Energie gekennzeichnet, oder eine Welle mit einer bestimmten Frequenz oder beides, wie aus der Planckschen Beziehung zwischen Frequenz und Energie hervorzugehen scheint – ist für professionelle Physiker nicht von besonderem Interesse, weil sie über eine vollständige Theorie für die Wechselwirkung von Licht mit Materie verfügen, in der alle Energie in diskreten, irreduziblen Bündeln, den Quanten, auftritt. Wenn die Energie zufällig vom Licht getragen wird, heißt das Quantum Photon. Die Szintillationen, die ich auf David Winelands Monitoren erblickte, noch bevor ich mein erstes Atom sah, zeigten das Eintreffen einzelner Photonen von UV-Licht auf dem Bildschirm an und lieferten den sichtbaren Beweis dafür, daß Einstein mit seiner Spekulation ins Schwarze getroffen hatte.

Elektron, Kern, Photon – das sind die drei Münzen im Reich der Atome. Atome geben Photonen ab und offenbaren dabei ihre Struktur. Wenn ein Atom von einem Elektron, einem Photon, einem Kern oder gar einem anderen Atom getroffen wird, reagiert es gelegentlich mit der Emission von Photonen. Jedes chemische Element kann nur Photonen einiger weniger spezifischer Frequenzen oder Farben erzeugen. Für den Chemiker bedeuten diese diskreten Farben, kollektiv als Atomspektrum bezeichnet, charakteristische Fingerabdrücke, an denen sich die Stoffe optisch erkennen lassen. Für den Physiker ist das Spektrum eine Tür, die in das Innere des Atoms führt.

Der Unterschied zwischen einem Atommodell, welches das Spektrum erklärt, und einem Modell, das dazu nicht in der Lage ist, gleicht dem Unterschied zwischen einem Klavier und einer Mülltonne: Schlägt man ersteres an, so erhält man eindeutige, klare, individuelle Tonfrequenzen, schlägt man gegen letztere, so erhält man ein Geräusch. Wie die musikalischen Töne, die einem Klavier entlockt werden, Rückschlüsse auf seine Bauweise zulassen, so liefert das Spektrum eines Atoms Hinweise auf dessen inneren Aufbau. Es ist aber auch weit schwieriger, ein Klavier als eine Mülltonne zu konstruieren.

Der erste erfolgreiche Versuch, die Emission eines Lichtspektrums so zu beschreiben, daß sie den Experimentaldaten entsprach, unternahm 1913 der junge dänische Physiker Niels Bohr. Nach Abschluß seines Studiums in Kopenhagen war er nach Cambridge gegangen, um bei J. J. Thomson zu arbeiten. Doch fanden die beiden Männer keine Beziehung zueinander. Zum einen war

Bohr nicht besonders an Experimenten interessiert. Vor allem aber hatte er das Empfinden, daß J. J., obschon ein Genie, «das allen den Weg wies», für ihn ein Genie der falschen Art war. J. J.'s Stärke lag vor allem in dem Gespür, mit dem er Schwierigkeiten auf den Grund ging und überwand. Doch Bohrs Leidenschaft für die Entdeckung fundamentaler Wahrheiten teilte er nicht. Deshalb verließ Bohr Cambridge nach ein paar Monaten, um sich Rutherford in Manchester anzuschließen, der damals gerade damit beschäftigt war, die Theorie des Atomkerns zu überarbeiten, mit der er Marsdens Untersuchungsergebnisse erklärte.

Professor Rutherford und sein Assistent mit den ausgeprägten theoretischen Neigungen ergänzten sich ausgezeichnet. Rutherford stand zwar schon in der Reife seiner Jahre, hatte sich aber in seiner Denkweise Feuer und Jugendlichkeit bewahrt, während es sich bei Bohr genau umgekehrt verhielt. Üppige Lippen, eine gerade Nase und volle Wangen ließen ihn wie einen Posaunenengel erscheinen, während er seinem Denken nach ein gesetzter Philosoph war. Rutherford ermutigte Bohr in seinem Bestreben, ein Atommodell zu entwerfen, das sich einerseits mit den Regeln der klassischen Mechanik und andererseits mit dem Planckschen Gesetz vereinbaren ließ. Obwohl Bohrs Lösung zu radikal war, um dem Älteren ganz einzuleuchten, hinderten Meinungsverschiedenheiten in der Sache die beiden Wissenschaftler nicht daran, eine herzliche, lebenslange Freundschaft zu schließen.

Zwar hat Bohrs Planetenmodell seine wissenschaftliche Gültigkeit inzwischen längst verloren, doch waren seine ersten Erfolge so eindrucksvoll, daß es in der Öffentlichkeit die Vorstellung vom Atom noch immer beherrscht, was sich unter anderem darin zeigt, daß es auf der Zehndrachmenmünze sofort erkannt wird. Im Bohrschen Modell sind die Elektronen der elektrischen Anziehungskraft unterworfen und umkreisen den Kern wie die Planeten auf ihren Umlaufbahnen die Sonne. Doch damit endet die Ähnlichkeit zwischen den beiden Systemen. Das Sonnensystem ist nicht gequantelt. Die Entfernungen der Planeten von der Sonne sind zufällig und gehen auf die Entstehung des Sonnensystems zurück. Beispielsweise wäre es möglich, einen künstlichen Satelliten in eine Umlaufbahn zwischen Erde und Mars oder irgendwo andershin zu bringen. In Bohrs Modell ist dies nicht möglich. Dort sind nur einige spezielle, diskrete Bahnen erlaubt, alle anderen verboten.

Um die Quantelung zu sichern, daß heißt, um dafür zu sorgen, daß bestimmte vorgegebene Bahnen erlaubt und alle anderen verboten sind, mußte Bohr über das Modell des Sonnensystems hinausgehen. Er mußte zur klassischen Mechanik eine neue Einschränkung, eine neue Begrenzung hinzufügen, die nur für den atomaren Bereich gilt. Die neue Regel fand er durch die Annahme, daß das Plancksche Gesetz, das einen Zusammenhang zwischen Frequenz und Energie von Photonen herstellt, auch auf die Energie und die Umlaufgeschwindigkeit der Elektronen in ihren Bahnen angewendet werden kann – ein Zusammenhang, der viel weitreichender war als Plancks ursprüngliche Idee. Mit Hilfe dieses Zusammenhangs errechnete Bohr die erlaubten Elektronenbahnen und nannte sie seine Quantenbedingung. Die Formel war eine Art mathematische Schablone zur Konstruktion von Kreisbahnen und hatte wie das Plancksche Gesetz keine theoretischen Grundlagen in der Newtonschen Mechanik. Ihr einziger Vorzug war die Tatsache, daß sie funktionierte.

Im Bohrschen Planetenmodell des Atoms umkreist jedes Elektron das Zentrum auf einer spezifischen Bahn mit einer bestimmten und leicht zu errechnenden Geschwindigkeit und Energie. Folglich muß der Gesamtenergie, die im Atom enthalten ist, ein bestimmter Wert zukommen: Die Energie des Atoms ist in diskreten Niveaus gequantelt. Ein Stein, der auf einer Treppe liegt, muß in ähnlicher Weise ein genau definiertes Niveau an gespeicherter Energie enthalten (im Gegensatz zu einem Stein auf einer schrägen Fläche, der alle Niveaus zwischen dem obersten und untersten Punkt annehmen kann). Mit jeder Stufe, auf die der Stein gehoben wird, nimmt er mehr gespeicherte Energie auf, die freigesetzt würde, wenn er auf den Boden fiele. Gleiches gilt für ein Elektron: Je größer die Kreisbahn, desto höher das Energieniveau. Wenn ein Elektron von einer Bahn auf eine größere springt, muß es die entsprechende zusätzliche Energie absorbieren; wenn es in eine niedrigere Bahn springt, muß es umgekehrt Energie freisetzen.

Gewöhnlich werden solche Sprünge durch Licht verursacht. Ein Photon liefert den zusätzlichen Energiebetrag, wenn es absorbiert wird, oder nimmt ihn fort, wenn es abgestrahlt wird. Die Treppenstruktur des Atoms sorgt dafür, daß nur Licht mit diskreten Energien von einem Atom emittiert oder absorbiert werden kann, so daß nur bestimmte diskrete Farben emittiert oder absorbiert werden. Mit anderen Worten, jedes Atom hat ein eindeutiges Spektrum. Als das Spektrum des Wasserstoffs, das Bohr mit Hilfe seiner Quantenbedingung und von Plancks Wirkungsquantum errechnet hatte, genau mit dem beobachteten Spektrum übereinstimmte, schien das Rätsel der Atomstruktur gelöst zu sein.

Bohrs Modell bedeutete einen weiteren Triumph für die Atomistik, der zufolge sich die Struktur jeder physikalischen Erscheinung anhand von Teilchenbewegungen verstehen läßt. Der Umstand, daß die Methode der Atomistik hier auf das Atom selbst angewendet wird, verursacht allerdings eine gelinde Sprachverwirrung: Das Wort «Atom», wie es in der modernen Naturwissenschaft verwendet wird, entspricht nicht Demokrits fundamentalen, unteilbaren Partikeln, sondern den Bausteinen der Materie, die selbst zusammengesetzt sind. Ein paar Jahrhunderte zuvor hatte Isaac Newton bereits den Unterschied zwischen wirklich unteilbaren Teilchen und solchen Objekten vorweggenommen, die «Körper von wahrnehmbarer Größe bilden», das heißt, unsere Atome und Moleküle.

Nach dem Bohrschen Modell bestehen Atome aus Elektronen und Kernen, die sich in einem Vakuum durch elektrische Kräfte gegenseitig umklammert halten. Photonen sind nach diesem Schema keine wirklichen Bestandteile der Materie, sondern bloß die Boten, die Energie in das Atom hinein- und aus ihm herausbefördern. Natürlich ließ Bohrs Theorie noch viele Fragen offen – die rätselhafte Quantenbedingung, die Welle-Teilchen-Dualität des Photons und das Geheimnis der Quantensprünge, die mich so überrascht hatten, als ich sie in Colorado sah – doch das waren Einzelheiten. Die Bauweise des Atoms schien sich zumindest in groben Zügen abzuzeichnen.

Sehr zu Bohrs Enttäuschung begann sich das schlüssige Bild der materiellen Welt, das er durch sein Modell heraufbeschworen hatte, fast sofort wieder aufzulösen. Während noch Physiker überall in der Welt mit bescheidenem Erfolg bemüht waren, die Bohrsche Theorie auf Elemente jenseits des einfachen Wasserstoffatoms und auf andere mikroskopische Erscheinungen auszudehnen, nährte ein junger Visionär schon größere Träume. Louis Prinz von Broglie (wie «Bräu» gesprochen), der zurückgezogen lebende jüngere Sohn eines französischen Herzogs, der spät in seinem Leben zur Physik gekommen war und auch das nur, weil sein Bruder sich bereits als erfolgreicher Vertreter dieser Zunft hervorgetan hatte, reichte 1924 an der Universität von Paris eine Dissertation ein, in der er eine radikale Hypothese aufstellte.

De Broglie beschäftigte sich mit der Beziehung zwischen Frequenz und Energie, wie sie im Planckschen Gesetz zum Ausdruck kommt. Zum drittenmal im Laufe eines Vierteljahrhunderts öffnete diese einfache kleine Formel, die hartnäckig allen Versuchen ihres Erfinders widerstanden hatte, sie fortzuerklären, eine neue Tür zum Atom. Zuerst hatte sie es Einstein ermöglicht, die wahre Natur des Lichts zu verstehen, dann hatte Bohr sie als Grundlage seines Atommodells benutzt, und nun legte de Broglie sie noch kühner aus, als Einstein es gewagt hatte. Wenn ein Photon, wie Einstein annahm, zugleich eine Welle und ein Teilchen ist, war es dann nicht möglich, so fragte de Broglie sich, daß allen materiellen Objekten diese duale Natur eigen ist?

Insbesondere ging de Broglie von der Annahme aus, das Elektron habe sowohl Teilchen- als auch Wellencharakter, ein Gedanke, der damals als reines Phantasieprodukt abgetan wurde, wie der Vogel Greif, der zugleich Adler und Löwe ist. Doch de Broglie machte sich keine Illusionen über seinen Vorschlag. In seiner Dissertation schrieb er: «Er ist soviel wert wie jede Hypothese, das heißt, soviel wie die Konsequenzen, die aus ihr abgeleitet werden können.» Zu ihrer Unterstützung trug er eine Erklärung und eine Vorhersage vor.

Er stellte sich das Elektron als eine Welle vor, die sich in einem engen Kanal entlangbewegt. Würde sich der Kanal zu einem vollständigen Kreis krümmen, würde sich ein kontinuierlicher Wellenzug normalerweise durch destruktive Interferenz selbst zerstören: Seine Kämme würden mit den Tälern der vorhergehenden Umkreisung zusammenfallen. Nur in einigen wenigen, sehr privilegierten Fällen – wenn der Kreisumfang zufällig einem ganzzahligen Vielfachen der Wellenlänge entspräche –, würde Gipfel auf Gipfel und Tal auf Tal treffen, so daß die Welle ihren Weg unvermindert fortsetzen könnte. Als de Broglie die Bedingungen ausarbeitete, unter denen dies möglich wäre, stellte er fest, daß die speziellen Kreisbahnen, die das Überleben der Wellen erlaubten, exakt jenen entsprachen, die von den Bohrschen Quantenbedingungen vorhergesagt wurden. Damit war er in der Lage, das erfolgreiche Bohrsche Modell des Wasserstoffatoms zu erklären, obwohl er von ganz anderen Annahmen ausging, und außerdem vorherzusagen, daß Elektronen von wellenartiger Beschaffenheit sind und Interferenzeffekte wie das Licht zeigen.

Diese kühne Spekulation war der erste entscheidende Bruch mit der Demokritschen Tradition. Im Bohrschen Modell waren Elektronen punktartige Teilchen, Objekte, die aus unserer makroskopischen Erfahrung in das Reich des sehr Kleinen übernommen worden waren: winzige Sandkörnchen. Das de Broglieschen Elektron dagegen ist etwas ganz anderes. Es ist ein Teilchen und eine Welle zugleich, ein Wellen-Teilchen, ein Objekt, das man sich nicht vorstellen und das man noch weniger darstellen kann. Deshalb hat der griechische Künstler, der die Zehndrachmenmünze entwarf, vielleicht doch eine gute Wahl getroffen: Das Bohrsche Atommodell war das letzte in der Geschichte der Physik, das unverkennbare Züge des Demokritschen Erbes trug. Mit de Broglie hat sich unser Weltbild unwiderruflich verändert.

Albert Einstein, der die Idee des ersten Wellen-Teilchens, des Photons, entwickelt hatte und dafür herber Kritik ausgesetzt war, sprach sich als erster für de Broglies seltsam anmutende Idee aus. In einem Brief an seinen französischen Kollegen Paul Langevin vom 16. Dezember 1924 schrieb Einstein über de Broglie: «Er hat einen Zipfel des großen Schleiers gelüftet.» Für einen Physiker läßt sich größeres Lob nicht denken.

Und Einstein behielt wie gewöhnlich recht. Die Spekulationen des visionären Prinzen lösten in der Physik eine Explosion aus.

3 Quantenmechanik: Die Sprache des Atoms

Im April 1925, ein Jahr nachdem de Broglie seine Dissertation eingereicht hatte, explodierte eine Flasche mit flüssigem Stickstoff im Labor von Clinton Davisson, einem Forscher an den Bell Telephone Laboratories in New York City. Weder Davisson noch sein Assistent Lester Germer wurden verletzt, doch ihr Gerät war ruiniert. Um zu untersuchen, wie Elektronen von Metallflächen abprallen, hatten sie ein Vakuumgerät aus Glas konstruiert, ungefähr so groß wie eine Fernsehröhre. Es umschloß einen Elektronenstrahl, der auf ein Stück extrem glatt geschliffenes Nickel gerichtet war. Am Ende eines beweglichen Hebels war eine kleine Schale angebracht, um die reflektierten Elektronen einzufangen. Wie die Röhre, in der J. J. Thomson das Elektron entdeckt hatte, war der Apparat ein direkter Nachkomme des «Funken-*in-vacuo*-Gerätes» aus Franklins Tagen. Die Explosion zerstörte den Behälter und setzte die Zielfläche aus Nickel der einströmenden Luft aus. Das verdarb sie, weil sie mit einer Schicht von Feuchtigkeit, Sauerstoff und was auch immer die New Yorker Atmosphäre damals enthalten hat, überzogen wurde.

Der Schaden ließ sich nur beseitigen, indem man einen neuen Behälter baute und das Nickel einer längeren intensiven Erwärmung aussetzte, um die störende Oberflächenverunreinigung abzubrennen. Zwar stellte diese mühsame Prozedur eine ärgerliche Verzögerung dar, doch erwies sie sich als entscheidend für eine große Entdeckung.

Als Davisson und Germer schließlich ihr Experiment wieder aufnehmen konnten, stellten sie überrascht fest, daß der Unfall das Muster der gestreuten Elektronen verändert hatte. Statt wie zuvor vom Aufprallpunkt auf dem Nickel auszuschwärmen, bevorzugten die Elektronen jetzt bestimmte Richtungen und vermieden andere ganz. Die Garbe der von der Nickeloberfläche reflektierten Elektronen sah nun aus, als käme sie aus einem Rasensprenger mit fünf getrennten Düsen, ein Phänomen, das so verwirrend war, daß Davisson es erst erklären konnte, nachdem er fünf weitere Monate experimentiert und eine Reise nach Europa unternommen hatte, um die Arbeit von Louis de Broglie kennenzulernen.

Die Versuchsleiter hatten zunächst nicht bemerkt, daß sich ihre Probe verändert hatte. Unter dem Einfluß von Wärme wird Nickel zu einem Kristall: Seine Atome, die normalerweise in zufälliger Anordnung durcheinandergewürfelt sind, ordnen sich wie aufgestapelte Ziegelsteine an. Wären Elektronen gewöhnliche Teilchen, hätte eine solche Umstrukturierung keinen sonderlichen Einfluß auf sie. Sie würden von dem Nickel-Target weiterhin abprallen wie Tennisbälle von einer Wand, egal wie die Ziegelsteine in ihr angeordnet sind. Doch wenn sich Elektronen wie Wellen verhalten, bringen parallele Linien von Atomen sie dazu, sich in bestimmten Richtungen zu verstärken und Jets zu bilden, während sie in anderen phasenverschoben sind und sich gegenseitig aufheben. Wie de Broglie vorhergesagt hatte, zeigen Elektronenwellen Interferenzmuster und erzeugen Streifen wie jene, die Sie zwischen den Knöcheln ihrer parallel ausgerichteten Finger erblicken können.

So stießen Davisson und Germer zufällig auf den ersten experimentellen Beweis für die Wellennatur des Elektrons und auf eine Möglichkeit, seine Wellenlänge (den Abstand von einem Wellenkamm zum nächsten) zu messen, die, wie sich herausstellte, ebenfalls mit de Broglies Vorhersage übereinstimmte. Diese Entdekkung sprach für die merkwürdige Vorstellung, daß Elektronen Wellen und keine Punktmassen sind – ein neues Kapitel in der Geschichte der Zähmung des Atoms begann. Obwohl de Broglie wie auch Davisson im Jahre 1925 der Meinung waren, Elektronen hätten Welleneigenschaften – der eine durch die Theorie, der andere durch seine Experimentaldaten zu dieser Überzeugung gebracht –, hatten beide nicht die geringste Vorstellung von der Beschaffenheit dieser Wellen. Wie Blinde am Strand konnten sie das regelmäßige Rauschen der anbrandenden Wellen hören und sogar zählen, doch waren sie nicht imstande, das Wasser zu sehen, zu fühlen oder zu schmecken.

Schließlich erhielt Clinton Davisson den Nobelpreis, zusammen übrigens mit einem anderen Physiker, Sir George Paget Thomson, dem es unabhängig von ihm gelungen war, durch eine ähnliche Technik den wellenartigen Charakter von Elektronen nachzuweisen. (Bei dem Namen klingelt es: Ein Vierteljahrhundert zuvor hatte G. P.'s Vater, Sir J. J. Thomson, den Nobelpreis bekommen, weil er nachgewiesen hatte, daß Elektronen Teilchen sind, indem er ihre Masse gemessen hatte. In den guten alten Tagen der klassischen Physik ging man davon aus, daß Erscheinungen wie Licht, Schall und Elektrizität entweder Teilchen- oder Wellencharakter haben, und die Entscheidung für die eine oder die andere Möglichkeit führte zu leidenschaftlichen Auseinandersetzungen. Heute, in der seltsamen neuen Welt des Quantums, könnten Vater und Sohn ihrem Namen alle Ehre machen, indem sie die Frage zugunsten beider Seiten der Medaille entschieden.)

Die Welle-Teilchen-Dualität der Elektronen führt in das Zentrum der Quantenmechanik. Was ist ein Elektron? Ist es ein Teilchen oder eine Welle, beides oder keines von beidem? Die gleichen Fragen waren zwanzig Jahre zuvor zum Photon gestellt worden, und man hatte in der Zwischenzeit keine befriedigende Antwort gefunden. Mit dem wellenartigen Elektron kamen die Physiker aus dem Regen der Unwissenheit in die Traufe der Unverständlichkeit.

Der normale Menschenverstand verlangt, daß Teilchen und Wellen einander ausschließende Kategorien sind, so daß logischerweise kein Phänomen zu beiden gehören kann. Doch das Elektron tut es augenscheinlich. Die Natur zwingt uns, unsere Kategorien aufzugeben und neue zu entwickeln, statt den Versuch zu unternehmen, die Fakten in unzulängliche Schubfächer zu zwängen. Insofern erinnert das Elektron an das Schnabeltier.

Als getrocknete Bälge dieses Pelztieres, dessen Flügel mit Schwimmhäuten versehen sind, 1798 erstmals nach Europa gelangten, hielt man sie für ähnliche Produkte wie die Meerjungfrauen, die kunstfertige chinesische Schwindler damals herstellten, indem sie einen Fischschwanz mit dem Körper eines Affen verbanden, und tat sie als offensichtliche Fälschungen ab. Später legte der französische Naturforscher Étienne Geoffroy «über alle Zweifel erhabene Beweise» vor, daß das Schnabeltier kein Säugetier sei, weil es Eier lege, und der deutsche Anatom Johann Friedrich Blumenbach gab dem merkwürdigen Geschöpf den Namen *Ornithorynchus paradoxus*, weil es in keine der vorhandenen Klassifikationen passen wollte. Doch 1824 wurden die Brustdrüsen des Tiers entdeckt, und vierzig Jahre später wurde ein gefangenes Schnabeltier beobachtet, wie es zwei Eier legte. Da mußten die Taxonomen schließlich einräumen, daß das Schnabeltier erstens wirklich und zweitens völlig neuartig war, und sie schufen eine Unterklasse für eierlegende Säugetiere. Die Natur fühlt sich nicht dazu verpflichtet, sich an die von uns ersonnenen Kategorien zu halten, und wählt statt dessen ihre eigenen. Das Elektron ist weder ein Teilchen noch eine Welle, sondern etwas völlig Neues.

Wie sich herausstellte, war die Explosion in Davissons Labor nur die harmlose Vorstufe einer Detonation, die einen Monat später die begrifflichen Grundlagen der Physik zerstören und eine ganz neue Auffassung des Elektrons begründen sollte. Im Mai 1925 erholte sich der deutsche Physiker Werner Heisenberg – er war gerade dreiundzwanzig Jahre alt – auf Helgoland von einem Heufieber. In der friesischen Umgebung der Ferieninsel beendete er die Arbeit an einem kühnen neuen Entwurf zur Versöhnung der klassischen Mechanik Newtons mit der damit bislang unvereinbaren Hypothese, daß Energie diskontinuierlich ist und daß sie in diskreten Beträgen vorkommt, etwa in Photonen oder als Energieniveaus des Atoms. Statt an den alten Theorien herumzuflicken, wählte er einen radikal neuen Ansatz und begann mit einem grundlegenden philosophischen Prinzip, um sich von dort aus mühsam emporzuarbeiten. Das Ergebnis, zu dem er gelangte, überraschte ihn, doch von Anfang an hatte er das instinktive Empfinden, daß er recht hatte und daß er an der Schwelle einer neuen Wirklichkeit «von merkwürdiger innerer Schönheit» stand.

Heisenberg ließ sich von dem Prinzip leiten, daß eine Theorie nicht mit unüberprüfbaren Abstraktionen arbeiten dürfe. Er wollte sich nur an meßbare Größen halten und machte sich daran, die Theorie von allen anderen Elementen zu reinigen, die er für metaphysische Hemmnisse hielt. Später erklärte er Einstein, er habe die Idee beobachtbarer Größen tatsächlich von seiner, Einsteins, Relativitätstheorie übernommen, die Begriffe wie die absolute Geschwindigkeit aus dem gleichen Grund verworfen habe. (Wenn wir uns ein Universum bar jeglicher Materie vorstellen, in dem es nur ein einziges Raumschiff gibt, dann haben wir keine Möglichkeit, die Geschwindigkeit des Raumschiffes zu definieren oder gar zu messen. Doch wenn wir ein weiteres Objekt in dieses hypothetische Universum einführen, sagen wir, einen Stern, der als Bezugspunkt dienen kann, dann läßt sich die Geschwindigkeit des Raumschiffes in Beziehung zu dem Stern sowohl definieren als auch messen.) Die absolute Geschwindigkeit, die Newton in seiner Theorie der Mechanik verwendet hatte, ist eine nicht meßbare Fiktion; deshalb hat Einstein sie durch das Kozept der relativen Geschwindigkeit ersetzt. Heisenberg hatte es sich zur Aufgabe gemacht, die Atomtheorie in ähnlicher Weise umzuformen.

Er begann mit der Einsicht, daß die Elektronenbahnen in Atomen nicht zu beobachten, geschweige denn zu messen sind und daß jeder Versuch, ein Atom mit einem Lichtstrahl oder einer anderen Sonde zu untersuchen, eine erhebliche Störung der Elektronenbahn darstellt. Der Weg eines Elektrons ist also ohne Bedeutung; zu beobachten sind nur die Photonen, die emittiert oder absorbiert werden, wenn das Elektron von einem Energieniveau auf ein anderes springt (sieht man einmal von gewaltsameren Experimenten wie etwa denen Rutherfords ab, in denen das Atom von Alphateilchen zerfetzt wird). Während die Elektronen eines Atoms auf den verschiedenen diskreten Energieniveaus bleiben, die Bohr errechnet hatte, ist sein Inneres ein Buch mit sieben Siegeln, jeglicher Beobachtung verschlossen.

Heisenberg konzentrierte sich auf die Botenteilchen, die Photonen: jedes Photon, das mit einem Atom wechselwirkt, läßt sich durch die beiden Energieniveaus charakterisieren, die an seiner Emission (oder Absorption) beteiligt sind: das Niveau des Ausgangszustands vor dem Sprung (bezeichnet etwa durch den Buchstaben *n*) und das des Endzustandes, in dem das Elektron sich zum Schluß befindet (durch *m* bezeichnet). Diese beiden Benennungen sind die Ansatzpunkte, gewissermaßen die *einzigen* legitimen Griffe, an denen sich das jeder Beobachtung entzogene Elektron packen läßt.

Durch diese Überlegungen gelangte Heisenberg zu den Grundelementen seines Schemas – nicht mathematischen Funktionen oder Zahlen, sondern Zahlengruppen, wie sie etwa den Tabellenkalkulationen in Computerprogrammen zugrunde liegen. In jeder Gruppe werden die Zeilen nach den ursprünglichen Atomzuständen und die Spalten nach den Endzuständen bezeichnet. Die Interpretation einer einzelnen Eintragung in der Gruppe entsprechend dem Ort eines Elektrons wird in etwa folgendermaßen vorgenommen: Die Zahl an der Schnittstelle der *n*ten Zeile und der *m*ten Spalte stellt eine Messung des Ortes des Elektrons dar, insoweit dieser sich aus einer Beobachtung eines Photons ableiten läßt, das emittiert wird, wenn das Elektron von seinem *n*ten auf sein *m*tes Niveau springt. Am Photon läßt sich der Aufenthaltsort des Elektrons nur in grober Näherung ablesen. Deshalb ist diese Methode zur Beschreibung des Atoms weit weniger genau als das Planetenmodell. Würde man die Bezeichnungen *n* und *m* der Energieniveaus des Atoms durch die Namen von Städten ersetzen, entspräche die Zahlengruppe, die den Ort eines Elektrons darstellt, den Tabellen mit Städte-Entfernungen auf Straßenkarten. Wenn man also irgendwie in Erfahrung gebracht hätte, daß sich ein Auto auf dem Weg von *N*ashville nach *M*ilwaukee befindet, ließe sich sein Aufenthaltsort auf diese Weise nur in dem riesigen Umkreis von 760 Kilometern festlegen – die Eintragung in der Entfernungstabelle für die Reihe *N* und die Spalte *M*.

Andere Eigenschaften des Elektrons als sein Ort werden durch andere Zahlengruppen dargestellt. Die Geschwindigkeit des Elektrons entspricht bespielsweise einer Gruppe, die der Tabelle der Fahrzeiten zwischen Städten ähneln könnte, und die Gruppe für Energie könnte der Tabelle des Benzinverbrauchs zwischen den Städten analog sein. Für jede Eigenschaft des Elektrons gibt es eine solche Zahlenliste. Jede Liste enthält alle Informationen, die man für diese Eigenschaft durch direkte Experimente gewinnen kann.

Um nicht hinter den Erfolgen der Einsteinschen Photonentheorie und des Bohrschen Atommodells zurückzubleiben, mußte Heisenberg sein System gewissermaßen einer Feinabstimmung unterziehen. Seine Theorie führte automatisch zur *Existenz* gequantelter Energieniveaus – zu einer Treppe und nicht zu einer schrägen Fläche –, allerdings ohne die Höhe der Stufen beziehungsweise die *Werte* dieser Niveaus vorherzusagen. Um diesen Mangel auszugleichen, führte Heisenberg ein einziges neues Axiom ein, das man heute als Heisenbergsches Quantenpostulat bezeichnet. Es enthält das Plancksche Wirkungsquantum, das die gleiche Aufgabe hat wie der Maßstab in der Ecke einer Straßenkarte und dadurch die Möglichkeit bietet, die qualitativen Vorhersagen der Theorie in quantitative umzuwandeln. Das Quantenpostulat verlieh diesem seltsamen neuen System seine Kraft und Bedeutung und ermöglichte es Heisenberg, die korrekten Energieniveaus des Wasserstoffatoms zu berechnen, ohne auf ein Planetenmodell zurückzugreifen oder Elektronenbahnen auch nur zu erwähnen.

Heisenberg war es gelungen, die Newtonsche Mechanik so zu

verändern, daß Quantelung und Diskretheit von Anfang an zu unverzichtbaren Bestandteilen der Atombeschreibung wurden. Bohr hatte den Weg bereitet, doch er hatte die Quantelung der Newtonschen Mechanik als zusätzliche, künstliche Begrenzung aufgezwungen, während Heisenbergs Zahlentabellen in der ganz eigenen Sprache der Energieniveaus niedergelegt waren. Die neue formalisierte Theorie verstieß gegen einen der wichtigsten Grundsätze der klassischen Physik, die Vorstellung, daß physikalische Prozesse gleichförmig und kontinuierlich sind, daß die Natur, wie Newton schrieb, «keine Sprünge macht». Tatsächlich hatte Newton die Infinitesimalrechnung als eine mathematische Technik entwickelt, die die Kontinuität der Bewegung ausdrücken soll, und hatte sie als Methode der Fluktionen bezeichnet – der kontinuierlichen, fließenden Veränderungen. Heisenberg, enttäuscht über die fehlende Allgemeingültigkeit in Bohrs Flickwerktheorie, war kühn genug, die Newtonsche Tradition und die künstlichen Einschränkungen, die Bohr dieser Tradition auferlegt hatte, über Bord zu werfen und einen radikalen Neuanfang zu wagen.

Da die Variablen seiner Theorie, etwa Ort, Geschwindigkeit und Energie, aus ganzen Zahlentabellen bestanden und nicht aus einzelnen Zahlen wie in der klassischen Mechanik, mußte Heisenberg neue Regeln für den Umgang mit ihnen erfinden. Wie multipliziert man beispielsweise eine Geschwindigkeit mit einer Entfernung, wenn beide Zahlenlisten sind? Wie quadriert man eine solche Zahlengruppe oder zieht die Wurzel aus ihr? Heisenberg war im Laufe seines Mathematikstudiums nie mit Fragen wie diesen in Berührung gekommen und mußte sich allein zurechtfinden. Später, als er nach Göttingen zurückgekehrt war, erfuhr er, daß man eine solche Zahlengruppe als Matrix bezeichnet und daß Mathematiker des 19. Jahrhunderts bereits Regeln zu ihrer Berechnung entwikkelt hatten. Doch in der Abgeschiedenheit von Helgoland war Heisenberg gezwungen, die Grundlagen der Matrizenalgebra neu zu entwickeln.

Die radikale Neuheit seiner Überlegungen zusammen mit der

fremdartigen mathematischen Sprache, in der sie niedergelegt waren, verhinderte zunächst, daß sie vom Gros der theoretischen Physiker akzeptiert wurden. Doch es gab noch ein weiteres, tiefer liegendes Hindernis, das ihrer raschen Akzeptanz im Weg stand. Die neue Theorie war für viele Menschen zu streng und abschrekkend. Heisenberg legte Wert auf die Feststellung, daß die Struktur des Atoms der Beobachtung unzugänglich und daß es nicht legitim sei, sie mit den vertrauten Begriffen der normalen Sinneserfahrungen zu beschreiben. «Was für eine Vorstellung sollen wir uns von einer Matrix machen?» fragen wir. «Keine!» antwortet streng der Geist Heisenbergs. «Wie können wir dann ein Bild vom Atom selbst gewinnen?» – «Versucht es gar nicht erst!»

Heisenberg hat das Rätsel der Welle-Teilchen-Dualität, das Geheimnis des Schnabeltiers, nicht gelöst. Er hat jede Auseinandersetzung damit verweigert und sich auf keinerlei Diskussion von Wörtern wie «Teilchen» und «Wellen» eingelassen. Matrizen waren seine endgültige Wirklichkeit. Wenn sie sich nicht mit den Vorstellungen vertragen, an die wir gewöhnt sind, so ist das nach Heisenbergs Auffassung sehr bedauerlich, aber die Natur ist nun einmal so organisiert.

Heisenbergs Naturauffassung war in hohem Maße durch seine Beschäftigung mit der klassischen Philosophie geprägt. Im humanistischen Gymnasium, wo er Latein und Griechisch gelernt hatte, war er der Atomistik erstmals in Platons ‹*Timaios*› begegnet, und sein ganzes Leben lang ließ er sich von der geometrischen Abstraktheit und der ursprünglichen Reinheit des platonischen Idealismus leiten. 1975, ein Jahr vor seinem Tod, erklärte er in einer Rede vor der Deutschen Physikalischen Gesellschaft: «Wenn man die Erkenntnisse der heutigen Teilchenphysik mit irgendeiner früheren Philosophie vergleichen will, so könnte es nur die Philosophie Platos sein; denn die Teilchen der heutigen Physik... gleichen... den symmetrischen Körpern der platonischen Lehre.»

Seine Methode war die Suche nach dem Wesen hinter der bloßen Erscheinung und der Sinneserfahrung. Matrizen, mathematische Abstraktionen wie Platons ideale Körper, waren für ihn wirklicher als materielle Objekte. Zwar schien sich seine Theorie radikal von dem konkreten Planetenmodell zu unterscheiden, das sie ersetzte, doch hatte sie vieles gemein mit dem Bohrschen Ansatz. Auch Bohr suchte nach ewigen Wahrheiten und hielt seinen eigenen frühen Beitrag nur für vorläufig. So nimmt es nicht wunder, daß er zu den ersten gehörte, die die Bedeutung der Quantenrevolution erkannten. Im August 1925, nur ein paar Wochen nach der Veröffentlichung von Heisenbergs Artikel, versuchte Bohr ihn dem Skandinavischen Mathematischen Kongreß auf einer Tagung in Kopenhagen zu erklären und pries ihn als herausragende Leistung. Wahrscheinlich haben nur wenige seiner Zuhörer begriffen, wovon er sprach.

Nicht zufällig war es ein älterer Physiker, nicht mehr von so jugendlichem Ungestüm und der alltäglichen Wirklichkeit enger verbunden, der für eine Alternative zu Heisenbergs schwer verständlichem Ansatz sorgte. Anfang 1926 schlug der damals achtunddreißigjährige österreichische Physiker Erwin Schrödinger unabhängig von Heisenberg eine andere Formulierung der gleichen Theorie vor. Obwohl seine Begriffe und seine Sprache keine Ähnlichkeit mit denen Heisenbergs aufwiesen, konnte er nachweisen, daß die beiden Versionen logisch äquivalent sind. Da Schrödingers Methode sehr viel verständlicher ist, hatte sie bald das frühere Rechenschema weitgehend verdrängt. Das ändert jedoch nichts an dem beunruhigenden Umstand, daß Schrödingers Bild des Atoms sich in Heisenbergs Matrizenmechanik umformen läßt, die ihrerseits auf dem Prinzip beruht, daß man sich von dem Atom kein genaues Bild machen kann.

Wenn Heisenbergs Beschreibung eines Elektrons in einem Atom einer Tabelle mit den Entfernungen zwischen Städten ähnelt, ist Schrödingers Beschreibung wie die Karte selbst. Sie vermittelt ein Bild, nicht nur eine Zahlengruppe. Sie ist analog, nicht digital. Die Metapher läßt sich noch ein wenig weiter ausspinnen: Stellen wir uns eine Straßenkarte mit vielen größeren und kleineren Städten vor, zwischen denen aber nur gerade Straßenabschnitte und keine weiteren Einzelheiten verzeichnet sind. Eine solche Karte ist einer vollständigen Matrix der Entfernungen logisch und mathematisch äquivalent. Man kann die Entfernungen leicht auf der Karte ablesen, und umgekehrt könnte man, mit ein paar geometrischen Kenntnissen und viel Geduld, die ganze Karte aus einer vollständigen Tabelle der Entfernungen rekonstruieren. So gesehen ist es kein Wunder, daß die meisten Physiker die Schrödingersche Quantentheorie der Heisenbergschen vorziehen. Wer möchte sich schon mit einer Entfernungstabelle statt einer Karte in der Hand durch unbekanntes Gebiet bewegen?

Schrödinger kam durch de Broglies Hypothese zur Quantentheorie, wobei er zunächst recht skeptisch war. Seine erste Reaktion auf die Behauptung, ein Elektron sei eine Welle, war Spott – «Quatsch» soll er gesagt haben –, doch man bewog ihn, den Gedanken ernst zu nehmen. Also schickte er sich an, eine einfache Frage zu beantworten, die die de Brogliesche Hypothese aufgeworfen hatte: Wenn das Elektron eine Welle ist, wie ist dann seine Wellengleichung? In der klassischen Physik ist eine Wellengleichung eine mathematische Beziehung, die alle Wellen beschreibt, egal, ob es sich um Meereswellen, Schallwellen, Lichtwellen oder die Verwerfungen auf einer flatternden Fahne handelt. Sie hat immer die gleiche allgemeine Form, unterscheidet sich aber von Fall zu Fall im Detail. Beim Elektron war die Wellengleichung unbekannt, aber Schrödinger gelang es durch Ratespiel und viel Herumprobieren, sie zu finden. Heute trägt diese Formel seinen Namen und ist das wichtigste mathematische Instrument zur Beschreibung des Atoms. Man übertriebe kaum, würde man behaupten, die theoretische Atomphysik sei nichts als die Auseinandersetzung mit den Lösungen der Schrödingerschen Gleichung.

Doch woher kommt die Diskretheit der Energieniveaus? Warum nimmt Licht die Form von Bündeln und nicht die eines stetigen Stromes an? Wie paßt die Quantelung ins Bild? Meereswellen, die sich am Strand brechen, sind ideale Beispiele eines Hin- und

Rückflusses ohne das geringste Anzeichen für Diskretheit. Es gibt lange Wellen mit niedriger Frequenz und kurze Wellen mit hoher Frequenz und alle möglichen Frequenzen dazwischen. Doch wie kann eine Wellengleichung die Quantelung der Elektronenenergie erklären?

Die Antwort ist einfach: Es gibt einen kleinen, aber wichtigen Unterschied zwischen einer Meereswelle und einem Elektron in einem Atom. Jene kann sich über den ganzen riesigen Ozean ausbreiten, während dieses durch die elektrische Anziehungskraft in der Nachbarschaft des Kerns festgehalten wird. Wellen, die auf einen begrenzten Raum festgelegt sind, kommen gequantelt vor, auch in der alltäglichen makroskopischen Welt. Darin liegt das Geheimnis der Musik. Wenn eine Saite, wie im Klavier, an beiden Enden fixiert wird, kann sie nur in einer bestimmten Frequenz (und ihren Harmonischen) schwingen, was einem bestimmten Ton und seinen Obertönen entspricht. Das gleiche gilt für die Luftsäule in einer Flöte und die Haut einer Trommel. Musik entsteht durch die Quantelung begrenzter Wellen, und das gleiche gilt für Atome. Die Schrödingersche Wellengleichung lieferte endlich eine natürliche Erklärung für die Diskretheit der atomaren Energieniveaus, die Bohr als erster vorgeschlagen hatte. Die Metapher für das Atom hatte sich gewandelt: Aus dem Sonnensystem war das Klavier geworden.

Damit war die Schlacht halb gewonnen: Die Wellennatur des Elektrons hatte man mathematisch eingefangen, während die andere Hälfte, sein Teilchencharakter, noch ein Geheimnis blieb. Als dann der Zusammenhang zwischen der Wellengleichung und den Teilcheneigenschaften des Elektrons hergestellt wurde, zeigte sich, daß er von der Interpretation der Theorie abhing. Die Schrödingersche Wellengleichung hat eine Lösung, einen mathematischen Ausdruck, der gewöhnlich durch den griechischen Buchstaben Psi bezeichnet wird – die Wellenfunktion. In der klassischen Physik hat die Lösung einer Wellengleichung eine genau festgelegte Bedeutung, die sich nach dem jeweiligen Fall richtet. Sie kann die Höhe einer Meereswelle, der Luftdruck in einer Schallwelle, die Stärke des elektrischen Feldes in einer Lichtwelle oder die Bodenverschiebung in einer Erdbebenwelle sein. Doch welche physikalische Bedeutung hat die quantenmechanische Wellenfunktion? Welchem Phänomen entspricht Psi in einem tatsächlichen Atom? Der Physiker, dem es gelang, diese wichtige Frage zu beantworten und damit die Beschreibung des Elektrons zu vervollständigen, konnte die Anerkennung dafür erst spät in seinem Leben entgegennehmen. Es war Heisenbergs Göttinger Professor Max Born, der der Wellenfunktion kurz nach ihrer Einführung durch Schrödinger Bedeutung verlieh. Doch während Heisenberg und Schrödinger Anfang der dreißiger Jahre den Nobelpreis erhielten, ging Born leer aus, ein Umstand, der ihn nach eigenem Bekunden damals mit großer Bitterkeit erfüllte. Als das Versäumte 1954 mit achtundzwanzigjähriger Verspätung nachgeholt wurde, überlegte Born, die Verzögerung könne durch den Widerstand verursacht worden sein, auf den seine Idee bei vielen Architekten der Quantentheorie gestoßen sei. Planck, Einstein, de Broglie und sogar Schrödinger selbst brachten grundlegende philosophische Einwände gegen Borns neue Interpretation von Psi vor. Doch Borns Auffassung hat sich durchgesetzt und wird heute allgemein akzeptiert.

1926 löste sein Vorschlag, die quantenmechanische Wellenfunktion müsse anders als alle ihre klassischen Pendants interpretiert werden, Überraschung aus. Statt etwas zu messen, was es gebe, wie es bei den anderen Wellenfunktionen der Fall sei, beziehe sich, so Born, diese Funktion auf etwas, was es geben *könnte*. Die Wellenfunktion bestimmt die Wahrscheinlichkeit, mit der man das Elektron an einem gegebenen Ort antreffen kann. Da Detektoren wie fotografische Platten, fluoreszierende Schirme und elektronische Zähler individuelle Teilchen und keine Wellen aufzeichnen, sorgt die Interpretation der Wellenfunktion als Wahrscheinlichkeit für eine Verbindung zwischen den scheinbar unvereinbaren Aspekten der dualen Natur des Elektrons.

Und so wurde das Schnabeltier entdeckt. Heute hat man all die merkwürdigen Eigenschaften des Elektrons in der mathematischen Sprache der theoretischen Physik beschrieben. Doch die Übersetzung dieser Nomenklatur in die Alltagssprache ergibt merkwürdig aristotelische Formulierungen: Die Wellenfunktion mißt die Potentialität und nicht die Aktualität. Dieser Gedanke läßt sich verdeutlichen, indem wir an eine geplante Urlaubsreise denken. Nehmen wir an, Sie leben in St. Louis und haben die Absicht, nicht mehr als, sagen wir, 1600 Kilometer zu fahren, obwohl Sie noch keine konkrete Vorstellung haben, in welche Richtung Ihre Reise gehen soll. Wenn jeder Ort in den USA eine Nummer erhält, die die Wahrscheinlichkeit ausdrückt, daß er Ihr Reiseziel werden könnte, so erhält St. Louis eine Null und das weit entfernte San Francisco ebenfalls. Die Zahlen ordnen sich wie auf einer Zielscheibe in konzentrischen Kreisen um St. Louis an, steigen zunächst ab und fallen dann wieder, bis sie jenseits eines Radius von 1600 Kilometern null erreichen. Dies ist eine Karte Ihrer privaten Urlaubsort-Wahrscheinlichkeiten. Sie stellt Ihre Wellenfunktion dar.

Eine solche Karte enthält viel Information, hat aber einen entscheidenden Nachteil: Sie zeigt nicht, wo Sie Ihren Urlaub tatsächlich verbringen werden. Sobald Sie jedoch Ihre Fahrkarte kaufen, den Koffer packen und aufbrechen, wird die Wahrscheinlichkeitskarte bedeutungslos, genauso wie eine Wellenfunktion bedeutungslos wird, nachdem das Elektron tatsächlich nachgewiesen worden ist. Doch bevor es zu diesem entscheidenden Eingriff kommt, enthält die Wellenfunktion alle Information, die sich über das künftige Verhalten des Elektrons überhaupt in Erfahrung bringen läßt.

Die Wellenfunktion und das Ergebnis eines Experiments nehmen gewöhnlich höchst unterschiedliche Gestalt an; die Wellenfunktion offenbart häufig ein sehr viel höheres Maß an Symmetrie als eine Messung. Ihre Urlaubskarte ähnelt beispielsweise einer Reihe von konzentrischen Kreisen um die Stadt St. Louis, doch wenn Sie tatsächlich an einem bestimmten Ort, Chicago oder New

Orleans, Urlaub machen, läßt die Karte, die Ihren Aufenthaltsort verzeichnet, nichts mehr von dieser Symmetrie erkennen. Entsprechend ist die Wellenfunktion eines Wasserstoffatoms auf seinem niedrigsten Energieniveau eine symmetrische Sphäre, eine Wahrscheinlichkeitskugel rund um den Kern. Doch wenn das Elektron in einem Wasserstoffatom auf irgendeine Weise erfaßt wird, ist sein Ort ein Punkt und besitzt keinerlei Symmetrie mehr.

Obwohl die Urlaubsanalogie eine gewisse Vorstellung vermittelt, entgeht ihr das eigentliche Geheimnis der Quantenmechanik. Im Vergleich zur Karte der Urlaubsort-Wahrscheinlichkeiten, die einen einfachen, aber abstrakten Sinn hat, hat die Wellenfunktion sehr viel mehr physikalische Bedeutung. Tatsächlich ist das Elektron gewissermaßen ausgebreitet, als sei es eine reale Welle, deren Magnitude durch die Psi-Funktion beschrieben wird. Und doch geht Borns Interpretation der Schrödingerschen Wellenfunktion davon aus, daß das Elektron ein punktförmiges Teilchen, keine Welle ist. Der scheinbare Widerspruch zwischen der Beschreibung des Elektrons als winziges Teilchen und als ausgebreitete Welle ist die moderne Version der alten Welle-Teilchen-Dualität und bleibt rätselhaft. Richard Feynman nannte dieses Phänomen «das *einzige* Geheimnis» und fügte hinzu: «Wir können das Geheimnis nicht aufdecken, indem wir ‹erklären›, wie es funktioniert.» Aber wir können es in konkreten Begriffen beschreiben.

Um zu erkennen, daß ein Elektron tatsächlich ausgebreitet ist, daß es in gewissem Sinne mehrere Orte zugleich besetzen kann, kehren wir auf Feynmans Vorschlag hin zu einem Interferenzexperiment zurück, das, wenn auch idealisiert, begrifflich viel einfacher als Davissons und Germers Untersuchung der Reflexion an Nickel ist. Das Experiment ist kein anderes als jenes, mit dessen Hilfe der englische Arzt, Physiker, Physiologe und Sprachwissenschaftler Thomas Young 1803 die Wellennatur des Lichts nachgewiesen hat. Immer wenn die Sprache auf Wellen kommt, egal, ob es dabei um Licht, Radiosignale, Schall oder Elektronen geht, führen Physiker als erstes das Youngsche Experiment an. Es ist in unzähligen Formen wiederholt worden, von Schulversuchen mit Wasserwellen bis hin zu raffiniertesten Forschungsvorhaben in Teilchenbeschleunigern, die Milliarden Dollar verschlangen. Dank seiner Einfachheit und Schlüssigkeit ist es eines der klassischen Experimente in der Physik, ein geistiges Denkmal der abendländischen Kultur, auf seinem Gebiet so bedeutend und beeindruckend wie eine Plastik von Michelangelo oder ein Sonett von Shakespeare in *ihren* Welten. Weder die Zeit noch die Gewöhnung vermögen der Frische und Faszination des Youngschen Experiments etwas anzuhaben, genausowenig wie sie die größten Werke der Kunst und Literatur beeinträchtigen können. Und doch ist das Prinzip grundlegend und einfach.

Young stach zwei nadelgroße Löcher, nur ein paar Millimeter voneinander getrennt, in seinen Fenstervorhang und betrachtete das Sonnenlicht, das durch diese Löcher auf die gegenüberliegende Wand seines Zimmers fiel. Nicht zwei Flecken erblickte er dort, sondern etwas viel Interessanteres, nämlich eine ovale Lichtfläche, die in regelmäßigen Abständen durch senkrechte dunkle Streifen unterteilt war. Nach Youngs Interpretation waren die Wellen, die durch die beiden Löcher drangen, abwechselnd gleichphasig und phasenverschoben, wodurch die Wellennatur des Lichts eindeutig bewiesen war. Noch wichtiger war, daß kein Teilchenmodell des Lichts das Phänomen erklären konnte: Zwei Schrotladungen, die gleichzeitig aus einer Doppelflinte abgefeuert werden, heben einander nicht auf.

Wenn man das gleiche Experiment nicht mit Licht, sondern mit Elektronen durchführt, gibt es zwangsläufige Unterschiede in den technischen Einzelheiten, nicht aber in den Schlußfolgerungen. Das Ergebnis gleicht der Beobachtung von Davisson und Germer, nach der Elektronen dunkle Interferenzstreifen wie das Licht zeigen. Die Elektronenversion des Youngschen Experiments scheint nicht mehr zu leisten, als die Wellennatur der Elektronen zu bestätigen. Doch sorgfältiges Nachdenken führt uns zu einer verwirrenden Schlußfolgerung.

Stellen wir uns vor, der ursprüngliche Elektronenstrahl sei extrem schwach. Nehmen wir der Präzisierung wegen an, daß nur ein einziges Elektron pro Minute an den Löchern eintrifft, sie durchquert und einen Punkt auf einer fotografischen Platte an der Wand hinterläßt. Die Punkte, die von den ersten zehn Elektronen hervorgerufen werden, erzeugen ein weitgehend unbestimmbares, zufällig aussehendes Muster. Doch nach vielen Stunden und Hunderten von Elektronen tritt deutlich und scharf ein Bild hervor: ein länglicher Fleck, der von einer Reihe dunkler Linien in regelmäßigen Abständen durchzogen ist. Und da haben wir das Geheimnis der Quantentheorie in seiner reinsten Form.

Betrachten wir ein einzelnes Elektron, das eines der Löcher durchquert und zur Wand gelangt, wo es einen Punkt macht. Irgendwie wird dieses besondere Elektron daran gehindert, jene Orte zu erreichen, die viele Stunden später zu dunklen Streifen werden. Irgend etwas – eine unbekannte Kraft, ein unsichtbarer Einfluß, eine verborgene Prädisposition – veranlaßt das Elektron, jene besonderen, genau definierten, verbotenen Regionen zu meiden.

Eine solche Kraft läßt sich nicht auf andere Elektronen zurückführen, weil diese in Zeit und Raum weit entfernt sind. Das nächste Elektron wird erst eine Minute später eintreffen – es könnte genausogut ein Jahr sein. Andere Elektronen spielen in diesem Zusammenhang einfach keine Rolle. Ebensowenig ist der Vorhang selbst in der Lage, die Elektronen in die richtige Richtung zu leiten, denn die dunklen Streifen verschwinden, wenn man eines der beiden Löcher verdeckt. Mit anderen Worten, ein Elektron, das ein einzelnes Loch durchquert, ist sehr wohl fähig, die Orte zu treffen, die verboten sind, wenn beide Löcher offen sind.

Das Geheimnis löst sich augenblicklich auf, wenn der ursprüngliche Strahl aus Wellen besteht. So haben die Lichtwellen im Youngschen Urexperiment die schwarzen Streifen dadurch hervorgerufen, daß sie gleichzeitig durch beide Löcher drangen. Wenn wir eine ähnliche Erklärung für Elektronen übernehmen, müssen wir zu dem Schluß gelangen, daß das Elektron beide Löcher gleichzeitig durchquert hat, obwohl jedesmal nur ein einziges Elektron von der Fotoemulsion entdeckt wurde. Es ist ein punktförmiges Teilchen, weit kleiner als die Entfernung zwischen den Löchern oder als der Durchmesser eines einzelnen Loches. Und doch gelingt es diesem kleinen Fleck, beide Löcher zu durchqueren, die durch eine, am Elektron gemessen, riesige Entfernung getrennt sind. Irgendwie vermag das Elektron zu leisten, was wir sonst nur Geistern zubilligen: an zwei Orten zugleich zu sein.

Die Quantenmechanik entschärft diese bestürzende Schlußfolgerung ein bißchen. Nach Borns Interpretation der Schrödingerschen Wellenfunktion verhält sich nur die Aufenthaltswahrscheinlichkeit eines Elektrons und nicht sein materielles Selbst wie eine Welle. Doch auch diese Klarstellung löst das Paradoxon nicht ganz. Wenn die Wellenfunktion in der Lage ist, die Bahn des Elektrons von den verbotenen Zonen fortzulenken, muß sie einen konkreten physikalischen Inhalt haben. Betrachten wir die Analogie der möglichen Urlaubspläne, so hat es lediglich den *Anschein*, als führe die Karte Sie von St. Louis und den entfernten Küsten fort. In Wirklichkeit hindert sie Sie nicht daran, einen dieser weniger wahrscheinlichen Orte zu wählen. Der Mechanismus, der tatsächlich über den Urlaubsort entscheidet, ist einfach Ihr Wille – die Karte gibt nur Ihre Wünsche wieder und übt an sich keinerlei Einfluß aus. Im Falle des Elektrons dagegen gibt es keinen Willen. Das Elektron ist realen physikalischen Einflüssen unterworfen, und die Wellenfunktion beschreibt deren Effekte. Die Wellenfunktion ist die Wahrscheinlichkeitskarte der potentiellen Aufenthaltsorte des Elektrons, und sie verhält sich, als sei sie ein reales Fluid.

Das ist, auf den Punkt gebracht, das Geheimnis des Quantums. Wenn ein Elektron beobachtet wird, ist es ein Teilchen, doch zwischen Beobachtungen breitet sich seine Potentialitätskarte wie eine Welle aus. Verglichen mit einem Elektron ist selbst ein Schnabeltier trivial.

Youngs Experiment illustriert nur den quantenmechanischen

Charakter eines einzelnen Elektrons – vor allem seine Welle-Teilchen-Dualität –, doch das Elektron hat noch eine andere Eigenschaft, die bei Wechselwirkungen und nicht bei Individuen zum Tragen kommt. Wenn sich zwei Elektronen treffen, stoßen sie sich elektrisch ab, und jedes von ihnen besitzt all die Besonderheiten eines Wellen-Teilchens, doch sie offenbaren auch einen zusätzlichen Quanteneffekt, für den es keine Entsprechung in der alltäglichen, makroskopischen Welt gibt. Die Quantentheorie lehrt, daß es auf der fundamentalen Ebene der Materie, wie in der menschlichen Welt, nicht genügt, Individuen zu beschreiben – auch die Beziehungen zwischen Individuen müssen berücksichtigt werden.

Die Wurzeln dieser quantenmechanischen Beziehungen reichen bis zu Melissos zurück, jenem Vorsokratiker, der Leukipp und Demokrit zu ihrer Atomhypothese angeregt hatte. Seine Maxime – «Wäre eine Vielheit von Dingen, so müßten sie gerade so beschaffen sein wie das Eine» – könnte man als Vorläufer des modernen Prinzips der Ununterscheidbarkeit betrachten, nach dem alle Elektronen (sowie alle anderen Teilchen von gleicher Art) voneinander nicht zu unterscheiden sind. Für ein fundamentales Prinzip der theoretischen Physik hört es sich ziemlich harmlos an. Sind nicht auch alle Zehndrachmenstücke gleich und alle Körner einer Schrotladung und alle Regentropfen? Ist Ununterscheidbarkeit nicht eine ganz gewöhnliche Vorstellung? Keineswegs. In der Welt der alltäglichen Erfahrung gibt es nicht zwei Gegenstände, die wirklich identisch sind. Bei hinreichender Vergrößerung unterscheiden sich alle Münzen und alle Schrotkörner, alle Sandkörner und alle Schneeflocken in dieser und jener Einzelheit. Das Konzept der Gleichheit, beschränkt man es nicht auf die oberflächliche Betrachtung, gibt es nur im atomaren Bereich, und die Quantenmechanik zieht daraus unerwartet weitreichende Schlußfolgerungen.

Das Prinzip der Ununterscheidbarkeit erlegt Systemen aus vielen Teilchen eine Disziplin auf, die mit zwei extremen Formen des

Gesellschaftsvertrages vergleichbar ist. Bestimmte Teilchenarten, darunter Photonen und Heliumkerne, müssen sich in vollkommener Harmonie verhalten und die gleichen Bewegungen ausführen wie alle ihre Artgenossen – ein zum äußersten getriebener Kommunismus. Andere Teilchen, darunter Elektronen und Wasserstoffkerne, die man Protonen nennt, verhalten sich in umgekehrter Weise: Nicht zwei dürfen sich jemals im gleichen Bewegungszustand befinden – eine Amok laufende Form des kapitalistischen Individualismus. Wenn alle gleich oder alle verschieden sind, ist es unmöglich, ein Individuum aus der Menge auszusondern – das ist das Grundprinzip der Ununterscheidbarkeit. (Warum Photonen in das eine Lager und Elektronen in das andere gehören, ließ sich erst in den vierziger Jahren erklären, als die Quantentheorie, die spezielle Relativitätstheorie und die Theorie des Elektromagnetismus im begrifflichen Rahmen der Quantenelektrodynamik zusammengeführt wurden.)

Die Regel, daß Elektronen sich alle unterschiedlich verhalten müssen, ist von weitreichender Konsequenz für die Struktur von Atomen. Diese Regel bezeichnet man als Ausschließungsprinzip, dem zufolge nicht zwei Elektronen die gleiche Energie haben können. Das Ausschließungsprinzip löst eine grundlegende Schwierigkeit, die mit dem Aufbau der Materie zu tun hat. Als man das Atom in einen positiven Kern und eine Wolke negativer Elektronen zerlegte, erhob sich die Frage, warum die Elektronen nicht in den Kern gezogen werden, so daß das Atom kollabiert. Die Schrödingersche Gleichung lieferte einen Teil der Antwort, denn sie hat keine Lösung, die einem Elektron mit Aufenthalt im Kern entsprach, so wenig wie ein Trommelfell in der Lage ist, nur in der Mitte und sonst an keinem Ort zu schwingen. Doch damit sind wir noch nicht am Ende der Geschichte.

Warum springen in einem Atom wie dem Helium, mit seinen beiden positiven Ladungen im Zentrum, nicht beide Elektronen einfach auf die gleiche Stufe, die dem Energieniveau des Wasserstoffs entspricht? Wenn das der Fall wäre, hätten Helium und

Wasserstoff eine fast identische Struktur, ihr enormer physikalischer Unterschied – Wasserstoff ist explosiv, während Helium inert ist – wäre aufgehoben, und das Universum sähe ganz anders aus. Daß Elektronen sich auf getrennten Energieniveaus des Atoms aufhalten, hat einen sehr einfachen Grund: Sie müssen es. Das Ausschließungsprinzip zwingt jedes zusätzliche Elektron in der äußeren Schale eines Atoms, ein höheres Energieniveau aufzusuchen, und die Wellenfunktion schreibt ihm einen Ort vor, der weiter vom Kern entfernt liegt als der Ort des Elektrons vor ihm. Das Ausschließungsprinzip erklärt die ganze Vielfalt der chemischen Elemente jenseits von Wasserstoff und Helium.

Das Periodensystem der Elemente ist nach der Zahl positiver Ladungen im Kern geordnet. Wenn wir uns vorstellen, daß wir mit Wasserstoff beginnen, jeweils eine positive Ladung im Kern hinzufügen und auch die äußere Schale des Atoms entsprechend um ein Elektron ergänzen, damit für die elektrische Neutralität gesorgt ist, so muß jedes Elektron in eine größere Bahn kommen als sein Vorgänger und mehr Energie tragen. (In realen Atomen ist dieses einfache Rezept, vor allem wegen der magnetischen Eigenschaften von Elektronen, etwas komplizierter, folgt aber der gleichen Grundidee.) Auf diese Weise baut sich das ganze Periodensystem der Elemente auf. Wenn Elektronen und Kerne die Bausteine der materiellen Welt sind, so gilt die Welle-Teilchen-Dualität für die einzelnen Bausteine, während das Ausschließungsprinzip festlegt, wie sie zusammengefügt werden.

Das alles klingt klar und schlüssig. Doch wenn wir die Erklärung noch einmal betrachten, bleiben einige Fragen offen. Wie kann ein Elektron an zwei Orten zugleich sein? Wie kann das eine Elektron auch über große Entfernungen wissen, was das andere tut, so daß es dem Ausschließungsprinzip gehorcht und vermeidet, das gleiche zu tun? Hat die Physik ihr Ziel, die Welt zu erklären, wie sie wirklich ist, aufgesteckt, um sich fortan damit zufriedenzugeben, unerklärbare Erscheinungen wie das Ausschließungsprinzip Geistern und übersinnlichen Kräften zuzuschreiben? Oder begnügen wir uns damit, Atome durch Psi-Funktionen zu beschreiben, die willkürlichen Regeln gehorchen, ohne uns Gedanken darüber zu machen, was sie bedeuten?

Einstein hat sie schon sehr gestört, diese Psi-Funktion. Obwohl er mit dem Photon das erste Wellen-Teilchen in die Welt gesetzt und die Bedeutung der de Broglieschen Hypothese früher erkannt hatte als die meisten seiner Kollegen, obwohl er Schrödinger bei der Entwicklung seiner Gleichung geholfen und auf vielfältige Weise zur quantentheoretischen Beschreibung der Atomphysik beigetragen hatte, mochte er sich mit Borns Interpretation von Psi als Wahrscheinlichkeitsmaß nicht abfinden. Irgendwie, so meinte er, müsse Gott sich sicher sein, wo das Elektron sei und wohin es gehe. Und wenn Gott das wisse, dann müßten auch wir in der Lage sein, es herauszufinden. «Der liebe Gott würfelt nicht», erklärte er und war bestrebt, das Wort «Wirklichkeit» wieder einzuführen, das Heisenberg verbannt hatte. Die Quantenmechanik sei, so sagte er, «eine unvollständige Darstellung des Sachverhaltes».

Prinz Louis de Broglie ging noch weiter. Beeindruckt von den Erfolgen der Quantenmechanik, machte er sich mehrere Jahre hindurch die vorherrschende Interpretation der Wellenfunktion zu eigen, doch dann meldeten sich seine philosophischen Skrupel erneut. Er schrieb, Psi sei «eine einfache Wahrscheinlichkeitsdarstellung, die zu einer großen Zahl exakter Vorhersagen führt, aber keine verständliche Wiedergabe der Koexistenz von Wellen und Teilchen liefert... Wir müssen, wie ich wieder meine, auf den Gedanken zurückkommen, daß das Teilchen ein sehr kleines Objekt ist, welches sich entlang einer Bahn bewegt.» Als er 1987 starb, zwei Generationen, nachdem er eine Revolution ausgelöst hatte, die die wissenschaftliche Welt unwiderruflich verändert hat, hatte ihn seine Intuition zur Physik des 17. Jahrhunderts zurückgeführt.

Erwin Schrödinger zog es in die entgegengesetzte Richtung. Das Erklärungsvermögen seiner eigenen Gleichung überzeugte ihn davon, daß die Welt letztlich «undulatorisch» sei, daß sie auf ihrer wirklich fundamentalen Ebene aus Wellen und nicht aus Teilchen bestehe. Für Schrödinger war Psi eine Beschreibung des tatsächlichen Elektrons, gewissermaßen eine Karte seiner Aufenthaltsorte, ähnlich wie eine Wetterkarte, die die tatsächlichen Positionen von Wolken zeigt. Und wirklich findet man in vielen Lehrbüchern der Physik Bilder des Wasserstoffatoms, auf denen verschiedenen Werten von Psi (oder seinem Quadrat) unterschiedliche Schattierungen zugewiesen werden: An Orten, wo der errechnete Wert von Psi, also die Aufenthaltswahrscheinlichkeit eines Elektrons, am größten ist, ist das Bild am dunkelsten, und wo Psi einen niedrigen Wert hat, ist die Schattierung schwach. So sieht das Elektron des Wasserstoffatoms im niedrigsten Energiezustand, der ihm möglich ist, wie eine wolkige Kristallkugel aus, in deren Mittelpunkt der Kern ist – undurchsichtig im Zentrum und immer durchsichtiger zum Rand hin. Solche Bilder werden manchmal als Ladungswolken bezeichnet, weil sie eine grafische Wiedergabe der Verteilung sind, die die elektrische Ladung des Elektrons im Raum aufweist. Wo sie am dichtesten sind, ist die Aufenthaltswahrscheinlichkeit des Elektrons mit seiner negativen Ladung am größten. Die Versuchung ist groß, die Wiedergabe einer Ladungswolke als realistische Darstellung des Atoms zu betrachten und Bohrs Planetenmodell durch dieses Bild zu ersetzen. Doch ginge man dabei von einer falschen Annahme aus.

Das erste Problem besteht, wie Max Born nie müde wurde, Schrödinger vorzuhalten, darin, daß solche realistischen Interpretationen der Wellenfunktion sich nicht auf Atome mit mehr als einem Elektron übertragen lassen. Die Schwierigkeit liegt nicht im Detail oder in technischen Problemen; sie ist von grundsätzlicher Art. In der Schrödinger-Gleichung nimmt jedes Elektron seinen eigenen dreidimensionalen Raum ein. Entsprechend wird das Lithiumatom mit seinen drei Elektronen durch eine Psi-Funktion im neundimensionalen Raum beschrieben, was keine Schwierigkeiten macht, wenn es gilt, Vorhersagen über die Ereignisse in einem Laborexperiment zu machen. Doch wir haben es hier natürlich nicht mit dem Raum zu tun, in dem wir leben. Und wenn es schon bei Lithium so kompliziert ist, wer soll dann erst den vierundachtzigdimensionalen Raum des Tafelsalzes verstehen?

Das zweite Problem der Ladungswolken liegt darin, daß sie letztlich eine Potentialität und keine objektive Realität darstellen. Eine Karte der Wahrscheinlichkeiten kann unmöglich ein reales Objekt wiedergeben. Wenn man beispielsweise das Youngsche Experiment mit einem einzelnen Elektron durchführt, dann quetscht sich die Wellenfunktion und nicht das Elektron durch die beiden Löcher, von wo sie dann zu dem fernen Schirm in Wellen und Streifen ausschwärmt. Wenn jemand das als ein reales Abbild eines Elektrons akzeptiert, kappt er alle Verbindungen zum gesunden Menschenverstand.

Das Atom ist der Vorstellung nur schwer zugänglich. Das Vokabular der Quantenmechanik, das Elektronen mit großer Genauigkeit beschreibt, läßt sich kaum in die Wörter und Bilder der alltäglichen Welt übersetzen. Dabei liegen die Verständnisschwierigkeiten nicht auf der wissenschaftlichen Ebene; im Gegenteil, der Erfolg der Quantenmechanik ist, gemessen an der Genauigkeit ihrer quantitativen Vorhersagen, ohne Beispiel in der Physik. Das Problem liegt vielmehr in der Interpretation der theoretischen Begriffe. Wir verstehen das Wesen der Quantenmechanik, aber nicht ihre Bedeutung.

In dieses Dilemma sind wir Schritt für Schritt geraten, seit Demokrit die unsichtbaren philosophischen Atome eingeführt hat, um die wirkliche, sichtbare Welt zu erklären. Er lehrte uns, die Eigenschaften der Materie mit Hilfe dieser winzigen Klümpchen zu verstehen, und seine Nachfolger im Laufe der Jahrhunderte – Lukrez, Newton, Bernoulli, Dalton und all die anderen – vervollkommneten das Bild des Atoms. Auf diese Weise lernten wir, uns das Atom anhand von Theorien und Spekulationen vorzustellen, die der unmittelbaren Erfahrung völlig entzogen sind. Heute ist die Kluft zwischen dem, was wir aus der Theorie wissen, und dem, was wir mit unseren Augen sehen, ins Innere des Atoms verlagert, aber nicht überbrückt worden. Im Gegenteil, wenn überhaupt, dann hat sie sich noch verbreitert. Tom Stoppards Sentenz, nach der sich die Quantenmechanik unten, die klassische Physik oben und die Metaphysik dazwischen befindet, trifft das Problem haargenau.

Die Quantenmechanik unten offenbart die Struktur des Atoms mit zunehmender Präzision, vermag aber kein befriedigendes Vorstellungsbild von seinem Innern zu vermitteln. Von oben enthüllen neue und immer bessere Instrumente das Äußere des Atoms und heben es damit in die Sphäre der klassischen Physik. Statt uns selbst auf atomare Dimensionen zu verkleinern, wie Thomas Harriot es vorgeschlagen hat, ist es uns gelungen, Atome auf unsere Größe zu bringen, so daß wir sie sehen und manipulieren können. Und was wir dort sehen, unterscheidet sich nicht sonderlich von dem, was wir uns schon immer vorgestellt haben.

VERGANGENHEIT

GEGENWART

ZUKUNFT

4 Bilder von Atomen

Im März 1850 sagte Friedrich August Kekulé, ein junger Architekturstudent, vor dem Schwurgericht in Darmstadt aus, um die Umstände aufzuhellen, unter denen seine Nachbarin, die Gräfin Görlitz, ums Leben gekommen war. Ihr verkohlter Leichnam war einige Wochen zuvor in einem sonst unbeschädigten Zimmer gefunden worden, weshalb man als Todesursache spontane Verbrennung durch übermäßigen Alkoholgenuß angenommen hatte.

Zu den vorgeladenen Zeugen gehörte auch der Chemiker Justus von Liebig, der aussagte, die spontane Entzündung menschlichen Gewebes sei physikalisch unmöglich. Der Alkohol würde einen Menschen lange vergiftet haben, bevor er die Entflammbarkeit des Körpers merklich heben könnte. Kekulé wurde nach einem Diener der Görlitz gefragt, einem Mann namens Stauff, der wenige Tage vor Prozeßbeginn gefaßt worden war, als er Diebesgut verkauft hatte, unter anderem einen goldenen Ring in der Form zweier ineinander verschlungener Schlangen, die sich selbst in den Schwanz beißen, das alchimistische Symbol für die Einheit und Veränderlichkeit der Materie. Der Ring, so erklärte Kekulé dem Gericht, sei der Talisman der Gräfin gewesen. Diese Aussage und andere Beweise überzeugten das Gericht davon, daß Stauff schuldig war, und er wurde wegen Mordes verurteilt.

Die Gerichtsverhandlung veränderte auch Kekulés Leben. Professor von Liebigs Aussage beeindruckte ihn so sehr, daß er vom Architektur- zum Chemiestudium wechselte und Liebig als Mentor wählte. Selbst der den Angeklagten belastende Ring hinterließ in ihm einen dauerhaften Eindruck, denn dieses Schlangensymbol tauchte fünfzehn Jahre später aus Kekulés Unterbewußtsein auf und führte ihn zu der berühmten Lösung des Problems, wie das Benzolmolekül aufgebaut ist.

Bedenkt man, daß Kekulés Interesse zunächst der Architektur galt, die sich mit der Anordnung von Materie im Raum beschäftigt, so ist es nicht verwunderlich, daß es sein größter wissenschaftlicher Beitrag war, die Chemie über die bloße Identifizierung der in bestimmten Molekülen enthaltenen Atome hinauszuführen und sie mit der Aufgabe zu betrauen, die Anordnung der Atome zu untersuchen. Das Methan, das gewöhnliche Sumpfgas, war das erste Molekül, mit dem er sich auf diese neue Weise befaßte – eine einfache Aufgabe, verglichen mit dem komplexeren Benzol, dem er sich erst viel später zuwandte. Ausgehend vom Gewicht und den chemischen Eigenschaften des Methans, wußte Kekulé, daß das Molekül ein Kohlenstoff- und vier Wasserstoffatome enthält. Doch diese fünf Atome lassen sich auf unzählige Weisen kombinieren, von einer Kugel-Ketten-Struktur bis hin zu einem kompakten Klumpen. Jede Anordnung würde die Fähigkeit des Methans, sich mit weiteren Atomen zu komplizierteren Molekülen zu verbinden, ganz anders beeinflussen. Kekulé kannte die chemischen Eigenschaften des Sumpfgases sehr genau und probierte auf der Grundlage dieser Kenntnisse verschiedene Atomkonfigurationen durch, doch ohne Erfolg. Die Lösung, so behauptete er, fand er schließlich im Traum. Meinem Urgroßvater Adolf von Baeyer, der sein erster Forschungsassistent war, hat er erzählt, wie es geschah.

Es war Anfang der fünfziger Jahre des vorigen Jahrhunderts, als Kekulé in London lebte. Spät abends, nach einem Besuch bei einem Freund, der am anderen Ende der Stadt wohnte, fuhr er mit dem Bus nach Hause. Wie gewöhnlich stieg er die enge Treppe im rückwärtigen Teil des von Pferden gezogenen Gefährts nach oben und setzte sich auf eine der Bänke auf dem Dach. Die warme Abendluft und die leeren Straßen riefen eine Art Wachtraum hervor, und er hatte eine Vision. Die Atome bekamen Arme, drehten sich im Kreis und schienen die Hände nacheinander auszustrekken, und als sich das Traumbild auflöste, hatte Kekulé die Struktur des Methans entschlüsselt: ein Kohlenstoffatom, von dem sich vier Arme in Form eines Kreuzes ausstrecken, und am Ende jedes dieser Arme ein Wasserstoffatom. Später arbeiteten die Chemiker dieses Bild zu einem dreidimensionalen Modell aus, in dem das Kohlenstoffatom in gleichem Abstand von Wasseratomen umgeben ist, die die Ecken eines Tetraeders – einer Dreieckspyramide – bilden, doch das Bild, das sich Kekulé offenbart hatte, war im wesentlichen richtig.

Durch Kekulé und seine Kollegen in aller Welt machte die Strukturchemie, die die chemischen Eigenschaften von Molekülen mit ihren räumlichen Strukturen in Verbindung bringt, rasche Fortschritte. Kaum war ein Modell des Grundstoffes Methan entwikkelt, untersuchte man, wie sich ihm andere Atome anlagern können. Moleküle wurden gespalten, verschmolzen, rekombiniert und schließlich synthetisch hergestellt; so entstanden Dutzende von Verbindungen, von denen einige bekannt, andere noch nie beobachtet worden waren. Aus heutiger Sicht ist das Erstaunlichste an dieser Forschung, daß sie mit Reagenzgläsern und Retorten durchgeführt wurde, die Flüssigkeiten, Dämpfe und Salze enthielten, daß neben Waage und Thermometer die wichtigsten Untersuchungsinstrumente Auge und Zunge waren und daß sie stattfanden, lange bevor jemand ein echtes Molekül gesehen hatte – bevor viele Wissenschaftler auch nur die Vorstellung akzeptiert hatten, daß Atome physikalisch reale Objekte sind. So war es kein Wunder, daß die Strukturchemie nicht auf allgemeine Zustimmung stieß. «Nicht weit entfernt vom Glauben an Hexerei und Tischerücken», befand der deutsche Chemiker Adolf Wilhelm Hermann Kolbe in bezug auf solche Ideen.

Doch Kekulé ließ sich nicht entmutigen; tatsächlich hatte er sich mit keinen besonderen Hindernissen herumzuschlagen, bis er versuchte, die Struktur des Benzols zu entziffern. Wenn man sich das Benzolmolekül als offene Kette von sechs Kohlenstoffatomen vorstellt, an denen jeweils ein Wasserstoffatom haftet, dann dürfte es nicht allzu verschieden von ähnlichen Ketten mit sieben oder fünf

Kohlenstoffatomen sein. Doch Benzol scheint als chemische Verbindung stabiler und unabhängiger zu sein. Es hat nicht das Bestreben der Kohlenstoffketten, an den Enden zusätzliche Atome einzufangen, und irgendwie hatte Kekulé den Eindruck, dieser Unterschied müsse sich in der Molekularstruktur des Benzols ausdrücken.

Mitten in diesem Problem hatte er wieder einen Traum. «Ich drehte den Stuhl nach dem Kamin», berichtete er später, «und versank in Halbschlaf. Wieder gaukelten die Atome vor meinen Augen... Lange Reihen, vielfach dichter zusammengefügt: Alles in Bewegung, schlangenartig sich windend und drehend. Und siehe, was war das? Eine der Schlangen erfaßte den eigenen Schwanz, und höhnisch wirbelte das Gebilde vor meinen Augen. Wie durch einen Blitzstrahl erwachte ich, und diesmal verbrachte ich den Rest der Nacht, um die Konsequenzen der Hypothese auszuarbeiten.» Nach Kekulés Modell ist das Benzolmolekül ein sechseckiger Ring aus Kohlenstoffatomen, von dem sechs Wasserstoffatome wie die Verzierungen eines Armbandes herabbaumeln.

Die Ringtheorie überwand die Schwierigkeit der Modelle, die von einer offenen Kette ausgingen, und wies dem Benzol einen Sonderstatus zu. Obwohl es einige Zeit dauerte, bis Kekulés Hypothese anerkannt wurde, begründete sie schließlich einen ganzen Zweig der Strukturchemie – die Untersuchung ringförmiger Verbindungen. Seit mehr als hundert Jahren gilt Kekulés Modell als gesicherte Tatsache, was bemerkenswert ist, bedenkt man, daß bis in allerjüngste Zeit niemand ein wirkliches Benzolmolekül erblickt hat.

Kekulé verfügte, wie Thomas Harriot im 17. Jahrhundert und Ernest Rutherford zu Beginn des 20., über die Fähigkeit, Atome vor seinem inneren Auge zu erblicken. Doch der Rest der Menschheit bekam das Benzolmolekül erst 1988 zu Gesicht. In diesem Jahr brachte die Zeitschrift *Physical Review Letters* in der Ausgabe vom 6. Juni das Schwarzweißbild eines Objekts, das aussah wie ein Tablett mit klumpigen Schmalzkringeln, die winzige dunkle Kleckse aufwiesen, wo die Löcher sein sollten. Auf dem Bild waren natürlich keine Schmalzkringel, sondern Benzolmoleküle zu sehen, die an der Oberfläche eines Streifens aus dem Metall Rhodium hafteten. Jedes durchlöcherte Klümpchen stellte ein einzelnes, ringförmiges Molekül der organischen Verbindung dar. Der Durchmesser eines Moleküls wurde ungefähr mit einem milliardstel Meter angegeben, so daß sich eine Million von ihnen, zu einer Reihe angeordnet, ungefähr über einen Punkt auf dieser Seite erstrekken würde. Das Bild war von Wissenschaftlern am Almaden Research Center der IBM im kalifornischen San Jose mit einem neuartigen Gerät, dem Raster-Tunnelmikroskop (RTM), aufgenommen worden.

Da Chemiker den Benzolring seit Generationen kannten, war die mikroskopische Aufnahme, das Mikrobild, von IBM alles andere als eine Sensation. Selbst der Artikel, der das Bild begleitete, ging kaum auf die Struktur des Moleküls ein, sondern hob vielmehr hervor, welche Bedeutung die Technik für die Untersuchung chemischer Oberflächenprozesse wie Korrosion und Adhäsion gewinnen könnte. Wenn diese Bestätigung des Kekuléschen Modells irgend etwas bewiesen hat, dann sicherlich die Fähigkeit des menschlichen Geistes, ohne Hilfe moderner Geräte riesige Mengen komplexer chemischer Informationen zusammenzufassen und das Ergebnis visuell darzustellen.

Unter einem anderen Gesichtspunkt hat das Mikrobild jedoch eine interessante Frage aufgeworfen. Entgegen allem Anschein war es keine echte Fotografie, sondern eine Computerrekonstruktion (vergleichbar Computertomogrammen eines Gehirns). Sie beruhte auf Messung des elektrischen Stroms, der durch eine Nadelspitze floß, während diese über die Oberfläche des Moleküls geführt wurde. Eine verborgene Kette von Lesevorgängen, Berechnungen und Interpretationen lag zwischen der Probe und dem endgültigen Bild. Da auch Kekulés Modell von der theoretischen Interpretation verschiedener chemischer Beobachtungen abhängt, fragen wir uns natürlich nach der Beziehung zwischen den beiden Sehweisen: Inwieweit liefert die Vorstellung ein zutreffendes Bild der Welt? Und umgekehrt, in welchem Umfang war das Mikrobild in Wirklichkeit nur eine Vorstellung?

Überraschenderweise ist die Entstehung eines RTM-Bildes leichter zu verstehen als die komplizierten chemischen Prozesse, die zu einem normalen Foto führen. Denn die Lichtwellen, die in gewöhnlichen Mikroskopen verwendet werden, ersetzt das RTM durch Elektronenwellen, und das spezifische Phänomen, dessen es sich dabei bedient, wird in der Optik als verhinderte innere Totalreflexion bezeichnet. Innere Reflexion ist beispielsweise für die Erscheinung des Regenbogens verantwortlich. Das Sonnenlicht dringt in den Regentropfen einer Wolke ein, durchquert den Tropfen, wird von der gegenüberliegenden Oberfläche zurückgeworfen und verläßt den Tropfen schließlich in entgegengesetzter Richtung. Wenn ein Lichtstrahl auf die Innenfläche eines Wassertropfens oder eines Glasstückes in einem sehr flachen Glanzwinkel trifft, wird die innere Reflexion total, so daß kein Licht aus dem Körper entweichen kann. Die Totalreflexion liegt der Fernsprechübertragung durch Lichtleiterfasern zugrunde: Da das Signal sich entlang der Faserachse fortbewegt, trifft es stets in flachen Winkeln auf die Außenwände und rüttelt deshalb in seinem engen Kanal hin und her wie eine Bowlingkugel in der Fangrinne – es vermag auch nach Tausenden von Kilometern nicht zu entweichen.

Es gibt jedoch eine Möglichkeit, die Totalreflexion zu überwinden und das Licht aus seinem gläsernen Gefängnis zu befreien, selbst wenn es in einem entsprechenden Glanzwinkel auf die Innenfläche trifft. Stellen wir uns vor, daß ein zweites Glasstück sehr dicht an das erste herangeführt wird, so daß es den Punkt fast berührt, wo der Strahl reflektiert wird. Jetzt wird ein Teil des Lichtes die Lücke überspringen und seinen Weg im zweiten Glasstück fortsetzen, als sei nichts geschehen. Gelangen Photonen an eine Innenfläche, dehnen sie ihre elektromagnetischen Felder – den ätherischen Stoff des Lichtes – wie winzige Fühler in die Leere jenseits der Grenze aus und ziehen sie, wenn sie auf keine feste Substanz stoßen, wieder in das Glas zurück. Doch treffen die Felder dort draußen, auf der anderen Seite einer schmalen, leeren Kluft, auf Glas, erzeugen sie in dem zweiten Glasstück neue Photonen und lassen so den Strahl noch einmal entstehen. Die Lücke darf nicht viel breiter sein als die Wellenlänge des Lichtes, ein Bruchteil des Durchmessers eines dünnen Haares, doch der Effekt ist real und läßt sich experimentell leicht nachweisen. Wenn die Lücke breiter wird, verringert sich die Wirksamkeit der «Fühler» rasch, und entsprechend nimmt die Lichtmenge ab, die dem ersten Glasstück entweicht.

Alle diese Umstände waren dem deutschen Physiker Gerd Binnig bekannt, als er im Herbst 1978 letzte Hand an seine Dissertation an der Goethe-Universität in Frankfurt legte. Er wußte außerdem, daß Elektronen, da sie wellenförmigen Charakter haben, enge Lücken überspringen können wie das Licht. Beispielsweise bewegen sich Elektronen frei im Innern metallischer Leiter, etwa in Kupferdrähten, und wenn sie auf eine Oberfläche treffen, werden sie durch innere Reflexion in das Metall zurückgeworfen. (Das hindert die Elektrizität daran, aus Stromkabeln zu entweichen.) Doch wenn ein zweiter Leiter in hinreichende Nähe zum ersten gebracht wird, kann das Elektron die Kluft überspringen. Da eine solche Lücke normalerweise ein unüberwindliches Hindernis ist, bezeichnet man den Prozeß als *Tunneleffekt*, obwohl die Barriere, die von den Elektronen durchtunnelt wird, nicht aus einem materiellen Hindernis besteht, sondern ganz im Gegenteil aus einem Vakuum. Der Tunneleffekt ist bei Photonen und Elektronen ähnlich, abgesehen von der Größenordnung; während die Lücke im Falle des Lichtes etwas enger sein muß, als ein menschliches Haar breit ist, verlangt die Elektrizität eine Lücke, die tausendmal kleiner ist. Die Breite der Kluft, die Elektronen durchtunneln können, läßt sich nur in atomaren Abständen messen.

Eines Tages unterhielt sich Binnig mit dem Schweizer Physiker Heinrich Rohrer vom IBM-Labor in Zürich über neue Möglichkeiten, die Oberflächen von Materialien zu untersuchen, wie sie vor allem für die Hersteller von Computerchips von Interesse sind. Binnig äußerte die Vermutung, daß Elektronen, die ein Vakuum durchtunneln, für Oberflächenuntersuchungen benutzt werden könnten, weil sich selbst winzige elektrische Ströme noch genau messen lassen und weil der Effekt auf mikroskopische Dimensionen anspricht. Brächte man eine negativ geladene nadelförmige Sonde, so Binnig, in die Nähe einer Metalloberfläche, könnten Elektronen aus ihr heraustunneln und dadurch den Abstand zwischen der Sonde und der Oberfläche anzeigen. Rohrer gefiel die Idee, und er lud Binnig ein, in die Schweiz zu kommen und sich dort an die schwierige Aufgabe zu machen, diese Vermutung in ein neues Gerät umzusetzen.

Die Zusammenarbeit zwischen Rohrer und dem vierzehn Jahre jüngeren Binnig entwickelte sich prächtig. Sie hatten ein grundlegendes gemeinsames Interesse: Beide hatten sie sich lange und intensiv mit dem Problem der Supraleitfähigkeit auseinandergesetzt. Das Raster-Tunnelmikroskop verdankt seine Entstehung dem Wunsch der beiden Männer, das verwirrende Phänomen zu verstehen. In ihrem Erscheinungsbild sind die beiden typisch für die neue Generation von europäischen Wissenschaftlern, Lichtjahre entfernt von den zugeknöpften Professoren aus der Zeit von J. J. Thomson und Max Planck. Wenn man sie in den saloppen, offenen Hemden, den weiten Hosen erblickt, Rohrer mit modischem weißen Bart und Nickelbrille, Binnig, jung und attraktiv, könnte man sie für das Vater-Sohn-Gespann einer amerikanischen Fernsehserie halten. Tatsächlich aber sind sie exzellente Wissenschaftler, deren Forschungsdrang keine Grenzen kennt.

Das Haupthindernis, das ihnen bei ihren Untersuchungen zu schaffen machte, war die Größe der Sonde. Eine Nadel, die Feinheiten einer Oberfläche registriert, muß kleiner als diese feinen Strukturen sein, wie sich ja auch die Rillen einer Schallplatte nicht mit dem Finger ertasten lassen. Da 1978 die dünnsten Spitzen, die hergestellt wurden, Hunderte von Atomdurchmessern dick waren, schien die neue Technik nicht in der Lage zu sein, Atome zu erfassen. Am 5. Januar 1979 stieß Binnig dann endlich auf eine Möglichkeit, diese Einschränkung zu überwinden.

Die Eintragung in seinem Laborbericht für diesen Tag besteht aus einer einfachen Zeichnung – der vergrößerten Wiedergabe einer stumpfen, plumpen Nadelspitze, die mit einer flachen Metallfläche Kontakt hat, ein Halbkreis, der eine gerade Linie berührt. (Geometrisch bezeichnet man diese Anordnung als Oskulation oder Schmiegung.) Zu beiden Seiten des Berührungspunktes nimmt der Abstand zwischen der Oberfläche und der Nadelspitze keilförmig zu. Den kryptischen Bemerkungen neben der Zeichnung zufolge ist Binnig hier plötzlich ein wichtiger Umstand klar geworden: Der Tunneleffekt verringert sich mit der Entfernung so rasch, daß der Strom zwischen der Nadel und der Probe, der am Berührungspunkt natürlich am stärksten ist, mit wachsendem Abstand von diesem Punkt steil abfällt. Die als «Fühler» fungierenden Wellenfunktionen der Elektronen reichen nicht sehr weit. Vergrößert sich die Lücke nur um einen einzigen Atomdurchmesser, nimmt der Tunnelstrom um den Faktor von eintausend ab. Daraus folgt, daß nur ein winziger Fleck in der unmittelbaren Umgebung des Berührungspunktes, und nicht die ganze Spitze, Strom leitet. (Die Schlußfolgerung ist auch dann noch gültig, wenn die Spitze ein wenig zurückgezogen wird, so daß es keinen wirklichen Berührungspunkt gibt.) So entweichen der stumpfen Nadel ausschließlich durch diesen winzigen Fleck an ihrer Spitze Elektronen. Die Nadel ist also spitzer, als sie aussieht – nach Binnigs Schätzung etwa vierzigmal so spitz.

Unter der Zeichnung lenkt ein auffälliger dicker Pfeil den Blick auf die Worte «Mikroskop für Metall- und Halbleiteroberflächen». Binnig hatte den Schlüssel zu der Erfindung entdeckt, für die ihm und Heinrich Rohrer knapp sieben Jahre später, 1986, der Nobelpreis verliehen wurde.

Das von ihnen entwickelte Gerät ist heute als elegantes Modell, nicht größer als eine Teetasse, im Handel erhältlich. Anfangs war es viel größer und plumper, vor allem wegen der komplizierten Gerüste aus Federn und Stoßdämpfern, die verhindern sollten, daß das Signal durch störende Erschütterungen von Erdstößen, Schritten oder vorbeifahrenden Zügen überlagert wurde. Wenn man im atomaren Größenbereich sondiert, müssen selbst die winzigsten Vibrationen vermieden werden. Diese technischen Schwierigkeiten wurden rasch überwunden, so daß die Apparate bald kleiner und einfacher wurden, ähnlich wie die Größe von Rechnern in dreißig Jahren von Schreibtisch- auf Postkartengröße schrumpfte. Das Kernstück des Raster-Tunnelmikroskops ist jedoch seit seiner Erfindung praktisch unverändert geblieben.

Die Spitze der Wolframnadel ist so fein, wie es die technischen Möglichkeiten heute zulassen. Meist besteht sie sogar aus einem unregelmäßigen Vorsprung, der nur ein paar Atome enthält, und liefert deshalb noch exaktere Bilder, als Binnig ursprünglich zu hoffen wagte. Es ist schwierig, die Nadel über die Oberfläche zu führen, die untersucht werden soll, weil die Abstände, um die es geht, zu klein für eine direkte manuelle Steuerung sind. Das gilt schon für die besten optischen Mikroskope. In einigen Modellen umgeht man diese Schwierigkeit, indem man die Nadel auf drei zahnstocherartige Stellelemente aus Quarzkristall montiert, der die interessante Eigenschaft hat, seine Länge unter dem Einfluß einer von außen angelegten Spannung zu verändern. Durch sorgfältige Regulierung der Spannung an den einzelnen Elementen kann die Nadel so in jede Richtung dirigiert werden.

Bei Betrieb des Gerätes wird die Nadelspitze nahe an die Metalloberfläche herangeführt und eine elektrische Spannung, ein Bruchteil eines Volts, an die Lücke angelegt, um die Elektronen zum Tunneln anzuregen. Die Nadel wandert systematisch über die Probe. Trifft die Sonde auf einen Höcker der Oberfläche, verringert sich die Breite der Lücke, wodurch der Tunnelstrom sich verstärkt. Daraufhin wird die Sonde automatisch zurückgezogen, fort von der Probe, bis der Strom wieder auf seinen vorherigen Wert fällt, während die Bewegung der Nadel von einem Computer aufgezeichnet wird. Sinkt die Spannung dagegen, weil eine Vertiefung vorliegt, nähert sich die Sonde automatisch der Oberfläche. Auf diese Weise wird die gesamte Fläche erkundet, wobei der Tunnelstrom – und damit die Entfernung zwischen Nadelspitze und Probe – auf einem konstanten Wert gehalten wird.

Die Koordinaten der Nadel – ihr regelmäßiges Hin- und Herschwenken auf der Probe sowie ihre senkrechten Ausschläge – zeichnet das Gerät auf. Wenn alle Daten vorliegen, rekonstruiert der Computer eine Umrißkarte der Oberfläche, so wie man eine Landschaft mit einem Flugzeug kartieren könnte, das in gleichbleibender Höhe über dem Boden fliegt, das heißt, seinen Unebenheiten folgt, indem es sich entsprechend hebt und senkt. Schließlich wird die vollständige Umrißkarte auf einem Bildschirm gezeigt. Auf diese Weise wurden die an einem Rhodiumstreifen haftenden Benzolmoleküle 1988 zum erstenmal sichtbar gemacht.

Tatsächlich gibt es Bilder von Molekülen seit dem zweiten Jahrzehnt unseres Jahrhunderts, als man begann, die Struktur der Materie mit Hilfe von Röntgenbildern zu untersuchen, doch handelt es sich dabei nur in einem sehr begrenzten Sinne um Bilder. Röntgenstrahlen prallen von Atomen ab wie Sonnenlicht von Regentropfen, und das Bild, das durch Röntgenstrahlen aufgezeichnet wird, ähnelt einem Regenbogen. Wie sich mittels der Theorie des Regenbogens indirekt auf Form und Größe einzelner Tropfen schließen läßt, gibt die theoretische Analyse von Röntgenbildern Aufschluß über die Anordnung von Atomen in Molekülen. Doch ein Regenbogen ist kein Bild von einem Regentropfen, genausowenig wie eine Röntgenaufnahme das Bild eines Moleküls ist. Der Wert des Raster-Tunnelmikroskops liegt darin, daß es zum erstenmal die Architektur einzelner Moleküle eines nach dem anderen offenbart.

Die Darstellungen des RTM sind noch keine Bilder im herkömmlichen Sinne, weil sie nicht auf Licht, sondern auf elektrischen Strömen beruhen und insofern eine neue Art des Sehens bedeuten. Die Stärke des Tunnelstroms, die der Computer aufzeichnet, wird durch zwei Einflüsse bestimmt, die beide nichts mit unserem Sehvermögen zu tun haben. Der erste ist die Nähe der Sondennadel zur Oberfläche der Probe: Je enger der Spalt, desto stärker der Strom. Diese Beziehung ist der entscheidende Aspekt des RTM, denn sie allein gibt Aufschluß über die Atomstruktur der Probe. Doch der zweite Effekt, der durch die elektrische Ladung der Probe hervorgerufen wird, läßt sich vom ersten nicht trennen. Wenn die Sonde negativ und die Oberfläche positiv ist, sickern Elektronen aus der Nadel in die Probe. (Kehrt man die Polarität um, fließen die Elektronen in die entgegengesetzte Richtung.) Nehmen wir jetzt an, daß sich auf der Oberfläche der Probe, direkt unter der negativen Spitze, ein großes Atom befindet. Das Atom als Ganzes ist neutral, doch seine Ladungen sind getrennt, wobei der Kern positiv und die äußere Schale negativ ist. Die Ladung auf der Oberfläche des Atoms stößt die Tunnelelektronen ab und vermindert ihre Bewegung durch die Lücke, so daß das RTM Signale registriert, die auch von einer Einbuchtung der Oberfläche stammen können, denn sie würde den Tunnelstrom gleichfalls hemmen. Auf der anderen Seite verstärkt eine überschüssige positive Ladung auf der untersuchten Oberfläche den Strom und wird von dem Computer automatisch als Buckel verzeichnet. Auf diese Weise sind elektrische und strukturelle Eigenschaften miteinander verflochten.

Manchmal führt dieses Problem zu einer Verwechslung von Vertiefungen und Erhöhungen. 1987 beschloß ein Team von Physikern am Thomas J. Watson Research Center der IBM in Yorktown Heights, New York, die Oxidation, also das Rosten, an der Oberfläche von Galliumarsenid zu untersuchen, einer Verbindung, die wegen ihrer ungewöhnlichen elektrischen Eigenschaften dem Silizium als Grundstoff für die Herstellung von Computerchips Konkurrenz zu machen beginnt. Die Forscher konzentrierten sich auf einen der Flecken, die auf ihren Raster-Mikrobildern auftauchten, und stellten fest, daß er wie ein schneebedeckter Hügel aussah, der sich aus einem gepflügten Feld erhebt. Die Furchen deuteten sie als geordnete Reihen von Gallium, die sich mit Arsenatomen abwechselten, und den Hügel als ein einzelnes Sauerstoffatom, das sich dem Galliumarsenid angelagert hatte. Als man die Polarität der Spannung zwischen der Oberfläche und der RTM-Sonde umkehrte, so daß der Tunnel-Elektronenfluß in die entgegengesetzte Richtung verlief, wurde auch das Bild invers. Der Hügel wurde zum Krater. Dieses Problem ist im Grunde genommen sehr alt; man kennt es mindestens seit dem Jahre 1664, als der englische Physiker Robert Hooke in seinem berühmten Mikroskopiehandbuch ‹*Micrographia*› feststellte: «Bei manchen Objekten ist es außerordentlich schwer, zwischen einer Erhebung und einer Senkung, zwischen einem Schatten und einem schwarzen Fleck oder einer Reflexion und der Farbe Weiß zu unterscheiden.»

Im Falle des Galliumarsenid ist das Problem elektrischer Natur. Die Unterbrechung der regelmäßigen Oberfläche geht tatsächlich auf die Bindung eines Sauerstoffatoms zurück, den ersten Schritt eines Oxidationsprozesses, doch der Effekt des kontaminierenden Atoms ist elektrischer und nicht struktureller Art. Das Sauerstoffatom ruft in der Oberfläche, die es angreift, nicht so sehr einen Hügel oder ein Tal hervor, sondern erzeugt mit seinen Elektronen vielmehr einen großen Vorrat an negativer Ladung, den das RTM entweder als Hügel oder als Tal registriert, je nachdem, in welche Richtung die Elektronen fließen. Auf diese Lösung des Rätsels stieß man durch theoretische Berechnungen und die Untersuchung der Oberfläche mit konventionelleren Mitteln; sie führt uns warnend vor Augen, daß das RTM die strukturellen und elektrischen Eigenschaften der von ihm abgebildeten Atome und Moleküle mischt.

In dem Bild des Benzols auf einer Rhodiumoberfläche entspricht die Ansammlung weißer, klumpiger Wälle, die auf dem Mikrobild zu erkennen sind, zweifellos einer Benzolschicht. Doch was ist mit den merkwürdigen Klecksen in der Mitte jedes Walles, die aussehen wie die Löcher in Schmalzkringeln? Sind sie wirklich Einbuchtungen oder bloß die Häufung überschüssiger negativer Ladung, hervorgerufen durch die zweiundvierzig Elektronen, die jedes Benzolmolekül umgeben?

Unklarheit in der Interpretation von Bildern ist kein besonderes Merkmal des RTM. In der Wissenschaft ist sie eher die Regel als die Ausnahme. Ob das Objekt ein Virus ist, das unter einem Elektronenmikroskop sichtbar wird, eine ferne Galaxie, die von einem Radioteleskop erfaßt wird, oder ein Fötus, den der Gynäkologe mit Hilfe von Ultraschall im Mutterleib betrachtet – jede Beobachtung muß sorgfältig in ein zusammenhängendes Bild übertragen werden. Häufig müssen sich Wissenschaftler für eine von vielen miteinander konkurrierenden Interpretationen eines Bildes entscheiden, ohne die Gewißheit zu haben, daß ihre Wahl richtig ist. Nur in den seltenen Fällen, in denen sich Form, Farbe und Beschaffenheit des Bildes durch Betrachten und Berühren direkt verifizieren lassen, können wir sicher sein, daß Objekt und Bild übereinstimmen. Doch diese Fälle verlieren für die Zielsetzung der modernen Wissenschaft immer mehr an Bedeutung.

Insofern die Bilder, die durch Geräte wie das RTM erzeugt werden, und die Vorstellungsbilder, die der menschliche Geist auf der Grundlage nichtvisueller Information konstruiert, indirekt und mehrdeutig sind, verwischt sich die Unterscheidung zwischen technischer Bilderzeugung und menschlicher Vorstellung. Beide sind Methoden zur Erschaffung von Bildern, beide hängen von bestimmten Hintergrundinformationen ab, von versteckten Annahmen und Theorien. Mithin ist der Unterschied zwischen Kekulés Traum und dem Raster-Tunnelmikroskop weniger qualitativer als quantitativer Art: Das Mikrobild offenbart im Gegensatz zum Traum die tatsächlichen Ausmaße der Moleküle, gemessen in milliardstel Meter.

Schließlich liefert uns das Wissen, das wir in mehr als hundertzwanzig Jahren Benzolforschung zusammengetragen haben, die Gewißheit, daß wir die dunklen Flecken als Löcher und die Bilder der Moleküle selbst als Ringe deuten müssen. Da wir das Strukturmodell des Benzols weit besser verstehen als das Mikrobild, wird das mechanische Bild durch Kekulés Traum bestätigt und nicht umgekehrt.

Niemand ist sich der Vieldeutigkeit der Bilder, die das RTM liefert, stärker bewußt als seine Erfinder, und niemand ist eifriger bemüht, die diagnostischen Möglichkeiten zu verbessern. 1985, ein paar Jahre bevor das Benzolbild im IBM-Labor in San Jose hergestellt wurde, hielt sich Gerd Binnig dort zu einem Besuch auf. Die Reise gab ihm Gelegenheit, etwas Abstand von seiner Arbeit am RTM zu gewinnen und über neue Ideen nachzudenken. Einmal lag er auf dem Fußboden des Hauses, in dem er dort wohnte, und sein Blick fiel auf die feine Oberflächenstruktur der Decke. Er fragte sich, wie sich diese wohl mit dem RTM aufzeichnen lasse, wo sie doch aus Gips bestand und keine Elektrizität leiten würde. So begann er zu überlegen, welche Möglichkeiten es neben Tunnelströmen gäbe, Oberflächen zu untersuchen, und verfiel auf eine verblüffend einfache Idee: Warum sollte man sie nicht einfach vorsichtig abtasten, wie die Finger eines Blinden die Konturen eines Gesichts nachzeichnen? Warum sollte man die Oberfläche nicht berühren und dabei aufzeichnen, mit welchem Druck sie der Berührung Widerstand leistet? Aus solchen Gedankenspielen entwickelte sich das Kraftmikroskop *(atomic force microscope)*.

Das von Binnig in Zusammenarbeit mit einem Team amerikanischer Kollegen entwickelte Instrument arbeitet mit einer scharfen Diamantspitze, die wie die Nadel eines Plattenspielers auf einen Auslegearm montiert ist. Aufgabe des Armes ist es, die Kraft zu verringern, mit der die Spitze gegen die Oberfläche drückt. Wäre der Druck mehr als eine extrem leichte Berührung, zerrisse er die Oberfläche. Zur Überraschung der Erfinder erwies es sich jedoch als sehr leicht, einen Auslegearm zu entwickeln, der behutsam genug für ihre Zwecke war. Ein Arm, der aus einem winzigen Streifen Aluminiumfolie besteht und an einem Ende fixiert ist, verbiegt sich unter der unvorstellbar schwachen Kraft, die zwischen einzelnen Atomen wirkt. Das einzige Problem lag darin, die fast unmerklichen Ausschläge der Diamantspitze bei ihrer Bewegung über winzige Höcker, wie sie von einzelnen Atomen hervorgerufen werden, zu registrieren.

Natürlich war Gerd Binnig der richtige Mann, um diese besondere Schwierigkeit zu überwinden. Schließlich hatte er an der Entwicklung eines Gerätes mitgewirkt, das speziell dazu bestimmt ist, Unebenheiten von atomaren Ausmaßen zu messen. So wurde in das ursprüngliche Kraftmikroskop ein RTM integriert, das die Auslenkung des mit dem Diamantsplitter versehenen Metallarms aufzeichnete. Das neue Mikroskop ersetzte den elektrischen Strom durch tatsächlichen Kontakt und verringerte dadurch die beim RTM auftretende Gefahr, elektrische und strukturelle Eigenschaften zu verwechseln.

Und doch, was heißt tatsächlicher Kontakt? Wenn unsere Finger die Haut eines Menschen berühren oder wenn zwei Billardkugeln zusammenstoßen, ist das Konzept hinlänglich klar. Doch was geschieht, wenn Sie Ihren Hund streicheln? In welchem Augenblick berühren Sie ihn? Wenn Ihre Hand die Spitze des ersten, am weitesten herausstehenden Haares berührt? Wenn Sie ein Dutzend Haare berühren? Wenn Sie spüren, daß das Fell Ihre Handfläche bedeckt? Wenn Sie sich erstmals des Widerstands bewußt werden, den das Fell dem Druck Ihrer Hand entgegensetzt? Oder wenn Sie anfangen, den Druck des Körpers unter dem Fell wahrzunehmen? Vielleicht ist es aber auch der Augenblick, da der Hund Ihre Hand auf dem Rücken spürt? Jede dieser Definitionen ist akzeptabel, woraus folgt, daß keine ganz befriedigend ist.

Auf atomarer Ebene ist selbst der intuitiv einleuchtende Begriff der Berührung alles andere als einfach. Tatsächlich berührt kein reales Objekt jemals ein anderes. Wenn Billardkugeln sich einander nähern, verringert sich der Abstand zwischen ihren am weitesten außen befindlichen Atomen, während im gleichen Maße die Abstoßungskräfte zwischen ihnen zunehmen und ihre Geschwindigkeit abbremsen. Schließlich halten sie einen kurzen Moment lang inne, prallen ab und entfernen sich voneinander. Wissenschaftlich betrachtet geht es nicht um den Begriff des Berührens, sondern um die Frage, wie Bewegung zum Stillstand kommt – egal ob Billardkugeln sich nähern oder Ihre Hand sich auf Waldis Rükken senkt.

Bei diesem Verständnis von Berührung lautet die Frage: Welche Kräfte halten die Diamantspitze eines Kraftmikroskops auf, wenn sie sich der unter ihr gelegenen Oberfläche nähert? Die Antwort lautet, es sind zahlreiche Kräfte, und sie sind alle bis auf eine elektrischer oder magnetischer Natur. Chemische Kräfte, das heißt die Kräfte, die zwischen Atomen und Molekülen wirken, lassen sich fast gänzlich auf elektrische Anziehung und Abstoßung sowie Magnetismus zurückführen. Die Kombination dieser grundlegenden Effekte in konkreten interatomaren Kräften kann außerordentlich kompliziert sein, ein Umstand, der die theoretischen Chemiker auf Trab hält. Doch im Prinzip unterscheiden sich die mikroskopischen Atomkräfte nicht von den uns vertrauten Kräften, die Magnete an Kühlschranktüren haften lassen und Ihre Haare aufrichten, wenn Sie sie an einem trockenen Wintertag bürsten.

Die einzige Ausnahme – die Atomkraft, die keine Entsprechung in der alltäglichen Welt hat und die sich nicht im Rückgriff auf Elektrizität oder Magnetismus verstehen läßt – ist quantenmechanischer Natur und bleibt höchst seltsam. Das Ausschließungsprinzip besagt, daß nicht zwei Elektronen sich im gleichen Bewegungszustand befinden, das heißt, nicht gleichzeitig denselben Ort und die gleiche Geschwindigkeit aufweisen können. Wie ein Verkehrspolizist regelt das Ausschließungsprinzip die Struktur des Atoms: Es hindert die Elektronen daran zusammenzustoßen.

Nach außen hin, in der Wechselwirkung zwischen ganzen Atomen, wirkt das Ausschließungsprinzip als eine Art abstoßende Kraft – es sorgt dafür, daß sich die Elektronenwolken nicht mischen; sie kommen nie miteinander in Berührung. Kurzum, wenn Sie einen Hund streicheln, wenn Billardkugeln zusammenstoßen und wenn die Spitze einer Nadel auf eine Oberfläche trifft, bilden die Kräfte, die dabei ins Spiel kommen, einen gordischen Knoten aus klassischen und quantenmechanischen Effekten, und es ist unmöglich, genau zu bestimmen, welcher der vielfältigen Einflüsse letztlich verhindert, daß ein Objekt in ein anderes eindringt. Folglich läßt sich zwar mit dem Kraftmikroskop die grobe Verwechslung von strukturellen und elektrischen Eigenschaften vermeiden, unter denen das RTM leidet, doch bringt es dafür subtilere Interpretationsprobleme mit sich

Wie stellt sich dann aber der Physiker ein Atom vor? Der Prozeß läßt sich mit den Stadien bei der Entstehung einer Freundschaft vergleichen. Nehmen wir an, die Bekanntschaft beginnt mit einem Briefwechsel: Briefe können viel über einen Menschen offenbaren und ein detailliertes Vorstellungsbild entstehen lassen. Doch wenn in einem der Briefe ein Foto mitgeschickt wird, nimmt man einen völlig neuen Aspekt des Menschen wahr. Durch ein Telefongespräch beginnt der Gehörsinn die Vorstellung vom Freund zu erweitern. Wenn man dem Menschen schließlich begegnet, wird das bislang skizzenhafte Bild in allen Einzelheiten ergänzt. Trotzdem wird es auch weiterhin in dem Maße revidiert und komplettiert, wie die Freundschaft, und damit das Verständnis, wächst. Vorstellungsbilder von Freunden entstehen nicht auf einen Schlag, sondern wachsen langsam – sie speisen sich aus allen Sinnesmodalitäten und jeder denkbaren Informationsquelle, die Aufschluß über den Menschen gibt.

Entsprechend gibt es kein endgültiges Bild von einem Atom. Alle Erkenntnisse, die wir aus der Strukturchemie, der Quantenmechanik, den Bildern des Raster-Tunnelmikroskops und seines Ablegers, des Kraftmikroskops, sowie aus zahllosen anderen Experimenten in der Atomphysik gewonnen haben, leisten ihren Beitrag zu unserem sich rasch formenden Bild vom Atom.

Betrachten wir Atome von außen, so ist der Anblick sehr ansprechend. Auf der Ebene mehratomiger Moleküle und großer Kristalle begegnen wir komplexen und faszinierenden Strukturen: Ringen, wiederkehrenden Gitterstrukturen, geordnetem Aufbau, unterbrochen von unerwarteten Unregelmäßigkeiten, Helices und einer Fülle anderer geometrischer Figuren von jeder nur denkbaren Gestalt. Doch einige der feineren Details fehlen. Es lassen sich zwar in diesen Strukturen einzelne Atome unterscheiden, doch sie haben stets das unbestimmte Aussehen von Möbelstücken, die Maler bei der Renovierung eines Zimmers abgedeckt haben. Groß ist die Versuchung, in das Bild zu klettern und diese Planen beiseite zu reißen oder zumindest einen Zipfel zu lüften, um einen Blick auf die echten Atome darunter zu werfen. So hoffen wir inständig, daß die Mikroskopie sich weiterentwickeln wird, daß sie von der molekularen auf die atomare Ebene und von dort in das Reich der subatomaren Teilchen gelangen wird, damit künftigen Generationen zugänglich wird, was uns bislang vorenthalten blieb.

Im Gegensatz zu dem enttäuschenden Mangel an Genauigkeit, unter dem der Blick von außen leidet, ist die Sicht aus dem Innern des Atoms erstaunlich detailliert, wenn sich auch aus ihr kein Vorstellungsbild gewinnen läßt. Quantenmechanische Berechnungen, perfektioniert durch immer größere und schnellere Computer, liefern immer zuverlässigere Wellenfunktionen der Elektronenwolken. Im Prinzip enthalten sie alle Informationen, die man vom Atom bekommen kann, doch wenn wir uns dann bemühen, intuitiv verständliche Darstellungen des Atoms zu fertigen, stellt sich heraus, daß wir noch nicht gelernt haben, die richtigen Fragen zu stellen. Wir wissen alles über die Struktur des Atoms, ausgenommen ihre Bedeutung. Je besser es diagnostischen Sonden, wie den Raster-Tunnelmikroskopen, gelingt, unter die atomare Oberfläche zu tauchen, desto wichtiger wird die Wellenfunktion für die Interpretation der gelieferten Bilder werden, bis sich die beiden Perspektiven – die von außen und die von innen – schließlich zu einem neuen Bild des Atoms vereinigen.

Doch der Erfolg dieser Doppelstrategie zur bildlichen Erfassung des Atoms ist keineswegs sicher. Eine visuelle Wiedergabe der Atomstruktur, mit der sich auch der gesunde Menschenverstand zufriedengeben kann, ist vielleicht unmöglich, denn die Quantenmechanik weiß ihre Geheimnisse auf ganz besondere Weise zu schützen. Eine RTM-Nadel mit geringer Spannung und die behutsam tastende Diamantspitze des Kraftmikroskops berühren die Oberflächen, die sie erkunden, ohne nennenswerte Veränderungen in ihnen hervorzurufen. Doch wenn die Spannung am RTM erhöht und der Auslegearm des Kraftmikroskops verstärkt wird, so daß die Elektronen und der Diamantsplitter in Bereiche des Atominneren vordringen, in denen die Quantenmechanik regiert, beginnen die Sonden die Proben zu verändern, deren Zustand sie doch nur registrieren sollen. Man mißt dann nicht ein Atom, wie man es ursprünglich vorgehabt hat, sondern etwas ganz anderes und viel Komplexeres, nämlich ein aus Atom und Nadel zusammengesetztes System. Der Beobachter wirkt auf das Objekt der Beobachtung ein. Wenn wir ein Atom untersuchen, so ist es, als untersuchten wir die Oberfläche eines Spiegels. Betrachten wir sie genau, bemerken wir plötzlich, daß wir uns selbst anschauen.

Um das schwer faßbare Atom abzubilden, müssen wir versuchen, durch die schmalen Türen in das Haus der Natur zu schlüpfen, wie es der englische Universalgelehrte Thomas Harriot im Jahre 1606 empfahl. Ihm gelang das Kunststück kraft seiner Phantasie, und er forderte den Astronomen Johannes Kepler auf, seinem Beispiel zu folgen. Bis vor kurzem war dies der einzige Weg, und man gelangte auf ihm erstaunlich weit. Kekulé ließ sich von einem Mordprozeß, dem er in seiner Jugend beigewohnt hatte, zu einem Traum anregen und gelangte mit seiner Hilfe zu Atombildern von so zwingender Überzeugungskraft, daß sie bis auf den heutigen Tag überlebten: Mit ihrer Hilfe lassen sich die Interpretationen der vieldeutigen Mikrobilder, die die moderne Technik liefert, bestätigen und erhärten. Heute verdrängt die technische Bilderzeugung die menschliche Vorstellungskraft: Das RTM und das Kraftmikroskop bieten verlockende Einblicke in die Landschaft der Atome. Unser intensiver Wunsch, diese Welt zu erkunden, erinnert an eine Szene aus dem Buch ‹*Alice im Wunderland*›: «Alice öffnete die Tür und sah, daß sie in einen engen Gang führte, nicht viel höher als ein Mausloch. Sie kniete nieder, und als sie hineinschaute, fiel ihr Blick in den schönsten Garten, den ihr euch nur denken könnt. Da hätte sie freilich gern den düstern Saal hinter sich gelassen und sich zwischen den bunten Blumenbeeten und den kühlen Springbrunnen getummelt; aber nicht einmal den Kopf bekam sie durch die Tür.»

5 Die Landschaft der Atome

Die kleine Dorothy stieß ganz unerwartet auf das, wonach es Alice verlangte: In dem Film *‹The Wizard of Oz›* (*‹Das zauberhafte Land›*) aus dem Jahre 1939 kommt eine der magischsten Szenen des Kinos vor. Als die erschreckte Dorothy die Tür ihrer baufälligen Hütte öffnet und in das Wunderland von Oz tritt, wechselt der Film plötzlich von Schwarzweiß zur Farbe. In der Verblüffung auf Dorothys Gesicht, als sie in diese exotische Welt aus leuchtenden Blüten und funkelnden blauen Teichen eintritt, spiegelt sich das Entzücken des Zuschauers. Zum Teil beruht die Wirkung dieses dramatischen Wechsels auf einer ironischen Umkehrung der Wahrnehmungsformen, ein Effekt, der damals, als der Film zum erstenmal gezeigt wurde, noch überwältigender gewesen sein dürfte als heute. Die sogenannten realistischen Schwarzweißszenen in Kansas weichen der phantastischen Technicolor-Welt von Oz, während es nach der intuitiven Erwartung der Zuschauer genau umgekehrt hätte sein müssen: Die wirkliche Welt ist, mag sie auch noch so freudlos sein, mit Farbe ausgestattet, während die künstliche Traumwelt der Fotografie und des Kinos vor fünfzig Jahren vorwiegend schwarzweiß war. Indem der Film die Realität in unwirklichen Grautönen zeigt, das Märchenland dagegen in lebensechter Farbe, entführt er uns in eine Welt, die betreten zu können wir niemals für möglich gehalten hätten. Als Ende der achtziger Jahre die ersten Farbbilder von Atomen angefertigt wurden, hatten sie eine ähnliche Wirkung.

Von Farbe lassen wir uns gern verführen. Seit der Zeit der prähistorischen Höhlenmaler benutzt man in der bildenden Kunst die Farbe, um einerseits visuelle Information zu vermitteln und andererseits emotionale Reaktionen hervorzurufen. Bewußt oder unbewußt ist den Künstlern klar, daß die Farbe in einer Weise zur Seele zu sprechen vermag, wie es der reinen Form und der bloßen Gestalt nicht möglich ist. Selbst wissenschaftliche Gegenstände, die als trocken und schwierig gelten, können eine starke emotionale Wirkung erzielen, wenn sie mit Farbe versehen werden, wovon die modernen Bilder des Sonnensystems ein beredtes Zeugnis ablegen.

Zehn Jahre bevor die künstlichen Satelliten den Himmel eroberten, sagte der englische Astronom Sir Fred Hoyle voraus: «Wenn einmal Erdaufnahmen aus dem Weltraum zur Verfügung stehen, wird die Leere um die Erde unübersehbar – ein Durchbruch neuer Ideen mit historischer Tragweite steht bevor.» Zwanzig Jahre später schickten Mondorbiter entsprechende Bilder zur Erde, doch keines von ihnen vermochte solchen Eindruck auf die Phantasie der Menschen zu machen wie das erste Farbbild des Planeten: die berühmte blaue Marmorkugel, die in der Schwärze des Weltraums schwebt.

Im November 1967 von einem stationären Satelliten über Brasilien aufgenommen, bleibt dieses Bild das populärste in der riesigen Sammlung der amerikanischen Raumfahrtbehörde NASA. Hoyle, der gelernt hatte, weitreichende Erkenntnisse aus unscheinbaren und häufig körnigen Schwarzweißaufnahmen von Himmelskörpern zu gewinnen, konnte nicht vorhersehen, welchen Einfluß die Farbe auf das Bewußtsein des Betrachters haben würde. Die Fotografie mit den blauen Ozeanen, den lohfarbenen Landmassen, den spärlichen weißen Wolken und dem schwarzen Weltraum drumherum war so lebhaft in ihrer Wirkung, daß sie Hoyles Vorhersage fast auf den Kopf stellte. Statt unsere Isolierung zu unterstreichen, vermittelte uns das Bild das unerwartete Gefühl, zusammenzugehören und aufeinander angewiesen zu sein, eine Wirkung, die großenteils auf die ansprechenden Farben zurückging.

Zwölf Jahre später, als *Viking 2* die Oberfläche des Mars erreichte und Bilder von der Landschaft in seiner Umgebung zu senden begann, war es abermals die Farbe, die die Phantasie der Menschen beschäftigte. Diese Bilder zeigten Steine und Erde von einer fast unglaublich rötlichen Tönung – eine comichafte Übertreibung der roten Planetenoberfläche, wie es schien. Doch dann erläuterte die NASA, wie einfach und direkt sie die Farben geeicht hatte, die in digitalem Code zur Erde gelangten. Beim Bau der Sonde hatte man auf einem ihrer Beine eine Palette mit Standardfarben angebracht, dreißig mal zehn Zentimeter. Nach der Landung auf dem Mars schwenkte die Bordkamera auf diese Palette, und ihre elektronischen Signale wurden so lange justiert, bis das Bild einer identischen Palette in einem Labor auf der Erde entsprach. Als man uns dergestalt die Zuverlässigkeit der Farbreproduktion vor Augen geführt hatte, sahen wir schließlich ein, daß das Rot echt war und das martialische Aussehen des Mars nicht von menschlichem Blut herrührt, wie die antike Mythologie behauptet, sondern von den Eisenoxiden in seinem Boden.

Zu den faszinierenden Bildern von Erde und Mars kommen noch Fotos der äußeren Planeten und ihrer Satelliten, die durch die beiden *Voyager*-Sonden übersandt wurden: die kreisenden Purpurwirbel des Jupiter in der Umgebung des geheimnisvollen «Großen Roten Flecks», der geisterhaft grüne Farbton der majestätischen Saturnringe und die pizzaartige Oberfläche des Jupitermondes Io, geschmückt mit den Schwefelfahnen seiner aktiven Vulkane. Der verwischte blaue Fleck der Erde, aufgenommen vom Rand des Sonnensystems, ein unbedeutendes Atom in der Grenzenlosigkeit des Weltraums, bestätigte schließlich Hoyles Vorhersage.

Da die Farbe ein allgemeines und vertrautes Phänomen ist, stellt sie eine Beziehung zwischen unerreichbaren Objekten und unserer gewohnten Umwelt her, macht sie sie gewissermaßen zugänglich. Ohne Farbe blieben die Bilder des Sonnensystems kalte Hightech-Produkte, so unattraktiv wie Computerausdrucke, erst die Farbe erweckt sie zu Leben. Die fernen Planeten und ihre Monde mögen fremdartig sein, doch nun, da wir sie in Farbe gesehen haben, sind sie wirklich geworden. Dem gleichen Wandlungsprozeß sind die Atome unterworfen, mit dem grundlegenden Unterschied, daß die Farben der Atome nicht natürlich, sondern künstlich sind.

Betrachten wir zur Veranschaulichung dieses entscheidenden Unterschieds die je andere Verwendungsweise der Farbe in der Astronomie und der Mathematik. Die Farben der astronomischen Bilder sind möglicherweise von den optischen Eigenschaften der Kameras und von dem komplizierten Vorgang ihrer elektronischen Übertragung zur Erde beeinflußt, doch im Prinzip sind sie keineswegs willkürlich. Sie sind von der Natur vorgegeben, und es ist die Aufgabe der Bildtechnik, Eichverfahren zu entwickeln, die unerwünschte chromatische Verzerrungen ausschließen. In der Mathematik dagegen ist alles künstlich, nichts wirklich. Trotzdem bewährt sich die Fähigkeit der Farbe, das Gefühl anzusprechen, selbst im Kontext dieser strengen Wissenschaft.

Ein eindrucksvolles Beispiel geben die Bildtafeln in der Mitte von James Gleicks populärwissenschaftlichem Buch ‹*Chaos*›. Es sind grafische Wiedergaben einer numerischen Beziehung, der sogenannten Mandelbrot-Menge. Wie die Wechselfälle des Aktienmarktes anschaulicher werden, wenn man sie grafisch darstellt, können wir die Mandelbrot-Menge, eine Sammlung spezieller Punkte der komplexen Zahlenebene, die in der Chaostheorie entsteht, besser verstehen, wenn sie farbig abgebildet wird. Ihre Bilder, mit nichts zu vergleichen, was man in der Kunst oder in der Natur bislang erblickt hat, verbinden kräftige Muster mit außerordentlich feinen Variationen der Details bis hinab zu den Grenzen, die der Wahrnehmungsfähigkeit des menschlichen Auges gesetzt sind.

Bemerkenswerterweise ist die Mandelbrot-Menge selbst ein rein numerisches Konzept, in dem die Farbe überhaupt keine Rolle spielt. Der Computer erhält die Anweisung, numerischen Zwischenwerten, die bei der Erzeugung jedes Musters entstehen, bestimmte Farben zuzuweisen und sie auf dem Bildschirm zu zeigen.

Jede Farbe repräsentiert lediglich die Geschwindigkeit, mit der der Rechenvorgang seiner endgültigen Lösung für einen bestimmten Fleck des Bildes zustrebt. Während die Formen der Bilder von der mathematischen Formel diktiert werden, die die Mandelbrot-Menge definiert, wurde die Wahl der Farben lediglich nach ästhetischen Gesichtspunkten getroffen. Da sie keine mathematische oder physikalische Bedeutung haben, bezeichnet man sie als Falschfarben. Sie folgen in diesem Falle den gleichen Kriterien, zu denen mich meine Frau bei der Auswahl von Krawatten anhält: Rosa und Grau passen zusammen, Blau und Grün auch, keinesfalls aber Rot und Rosa. Die Ergebnisse sprechen die Sinne ebenso an wie den mathematischen Verstand.

Obwohl Falschfarben nicht die Bedeutung von echten Farben haben, können sie uns bei unseren Verständnisprozessen und Entdeckungen helfen. Indem sie das Auge leiten, können sie bislang verborgene Muster aufdecken, und indem sie strukturelle Merkmale markieren, bieten sie dem Betrachter die Möglichkeit, ihnen durch komplexe Bildsequenzen zu folgen. Wie Gehirnchirurgen in der Computertomografie mit Falschfarben die Grenze zwischen gesundem und krankem Gewebe ermitteln, beginnen auch Physiker den Wert der Farbkodierung für ihre Arbeit zu erkennen.

Als Falschfarben in anderen Bereichen ihren Nutzen unter Beweis stellten, lag es nahe, auch die computergenerierten RTM-Bilder in Farbe wiederzugeben. Die Landschaft der Atome, deren Umrisse sich Anfang der achtziger Jahre zunächst in den schwarzen Strichmustern des ersten RTM von Binnig und Rohrer andeutete, läßt sich heute in den leuchtenden Farben betrachten, wie wir sie von den Bildern aus anderen Bereichen kennen.

Die Farbigkeit der Atombilder hat, so falsch sie auch ist, weitreichende Wirkung: Sie gibt den Atomen ein Element der Wirklichkeit zurück, das sie verloren hatten. Reale Gegenstände besitzen – mögen sie auch noch so langweilig sein – neben Form, Materialbeschaffenheit, Gewicht und Härte auch Farbe. Die Atome des Demokrit kann man sich farbig vorstellen, nicht aber das moderne

Atom, weil eine Funktion der Atommodelle darin besteht, die Farbe aus mechanischer Sicht zu erklären. Isaac Newton zeichnete diesen Weg vor, als er über die Teilchen spekulierte, von denen «die Farben der natürlichen Körper abhängen». Als Bohr später ein detailliertes Modell des Atoms entwickelte, verknüpfte man die Erzeugung farbigen Lichts mit Quantensprüngen der Elektronen in niedrigere Kreisbahnen. Damit wurden Atome im Ruhezustand zu farblosen Gespenstern. So beraubte man die Atome einer jener Eigenschaften, die unsere Sinne am unmittelbarsten ansprechen – der Farbe. Das Denken ist bemüht, sich das Bohrsche Atom in Bildern bar aller Farbe vorzustellen, und greift deshalb auf die Konventionen des Drucks zurück: Es gibt sie, wie die Anfangsszenen in ‹*The Wizard of the Oz*›, in Schwarzweiß wieder. Die Rückkehr der Farbe in die atomare Landschaft verleiht dieser eine falsche Aura der Realität.

Die Wissenschaftler, die RTM-Bilder herstellen, kolorieren sie nicht, um ihren emotionalen Reiz zu erhöhen oder um sie realer erscheinen zu lassen. Ein einfacher Zweck der Farbkodierung ist es, verschiedene Atomarten zu identifizieren. Wenn die Position oder andere Eigenschaften eindeutige Unterscheidungen zulassen, bekommt jedes Atom seine eigene Farbe. So wird beispielsweise auf einem 1987 entstandenen Mikrobild von der Oberfläche der Hightech-Verbindung Galliumarsenid das Arsen rot und das Gallium blau dargestellt. Theoretische Berechnungen hatten zu der Vorhersage geführt, daß die Atome in abwechselnden Reihen angeordnet sind (so wie Kekulé die Existenz der Benzolmoleküle vorausgesagt hatte), und das Mikrobild bestätigte die Vorhersage. Das Farbschema verleiht dem Bild visuelle Kontraste und sorgt dafür, daß es sich dem Betrachter besser einprägt. Es sieht wie ein Stapel roter und blauer Tannenbaumkugeln aus, die man nach der Weihnachtszeit sorgsam fortgeräumt hat. Ein anderes Bild, ein Jahr später aufgenommen, zeigt ein langes, gelbes DNA-Molekül, das sich wie ein scheußlicher Wurm auf einem kränklich-grünen Siliziumsubstrat schlängelt. (Wären die Farben besser aufeinander abgestimmt, könnte das Molekül auch an eine goldene Halskette auf einem Samtkissen erinnern.)

Eine aufschlußreiche und weniger auffällige Verwendung der Falschfarbe hat man aus der Kartografie übernommen. Moderne Karten geben Gebirgshöhen und Ozeantiefen durch feine Farbabstufungen wieder und nicht mehr durch die schwarzen Umrißlinien und Schraffierungen früherer Zeiten. Die gleiche Technik läßt sich auf die Wiedergabe von atomaren Landschaften anwenden. Beim Bild des Galliumarsenids geschah dies für jede Atomart gesondert. Jedes Gallium- oder Arsenidatom wird nach oben hin heller, als fiele Licht durch den Stapel, wodurch er ein greifbares dreidimensionales Aussehen gewinnt.

Es gibt noch eine dritte Methode zur Kolorierung von RTM-Bildern, die irgendwo zwischen den Methoden der echten und der falschen Farben angesiedelt ist. Sogar einem Elektronenbild kann man indirekt eine Art Farbe zuschreiben – analog zur Farbe in Fotografien mit normalem Licht. In der Physik ist die Farbe durch drei eng verwandte Größen gekennzeichnet: Wellenlänge, Frequenz und Energie. Vom roten Ende des Spektrums zum violetten hin nimmt die Wellenlänge ab, steigt die Frequenz und wächst auch die Energie, die über das Plancksche Gesetz zur Frequenz in Beziehung steht. So läßt sich jedes Photon austauschbar durch seine Farbe, Wellenlänge, Frequenz oder Energie charakterisieren – die Attribute, die zusammen die physiologischen, optischen und mechanischen Eigenschaften des Lichts definieren.

Im RTM wird die Energie der Tunnelelektronen durch die Spannung bestimmt, die man zwischen der Sonde und der Probe anlegt: Je höher die Spannung, desto energiereicher die Elektronen. Von dem Umstand ausgehend, daß auch Elektronen Wellen sind, haben Physiker die Terminologie zur Beschreibung des Lichtes übernommen und ein neues Konzept entwickelt, das man Elektrofarbe nennen könnte, obwohl Elektronenwellen für das menschliche Auge nicht sichtbar sind. Bilder, die bei unterschiedlichen Spannungen erzeugt werden, unterscheiden sich im Detail, weil einerseits höhere Energien es den Elektronen erlauben, tiefer in die Struktur der Probe einzudringen, aber andererseits die Verteilung der elektrischen Ladungen in der Probe auf Elektronen mit unterschiedlichen Energien in unterschiedlicher Weise einwirkt. Deshalb entsprechen RTM-Bilder, die bei unterschiedlichen Spannungen angefertigt werden, Bildern, die man mit verschiedenen Elektrofarben herstellt. Wenn man den Computer so programmiert, daß er jeder Spannung, jeder Elektrofarbe, eine andere Falschfarbe zuordnet, nutzt man die Analogie zwischen Licht und Elektronen optimal. Nachdem jedes Bild auf diese Weise unter einer bestimmten, durch die Spannung festgelegten Beleuchtung erzeugt und mit einer Falschfarbe ausgestattet worden ist, lassen sich verschiedene Bilder zu mehrfarbigen Wiedergaben kombinieren, wie eine Mischung aus Fotografien, die mit verschiedenen Farbfiltern aufgenommen worden sind. Auf diese Weise fängt man die Landschaft der Atome nicht durch Farbfotografie, sondern durch Elektrofarbmikrografie ein.

Welche Bedeutung auch immer das Elektrofarbverfahren oder die vom Computerprogrammierer ausgesuchten Falschfarben haben mögen – die Bilder der atomaren Landschaft sind wunderbar anzuschauen. In ihrer Schönheit und phantasieanregenden Wirkung können sie sich durchaus mit den Bildern aus dem Lande Oz, den Fotografien des Sonnensystems und den künstlichen Illustrationen des Chaos messen. Doch während diese Bilder imaginäre, unzugängliche beziehungsweise abstrakte Motive wiedergeben, ist die Landschaft der Atome real und uns wahrhaftig so nahe wie unsere Fingerspitzen. Es ist ein Gebiet, das seit Jahrtausenden intellektuell beschworen wird, aber für unsere Sinne bislang verboten war. Wie Dorothy im Lande Oz blicken wir jetzt staunend umher.

Hier erhebt sich ein komplexes organisches Molekül aus einer Graphitfläche wie der Mount Everest aus einer schneebedeckten Ebene: Die Täler liegen im Schatten, die Gipfel erglänzen in strahlendem, computergeneriertem Sonnenlicht. Es gibt Molekülreihen, die wie eine Phalanx blauer Ozeanwellen mit gelbweißen Schaumkronen aussehen, während die Täler zwischen den Wellenkämmen mit funkelndem Rotwein gefüllt zu sein scheinen. Das Mikrobild einer Siliziumoberfläche sieht auf den ersten Blick wie ein Haufen Blaubeeren aus, bis das Auge eine regelmäßige Anordnung höchst unblaubeerenhafter sechseckiger Ringe von jeweils sechs Atomen wahrnimmt. Das Bild von Klümpchen aus Goldatomen, die sich auf einer Oberfläche von anderer Beschaffenheit befinden, ist sinnigerweise goldgelb und orange koloriert. Wäre das Substrat nicht blau, könnte man das Bild für die Großaufnahme eines Streuselkuchens halten.

Manche Bilder sind weniger vertraut, rätselhafter. Eine Gruppe purpurfarbener Jodatome ist durch ein geometrisch vollkommenes Gitter von dunkelblauen Armen, sechs pro Atom, mit je sechs Nachbarn verbunden. Kekulé hätte vielleicht das Muster aus seinem ersten Traum wiedererkannt. Doch eines der Jodatome fehlt, und das Loch, wo es sich hätte befinden müssen, zeugt von einem Fehler während der Kristallbildung oder von der Kollision mit einem atomaren Geschoß. Nach dem vorgegebenen Farbschema sind die äußersten Vorwölbungen der Oberfläche grün, dann folgt Gelb und schließlich, an den tiefsten Punkten, Orange. Infolgedessen ist das Loch mit einem gelben Licht erfüllt, das aus einem unterirdischen, orangefarbenen Feuer aufsteigt, wodurch das Ganze einen etwas surrealistischen Anstrich bekommt. Einen eleganteren Anblick bieten sechs Xenonatome, die lässig an der Stufe einer Platinoberfläche lehnen. Sie scheinen zusammen mit der gestuften Oberfläche von einem glatten, platinfarbenen Seidentuch verhüllt zu sein, welches das Innere des Atoms vor neugierigen Blicken schützt. Weniger glatt, verschwommener ist ein Bild, das eine Schicht von Flüssigkristallmolekülen zeigt, wie sie in Taschenrechnern und Laptops verwendet werden: Zwei Sorten verschwommener Formen wechseln sich in Reihen von schreiendem Rot und Grün ab. Obwohl sie dem Auge weh tun, sehen sie so weich aus, daß man sie berühren möchte.

Und warum sollte man sie nicht berühren? Wenn die Vergrößerungstechnik unseren schwachen Augen Zugang zur Landschaft der Atome verschafft, warum soll man ihre Merkmale dann nicht so verstärken können, daß wir sie auch fühlen? An dieser Frage orientierte sich eine Arbeitsgruppe am Thomas J. Watson Research Center der IBM in Yorktown Heights, New York, wo schon viele Verbesserungen des RTM entwickelt worden sind.

Eine Maschine zu bauen, die Menschen befähigt, Atome zu fühlen, ist ein eindrucksvolles Vorhaben. Ein großes Molekül ist ungefähr eine millionmal kleiner als ein menschlicher Finger. Nun hört sich eine Million im Zeitalter des Gigantismus nicht besonders aufregend an, doch stellen wir uns eine Sonde vor, die eine millionmal *größer* als ein Finger ist: Sie wäre ungefähr acht Kilometer breit und vierzig Kilometer lang – ein gewaltiger Finger. Die IBM-Wissenschaftler hatten Erfolg auf dem umgekehrten Weg.

Sie nennen ihr Gerät magisches Handgelenk. Es besteht aus zwei elektrisch verbundenen Instrumenten – einem Robotermanipulator und einem konventionellen RTM. Wenn der Operator seine Finger auf den Manipulator legt, der aus einer sechseckigen Aluminiumschachtel von der Größe einer Teekanne besteht und sich auf einer runden Auflageplatte befindet, kann er ihn horizontal über Abstände von einigen Millimetern steuern. Diese Bewegung, elektronisch um einen Faktor von einer Million verringert, wird auf die RTM-Sonde übertragen, die daraufhin über die Oberfläche einer Probe gleitet. Gleichzeitig wird die vertikale Bewegung der Spitze, wenn sie auf die atomaren Hügel und Täler der Probenoberfläche trifft, um einen Faktor von einer Million verstärkt und an den Manipulator weitergegeben. Infolgedessen kann der Operator die Oberflächenunebenheiten der atomaren Landschaft mit den Fingerspitzen fühlen.

Die technischen Möglichkeiten, die das magische Handgelenk zu bieten verspricht, sind grenzenlos. Es läßt sich zu einem Gerät entwickeln, das einzelne Atome bewegen und manipulieren, chirurgische Eingriffe von bislang unvorstellbarer Feinheit vornehmen,

Konstruktionsmaterialien für alle nur erdenklichen Zwecke zusammenfügen und Computer sowie andere Geräte von kleinstmöglichen Ausmaßen bauen kann. Gegenwärtig steckt das magische Handgelenk noch in den Kinderschuhen und läßt seinen Operator nur Dinge fühlen, die mindestens die Ausmaße von Klumpen aus mehreren Atomen haben und sich auf einer glatten Fläche befinden. Doch die theoretische und psychologische Bedeutung des Gerätes ist so groß wie seine künftigen Nutzungsmöglichkeiten.

Das durch das magische Handgelenk ermöglichte Tasterlebnis ist die überzeugendste Form der Wirklichkeitsbestätigung. James Boswell, der Biograph von Dr. Samuel Johnson, schildert ein klassisches Beispiel für eine solche Bestätigung: «Draußen vor der Kirche standen wir eine Weile beieinander und sprachen von Bischof Berkeleys geistreichem, allzu geistreichem Versuch, die Dingwelt als nicht-wirklich zu erweisen, als nur in unserer Vorstellung vorhanden. Ich bemerkte, man sei zwar überzeugt, etwas an seiner Lehre stimme nicht, könne sie aber unmöglich widerlegen. Nie werde ich vergessen, wie flink Johnson antwortete, indem er mit dem Fuß kräftig gegen einen großen Stein trat, bis er selber dabei zurückprallte: ‹*So* widerlege ich das›, sagte er.»

Tatsächlich war der Bischof in seiner anschaulichen Demonstration von der Bedeutung des Wirklichen bereits einen Schritt über den guten Doktor hinausgegangen. In seiner Schrift ‹*Versuch einer neuen Theorie der Gesichtswahrnehmung*› unterschied er zwischen Objekten, die man durch Berührung «erkennen», und solchen, die man nur mit dem Auge entdecken kann, darunter auch jene Objekte, «die mit Hilfe eines guten Mikroskopes wahrgenommen werden». Ersteren räumte er widerwillig ein gewisses Maß an Realität ein, während er letztere für immateriell erklärte, da sie nur für «das Vergnügen am Sehen» taugten. Atome, die unter Raster-Tunnelmikroskopen sichtbar gemacht werden, hätten sich also Johnsons kraftvoller Verteidigung entzogen. Er hätte sie nicht mit dem Fuß anstoßen können, und Berkeley hätte triumphierend geltend machen können, daß sie bloße theoretische Konstrukte seien. Doch mit Hilfe des magischen Handgelenks können wir mit dem Finger gegen ein Goldatom schnipsen und Berkeley, Ernst Mach, dem alten Skeptiker, sowie allen anderen, die jemals die Atomlehre in Zweifel gezogen haben, entgegenhalten: «Atome sind real, und *so* beweisen wir es.»

Für Wissenschaftler sind Atome seit langem so real wie Dr. Johnsons Stein. Die neue Zugänglichkeit der atomaren Landschaft, die wir den Farbbildern und der Berührung mittels des magischen Handgelenks verdanken, wird sie auch für Nichtwissenschaftler real machen. Wir werden die Ausweitung unseres kollektiven Bewußtseins bis hinab zu einer Größenordnung erleben, die lange Zeit hindurch das ausschließliche Vorrecht der Philosophen und Physiker war.

Theorien und Formeln sind ausreichend für Menschen, die in abstraktem Denken geschult sind, während normale Menschen sehen und fühlen müssen, um zu verstehen. Einer der größten abstrakten Denker, der Philosoph Platon, bringt dies sehr anschaulich in dem Dialog ‹*Timaios*› zum Ausdruck, einer Schrift, die den jungen Heisenberg sehr beeinflußt hat, während er doch später keine Vorbilder mehr gelten ließ. In Hinblick auf die Bewegung der Planeten schrieb Platon: «Die Reigenbewegung aber von diesen selber [den Gottheiten] und ihre gegenseitigen Annäherungen und Begegnungen ... und welche von den Göttern bei den Vereinigungen einander nahe und wie viele einander gegenüber treten ... dies darzustellen ohne Anschauung von Abbildungen ... würde vergebliche Mühe sein.»

Der universelle Reiz von Flugzeug-, Eisenbahn- und Schiffsmodellen sowie die Beliebtheit moderner Planetarien beweisen, daß Platon recht hat. Visuelle Modelle lassen komplexe Systeme einfacher erscheinen und tragen zu einem vollständigeren Verständnis bei. Deshalb werden Bilder der atomaren Landschaft in der Lehre eine wichtige Rolle spielen und möglicherweise sogar das Bohrsche Atommodell als populäres Symbol verdrängen.

Wie es wissenschaftlichen Modellen gelingt, sich der Vorstellung von Nichtwissenschaftlern zu bemächtigen, hat mich stets interessiert. Deshalb war ich begeistert, als mir ein Freund vom Atommodell des Bildhauers Ken Snelson erzählte und mir anbot, mich mit dem Künstler in seinem New Yorker Atelier bekannt zu machen.

Snelsons Konstruktionen aus Rohren und Draht sind sehr bekannt; überall in der Welt begegnet man ihnen in Museen und auf öffentlichen Plätzen. Sie bestehen aus geraden rostfreien Stahlrohren von unterschiedlicher Länge, die durch straff gespannte Drähte zusammengehalten werden, so daß die Gebilde auf den ersten Blick wie normale Gerüste aussehen. Doch auf den zweiten Blick offenbart sich ein Wunder: Die Rohre berühren einander nicht. Sie erheben sich mit tänzerischer Anmut in den Himmel, eingehüllt in ein dünnes Spinnengewebe aus Drähten, und scheinen allen Gesetzen der Schwerkraft zu trotzen – indische Seiltricks mit modernsten Materialien, magisch, ausdrucksvoll und faszinierend.

Ich lernte Snelson in seinem Manhattaner Loft kennen. Inmitten eines Durcheinanders von Werkzeugmaschinen, Bücherregalen, einer enormen Computerkonsole in einer Ecke und Miniaturmodellen seiner gewaltigen Skulpturen, die jeden freien Fleck bedeckten, saßen wir an seinem Arbeitstisch und tranken Tee. Er ist von gedrungener, kräftiger Gestalt, mit den schwieligen Händen eines Arbeiters und einem offenen, ehrlichen Gesicht. Wenn man sein dichtes, dunkles Haar sieht, käme man nie auf den Gedanken, daß er schon über sechzig ist. Snelson erzählte mir, am meisten fasziniere ihn an seiner Arbeit, wie sich das Wechselspiel von Druck und Spannung, verkörpert in den Rohren und Drähten, zu einer Struktur anordnet. Strukturen faszinieren ihn. «Ich bin mir nicht sicher, ob ich wirklich ein Bildhauer bin», sagte er. «Mich interessiert der dreidimensionale Raum. Ich bin ein Strukturalist.»

Mit einem gründlichen analytischen Verstand begabt, begann er über die physikalischen Grundlagen jener Strukturen nachzudenken, die er mit soviel Geschick herstellte. Auf diese Weise gelangte er zu der, wie er sagte, letzten Frage des Strukturalisten, dem Problem der Atomstruktur. Nachdem er die strukturellen Grundelemente der makroskopischen Welt, in der wir leben, erkannt hatte, verspürte er den Wunsch, das gleiche auf der mikroskopischen Ebene der Atome zu leisten. «Wenn ich der Atomstruktur auf die Schliche kommen könnte», meinte er augenzwinkernd, «könnte ich das Universum bauen.»

Seit dreißig Jahren denkt Ken Snelson, der als Bildhauer inzwischen zu Weltruhm gelangt ist, über Atome nach. Da er kein Wissenschaftler ist und sich auch in der Mathematik nicht zu Hause fühlt, konnte er mit der Fachliteratur über die Quantenmechanik und ihren Erklärungen der Atomstruktur nichts anfangen, und die populärwissenschaftlichen Beschreibungen dieser Geheimlehre ließen ihn unbefriedigt. So kam er dazu, sein eigenes Atommodell zu erfinden, «mein Phantasieatom», wie er es nennt. Dahinter steckt der leidenschaftliche Wunsch des Künstlers, zu *sehen*, analog dem tiefen Bedürfnis des Wissenschaftlers, zu *erkennen*. «Den Geist verlangt es nach Bildern von allem», hat Snelson einmal geschrieben, «von Atomen nicht weniger als von Bäumen, Blumen und Tieren.»

Ihn treibt genau das gleiche Motiv wie Demokrit, Rutherford und Heisenberg: der Wunsch, die Materie auf ihrer fundamentalsten Ebene zu begreifen und in Erfahrung zu bringen, woraus die Welt besteht. Nur das Vorgehen ist unterschiedlich. Während Demokrit sich an die Philosophie hielt, Rutherford an das Experiment und Heisenberg an die mathematische Analyse, bedient sich Snelson der Kunst. Die Symbole der ersten drei Verfahren sind Wörter, Zahlen und Gleichungen, die des Snelsonschen Ansatzes visuelle Formen. Seine Werke nehmen eine Zeit vorweg, in der die Welt der Atome die Dichter, Maler und die breite Öffentlichkeit ebenso beschäftigen wird wie die Wissenschaftler.

Auf einem Regal im rückwärtigen Teil seines Ateliers bewahrt Snelson die primitiven Modelle auf, die er aus Holz, Metall, Glas, Plastik und Papier gefertigt hat, bevor er 1985 die Computergrafik entdeckte. Die Formbarkeit dieses neuen Mediums ermöglichte es ihm, zum ersten bedeutenden Künstler der atomaren Landschaft zu werden.

Snelsons Werke unterscheiden sich von den RTM-Bildern in erster Linie in ihrer Darstellung einzelner Atome. Auf den echten Mikrobildern scheinen die Atome stets bedeckt zu sein, wie viktorianische Badegäste, so daß kein Teil ihrer eigentlichen Anatomie zutage tritt. Solchen Einschränkungen sind Snelsons Atome nicht unterworfen. Mit der künstlerischen Freiheit, die ihm als Bildhauer zur Verfügung steht, hat er ein Schema entworfen, in dem die Atome wie durchscheinende Kugeln aussehen, deren Oberfläche mit bunten Ringen, den Elektronen, überzogen ist. Sieht man von Einzelheiten des Aufbaus ab, erinnern Snelsons Atome entfernt an einige der älteren Atommodelle, von denen sich die Physiker leiten ließen, bevor der Siegeszug der Quantenmechanik begann. Doch trotz ihres Mangels an wissenschaftlicher Legitimität befriedigen sie Snelsons Bedürfnis, die Atomstruktur visuell zum Ausdruck zu bringen.

1989 schuf Snelson eine Arbeit, die er «Kekulés Traum» nannte. Sie zeigt den Aufbau des Benzolrings nach den Regeln seines Atommodells. Die Moleküle sehen mechanisch und schmucklos aus, eine komplizierte Kette von Stahlringen, wie Zauberer sie auf der Bühne benutzen, nur daß sie nicht miteinander verknüpft sind. Auf mich wirkt das Bild wie eine Synthese aus Kekulés Vision und dem computergenerierten Mikrobild des RTM. Doch Snelson ist ein Künstler mit einer weitreichenden, fruchtbaren Vorstellungskraft, der mit dieser einen Arbeit nicht die Möglichkeiten erschöpft hatte, die in der Idee des Benzolrings schlummern.

Als ich ihn das letztemal im Herbst 1990 besuchte, führte er mich an seinen Computer und ließ mich einen Blick auf eine unvollendete Arbeit werfen. Er schaltete den überdimensionalen Bildschirm ein, und nach einem raschen Streifzug durch Menüs und Verzeichnisse explodierte der Schirm unter dem Ansturm einer ungeheuren Masse von ineinander verschlungenen grünen Geschöpfen. Schlangen waren es – geschmeidige, kräftige, gefährlich aussehende Tiere, glänzend und schuppig, wie die Illuminationen mittelalterlicher Handschriften. Mit Erstaunen bemerkte ich, daß sie sich in den eigenen Schwanz bissen.

So war Snelson, seinem künstlerischen Instinkt folgend, zu den Wurzeln der menschlichen Phantasie zurückgekehrt, dem gemeinsamen Ursprung von Wissenschaft und Kunst. Nach einem Ausflug in das Reich der Atome hatte er in den sicheren Hafen des Unterbewußtseins zurückgefunden. Doch irgendwie war dieses mythologische Bildnis dem Mikrobild des tatsächlichen Benzols, das man in Kalifornien aufgenommen hatte, ähnlicher als Snelsons früheres Modell. Zusammengerollte Schlangen versinnbildlichen das Wesen des Moleküls symbolisch, aber sie verweisen auch auf eine Eigenschaft wirklicher Moleküle, die den mechanischen Modellen fehlt – das Element des Geheimnisses. Sie erinnern uns daran, daß unter der Oberfläche der verwirrenden Atomlandschaft, welche die moderne Technik aufzeichnet, die Paradoxa der Quantenmechanik lauern wie Giftschlangen.

5 Atome in der Isolierung

An der Oberfläche sieht die Landschaft der Atome eigenartig vertraut aus. Atome und Moleküle sind so weit von unserer alltäglichen Erfahrung entfernt und ihre quantenmechanischen Beschreibungen der Alltagssprache so fremd, daß wir, wenn wir sie schließlich zu Gesicht bekommen, einen unwirklichen und verblüffenden Anblick, ein Rätsel wie das Schnabeltier erwarten. Doch statt dessen stoßen wir auf ein Tablett mit klumpigen Schmalzkringeln, einen Stapel roten und blauen Christbaumschmuck, einen abstoßenden Wurm, eine Phalanx blauer Meereswellen, ein Blaubeerenhäufchen, einen Streuselkuchen – vertraute, alltägliche Gegenstände. Das Reich der Atome scheint sich von der vertrauten Welt nicht zu unterscheiden, nur daß es auf eine unvorstellbar winzige Größenordnung reduziert ist. Überraschend ist, daß es nicht überraschend aussieht – so überraschend wie beispielsweise die Mandelbrotmenge oder die picklige Oberfläche des Jupitermondes. Atome sehen viel zu normal aus.

Das Verblüffendste an diesen Bildern ist ihre Kontinuität. Normale Gegenstände scheinen aus kontinuierlicher, bruchloser Materie zu bestehen, Atome dürften das nicht. Die logischen Schwierigkeiten, die in der Idee der Kontinuität liegen, wie etwa die Frage nach der Teilbarkeit fester Körper und der Mischung von Flüssigkeiten, veranlaßten Leukipp und Demokrit, eine neue und andere Wirklichkeit zu postulieren, eine atomare Wirklichkeit hinter der Fassade der Kontinuität. Doch heute, zweieinhalbtausend Jahre später, wo wir endlich die Ebene der Atome erreicht haben und eine neue Welt zu sehen erwarten, was finden wir? Nur ein Tablett mit Schmalzkringeln und einen Haufen Blaubeeren?

Die scheinbare Kontinuität der RTM-Bilder hat zwei grundlegende Ursachen. Erstens ist da das Problem der Auflösung. Die Nadelspitze der Rastersonde, und sei sie noch so fein, kann nicht kleiner als ein Atom sein. Das wiederum heißt, daß die Bilder, die sie liefert, in ihrer Schärfe begrenzt sind: Die Oberfläche einer Schallplatte fühlt sich glatt an, weil unsere Finger zu groß sind, um die Rillen wahrzunehmen, die unser Auge sehen kann. Mit dem technischen Fortschritt werden sicherlich schärfere Bilder möglich werden, doch eine unendlich spitze Nadel oder ein Bild mit unendlicher Auflösung kann es nicht geben. Nur in der Scheinwelt der Mathematik lassen sich Objekte in immer feinere Einzelheiten auflösen und ad infinitum unterteilen. Im Bereich der Atome wird man immer an einen Punkt gelangen, wo zwei separate Merkmale eines Objekts als ein einziges erscheinen, weil die Sonde zu plump ist, um sie als getrennt zu erkennen. Dies ist der entscheidende Unterschied zwischen Abbildungen der Mandelbrotmenge und der realen Welt.

Der zweite Grund für die scheinbare Kontinuität, die wir auf RTM-Bildern wahrnehmen, ist der Umstand, daß die Atome auf der Oberfläche eines Objekts in der Tat miteinander in Verbindung stehen. Die Bande, die sie zusammenhalten, und die Tücher, die sie zu bedecken scheinen, haben einen einfachen physikalischen Ursprung. In dichter Materie und auf Oberflächen stoßen benachbarte Atome zusammen, drängen sich aneinander und teilen sich die Elektronen. Ihre Elektronenwolken sind so miteinander verwoben, daß es auch prinzipiell nicht möglich ist zu entscheiden, welches Elektron zu welchem Atom gehört. Hinzu kommt, daß durch Metalle und andere Leiter Elektronen fließen, die frei durch die ganze Probe wandern können. Sie ergießen sich wie Ozeanwellen über die Oberfläche und verwischen die strukturellen Einzelheiten einzelner Atome.

Jedenfalls ist zum gegenwärtigen Zeitpunkt die kontinuierliche Oberfläche der Atomlandschaft für das RTM undurchdringlich. Der Elektronenmantel, der die atomaren Bausteine der Materie miteinander verbindet, verbirgt ihre fundamentale Körnigkeit. Mit dieser Erkenntnis wird klar, daß die Landschaft der Atome nicht in das Gebiet der Physik, sondern in das der Chemie fällt. Es ist die Aufgabe von Chemikern, die Struktur verschiedener Atomkombinationen zu untersuchen. Wie verbinden sich Kohlenstoff und Wasserstoff zu Benzol? Welche Form weist das DNA-Molekül auf? Wie sind die Bestandteile des Galliumarsenid angeordnet? Das sind chemische Fragen, die sich mit Hilfe des Rastermikroskops beantworten lassen. Doch physikalische Fragen, die die innere Struktur des Atoms selbst betreffen, verlangen einen anderen Ansatz.

Wenn Fotografien von Dünen keinen Aufschluß über die Beschaffenheit des Sandes geben, so läßt sich dieses Ziel vielleicht dadurch erreichen, daß man ein einzelnes Korn ins Licht hält und es isoliert von seinen unzähligen Geschwistern untersucht. Ist die Auflösung des RTM durch die atomare Wechselwirkung begrenzt, könnte es entsprechend nützlich sein, Atome zu isolieren und einzeln zu untersuchen. Leider hielt man das bis in jüngste Zeit für unmöglich.

Die Schwierigkeit, einzelne Atome einzufangen, galt sogar eher als Vorteil, weil man sich so auf bequeme Weise den Paradoxa der Quantenmechanik entziehen konnte. Angesichts solcher Rätsel wie verschmierter Wellenfunktionen, die den Ort punktartiger Teilchen angeben, gingen die Physiker davon aus, daß Wellenfunktionen einzelner Atome keine wirkliche Bedeutung hätten, und sahen die Situation analog zur Statistik. Die Wahrscheinlichkeit, bei einer großen Zahl von Versuchen mit einer Münze Kopf zu werfen, ist eine genau definierte, leicht zu messende Größe. Tatsächlich ist ihr Wert mit einer erstaunlichen Genauigkeit gleich einhalb. Doch auf einen einzelnen Wurf angewandt, sagt diese Wahrscheinlichkeit nichts voraus, erklärt nichts und läßt sich nicht messen – sie ist bedeutungslos.

Entsprechend, so brachte man vor, fehle es der Wellenfunktion für ein einzelnes Atom an konkreter Bedeutung, obwohl sie sich ausrechnen lasse: Für eine einzelne Beobachtung dieses Atoms sagt die Wellenfunktion nichts voraus. Der einzig sinnvolle Vergleich zwischen Theorie und Experiment ist probabilistischer Natur, das heißt, er ist auf die Beobachtung einer sehr großen Zahl von Atomen angewiesen – entweder gleichzeitig, wie beim Licht, das durch ein Glas voll Flüssigkeit fällt, oder nacheinander, wie in Youngs Doppelspalt-Experiment mit einer schwachen Quelle.

Der überzeugteste Vertreter dieser Auffassung war Erwin Schrödinger, wissenschaftlich der konservativste aller Baumeister der Quantenmechanik. 1952, als die Theorie bereits ausgereift und universell anerkannt war, veröffentlichte er einen Artikel im *British Journal for the Philosophy of Science* mit dem Titel «Are There Quantum Jumps?» Den Kursivdruck für die Hervorhebung ihm besonders am Herzen liegender Wörter benutzend, schrieb er: «*Nie* führen wir Experimente mit nur *einem* Elektron, Atom oder (kleinem) Molekül durch. In Gedankenexperimenten nehmen wir manchmal an, daß wir es tun; das führt unvermeidlich zu lächerlichen Konsequenzen.» Um die Szintillationen einzelner Alphateilchen im Spinthariskop und die erkennbaren Spuren einzelner Elektronen, Kerne und noch exotischerer Teilchen zu erklären, die von Fotoemulsionen aufgezeichnet werden, schrieb er: «Wir müssen fairerweise feststellen, daß wir *keine Experimente* mit einzelnen Teilchen durchführen, ebensowenig wie wir Ichthyosaurier im Zoo halten können. Wir untersuchen Aufzeichnungen von Ereignissen, lange nachdem sie geschehen sind... Niemals können wir das gleiche Ein-Teilchen-Ereignis unter kontrollierten veränderten Bedingungen wiederholen; und dies ist [normalerweise] das typische Vorgehen des Experimentalphysikers.»

In einer Zeit, als die Berufung auf Autoritäten einen hinreichenden Beweis für philosophische Behauptungen darstellte, hätte eine so kategorische Feststellung von seiten eines so namhaften Experten in einer so ehrwürdigen Zeitschrift, noch dazu mit so nachdrücklicher Kursivierung, die Streitfrage entschieden. Im Kontext moderner Wissenschaft wirkte Schrödingers Behauptung jedoch eher als Provokation denn als abschließendes Urteil. Nur vier Jahre nach der Veröffentlichung seines Artikels nahm der junge deutsche Physiker Hans Dehmelt, den die University of Washington in Seattle gerade eingestellt hatte, die Herausforderung an und begann mit der Suche nach isolierten Teilchen, für die ihm dreiunddreißig Jahre später der Nobelpreis verliehen wurde.

Beharrlichkeit ist Dehmelts hervorstechender Charakterzug. Heute ist er ein kleiner Gnom mit einem runden kahlen Kopf, winzigen Augen in einem zerknitterten Gesicht und zwei steilen Falten zwischen den Augenbrauen, die seinem Gesicht einen stets listigen Ausdruck verleihen. Als wolle er seine Unabhängigkeit von der gewöhnlichen Welt unter Beweis stellen, trägt er buschige weiße Koteletten bis hinab zu den Mundwinkeln, was ihn wie eine Figur von Dickens erscheinen läßt. Doch Hans Dehmelt hat keinerlei Pickwicksche Züge: Hinter dem kindlichen, naiven Lächeln verbirgt sich ein messerscharfer Verstand und eine rastlose Energie.

Dehmelts gesamte wissenschaftliche Laufbahn, die sich mit beachtlichem Erfolg nun schon über fast fünfzig Jahre erstreckt, stand unter dem Zeichen einer Idee von verblüffender Einfachheit. Nach seinen eigenen Worten ist dieses Konzept «ein einzelnes Atomteilchen, das auf Dauer bewegungslos im freien Raum schwebt». Dehmelt erinnert sich noch deutlich an den Ursprung dieser Idee. Als er in den vierziger Jahren Student an der Universität Göttingen war, hat sein Lehrer Professor Richard Becker einen Punkt auf die Tafel gemalt und erklärt: «Hier ist ein Elektron.» Dehmelt erinnerte sich an Heisenbergs Ermahnung, die Physik dürfe sich nicht mit unbeweisbaren Abstraktionen abgeben und müsse sich so weit wie möglich an experimentell meßbare oder zumindest beobachtbare Größen halten. Heisenberg hatte diesen philosophischen Grundsatz aus Einsteins Relativitätstheorie übernommen und war gut mit ihm gefahren. Für Dehmelt – und darin hätte auch Schrödinger ihm zugestimmt – bedeutete der einsame Punkt auf der Wandtafel eine abstrakte Fiktion, die niemals experimentell belegt worden war. Doch statt wie Schrödinger zu versuchen, ihn unter einer Lawine von statistischen Daten zu begraben, entschloß sich Dehmelt, die entgegengesetzte Richtung einzuschlagen. Er setzte sich das Ziel, dieses Elektron einzuschließen.

Der Ausdruck «ein einzelnes Atomteilchen, das auf Dauer bewegungslos im freien Raum schwebt» wurde mit Überlegung gewählt. Er bezeichnet ein mikroskopisches Teilchen, etwa ein Elektron, ein Atom, einen Kern oder irgendeinen anderen der vielen hundert Bewohner des Teilchenzoos. Würde man den gleichen Ausdruck auf makroskopische Objekte anwenden, käme man zum grundlegenden Ausgangspunkt der Mechanik, der näherungsweise durch eine Murmel auf einer reibungsfreien Fläche oder einen Stern im All verkörpert wird. Die Wörter «einzelnes» und «bewegungslos» dienen dazu, Dehmelts Konzept von Techniken zu unterscheiden, die mit Atomaggregaten zu tun haben – etwa bei der Rastermikroskopie und Verfahren, in denen Teilchenströme verwendet werden, wie zum Beispiel der Elektronenstrahl in J. J. Thompsons Vakuumröhre und der Alphateilchenstrahl in Ernest Rutherfords Versuchsanordnung. Die Formulierung «im freien Raum» schließlich trägt dem Umstand Rechnung, daß das Teilchen nicht durch Stöße mit vereinzelten Gasmolekülen, das Gedränge benachbarter Teilchen oder auch äußere Einflüsse wie das irdische Magnetfeld gestört wird. Wenn das Experiment nicht weit draußen im All durchgeführt wird, läßt sich der Einfluß des irdischen Gravitationsfeldes leider nicht umgehen, doch ist er in den meisten Fällen glücklicherweise irrelevant.

Dehmelts Bild ist eine leistungsfähige universelle Konzeption. Es gibt wieder, woran jeder Physiker denkt, wenn das Wort «Atom» fällt. Sowohl die Heisenbergsche wie die Schrödingersche Quantentheorie gilt diesem Objekt. Es gibt auch wieder, was die Propheten der Atomistik – Leukipp, Demokrit, Lukrez, Harriot, Newton, Bernoulli, Dalton und all die anderen – gedacht haben. Es ist der Punkt, der jeden Tag in jedem Physiklabor und jedem Klassenraum der Welt gedankenlos an die Wandtafel gemalt wird. Dieses Objekt müsse einfach existieren, dachte Dehmelt.

Das erste Teilchen, mit dem er sich beschäftigte, war das Elektron, und er wußte, daß es keine leichte Aufgabe sein würde, eines einzufangen. Das Elektron ist ein schwer zugängliches winziges Objekt mit einem Gewicht von 10^{-30} oder einem quintillionstel Kilogramm. Seine Ladung ist so winzig, daß 10^{19} oder 10 Milliarden Milliarden Elektronen erforderlich sind, um eine Hundert-Watt-Birne eine Sekunde lang zu betreiben. Ausmaße besitzt das Elektron überhaupt nicht: Es ist ein mathematischer Punkt. Diese Eigenschaften sind eine Herausforderung für die menschliche Vorstellungskraft. Wir brauchen einige Phantasie, bevor wir uns so weit an dieses Objekt gewöhnt haben, daß es zu einer soliden Tatsache geworden ist, auf die wir uns für unser weiteres Verständnis stützen können. Deshalb würde es uns sehr helfen, wenn wir eines von ihnen zähmen und ihm einen Platz in unserer alltäglichen Welt zuweisen könnten, um uns so davon zu überzeugen, daß es existiert.

1973, siebzehn Jahre, nachdem er diese Ideen zum erstenmal entwickelt hatte, war Dehmelt Erfolg beschieden. Der Artikel, in dem die Isolierung eines einzelnen Elektrons angezeigt wurde, erschien unter dem Namen von Dehmelt und zwei seiner Assistenten an der University of Washington: Philipp Ekstrom und David Wineland. Wineland, mein Gastgeber in Boulder, war also einer der Pioniere der Teilchenisolierung. Als ich ihn bat, mir etwas über seinen früheren Chef zu erzählen, antwortete er ausweichend. Dehmelts Selbstgefühl, so reimte ich mir zusammen, ist offenbar ebenso ausgeprägt wie seine Beharrlichkeit.

Das Gerät, in dem Dehmelt ein Elektron einfing, wurde erstmals 1936 von dem holländischen Physiker Frans Michel Penning entwickelt, um elektrische Ströme für Radioröhren einzuschließen, und wurde später zu einem außerordentlich empfindlichen Instrument für die Manipulation individueller Teilchen modifiziert. Die Penning-Falle ist eine kleine Schachtel aus Kupfer und Glas – kleiner als eine Glühbirne –, die ein Elektron in einem Vakuum zwischen zwei negativ geladenen Platten einschließt. Ein Magnetfeld, das die Platten umgibt, lenkt die Bahn des Elektrons ab und hindert das Teilchen auf diese Weise daran, zur Seite hin zu entweichen und mit einer Wand zu kollidieren, was dazu führen würde, daß es unwiederbringlich verlorenginge. (Der Magnet ist stärker als jener, den J.J. Thomson vor vielen Jahren benutzte, deshalb krümmt sich die Bahn des Elektrons so stark, daß sie in sich geschlossen ist.) Von der einen Platte nach oben abgestoßen, dann von der anderen nach unten, kreist das Elektron endlos in der Schachtel wie ein auf und ab wippendes Karussellpferd.

Ein einzelnes Elektron zum erstenmal in eine Penning-Falle einzuschließen war keine einfache Sache. Nahe dem Mittelpunkt der Schachtel hatten Dehmelt und sein Team eine negativ geladene Metallspitze angebracht – einen Miniblitzableiter, der Elektronen versprühte wie eine sprudelnde Quelle. Sie konnten die eingeschlossenen Teilchen nicht sehen, waren aber in der Lage, ihre Bewegung zu registrieren, indem sie die von ihnen emittierten Radiowellen aufzeichneten. (Immer wenn Elektronen schwingen, egal ob in der Sendeantenne einer Radiostation oder in einer Penning-Falle, strahlen sie.) Durch sorgfältige Justierung der Skalen, die die Ladung der Platten und die Stärke des umgebenden Magnetfeldes regulierten, sorgten die Physiker dafür, daß die Elektronen einzeln entwichen, bis nur noch eines zurückblieb. Das erforderte ein hohes Maß an Geschicklichkeit und Konzentration, etwa wie beim Spiel an einem Flipperautomaten, doch schließlich hatten sie es: ein einzelnes, isoliertes Elektron, das sie beobachten und zum Ausgangspunkt theoretischer Überlegungen machen konnten.

Eines der eingefangenen Elektronen blieb zehn Monate in dem Behälter, bevor es versehentlich mit einer Wand kollidierte und in einem Meer von Kupferatomen unterging. Dadurch, daß Dehmelts Gruppe dieses Teilchen ausgesondert und fast ein Jahr lang geduldig beobachtet hatte, war es ihr gelungen, es zu zähmen. Der Fuchs erklärt Saint-Exupérys kleinem Prinzen: «Ich bin für dich nur ein Fuchs, der hunderttausend Füchsen gleicht. Aber wenn du mich zähmst... werde ich für dich einzig sein in der Welt.» Natürlich war objektiv nichts Einzigartiges an dem Seattle-Elektron, doch genau diese Gleichheit macht das Zähmen zu einem so nützlichen Vorgang. Das Gefühl der Vertrautheit, das die Forscher in Seattle für das bei ihnen zu Gast weilende Elektron entwickelten, half ihnen, das Verhalten aller Elektronen zu verstehen. Daß sie tatsächlich eine gefühlsmäßige Bindung empfanden, die aus der Zähmung der von ihnen eingefangenen Teilchen erwuchs, zeigt sich darin, daß sie einigen von ihnen Spitznamen gaben. Ein Positron – also ein positives Pendant des Elektrons –, das 1987 mehr als drei Monate in seiner Falle blieb, nannten sie Priscilla, und als es ihnen 1980 erstmals gelang, ein Farbbild von einem Atom anzufertigen – es war ein blaues Bariumatom –, tauften sie es auf den Namen Astrid.

Der wissenschaftliche Nutzen von Dehmelts schwierigen Experimenten zur Elektronenisolierung ist beeindruckend. Beispielsweise ließ sich der Magnetismus des Elektrons mit einer Genauigkeit von vier Teilen pro Billion messen – tausendmal genauer als in früheren Schätzungen, vor allem, weil der störende Einfluß benachbarter Teilchen eliminiert war. Mindestens ebenso wichtig jedoch ist die Art und Weise, wie die Experimente uns vor Augen führen, daß Elektronen nicht nur bequeme mathematische Konstrukte sind, sondern im Gegensatz zur Überzeugung von Schrödinger und Heisenberg auch reale, dauerhafte Objekte, die man wie Sandkörner am Strand aussondern und untersuchen kann.

Alle früheren Experimente mit Elektronen erfaßten entweder große Mengen von ihnen oder erbrachten nur indirekte Ergebnisse. Beispielsweise entdeckte J. J. Thomson das Elektron, als er einen dünnen Streifen Strahlung im Vakuum einer Glasröhre beobachtete – was etwa so ist, als untersuchte man Wassermoleküle, indem man den Strahl aus einem Schlauch betrachtet. Die Abbildung einzelner Elektronenspuren in Fotoemulsionen andererseits hat Schrödinger mit den fossilen Überresten von Ichthyosauriern verglichen.

Ein Elektron in einer Penning-Falle ist eine ganz andere Sache. Obwohl man es nicht wirklich sehen kann, verleiht ihm die Beharrlichkeit seines Signals viele Monate hindurch einen höchst überzeugenden Aspekt der Existenz, den der Dauer. Hans Dehmelt weiß, daß sich das Elektron, das er am Abend zuvor in seinem Käfig aus Glas und Metall zurückgelassen hat, dort auch noch am Morgen befindet. Mit der äußersten Gewißheit, die aus einem instinktiven Verständnis stammt, kann er sogar dem großen Schrödinger widersprechen, der schrieb: «Daß die Einzelpartikel kein wohlabgegrenztes Dauerwesen von feststellbarer Identität oder Dasselbigkeit ist, wird... wohl von den meisten Theoretikern zugegeben.»

Nachdem Dehmelt und seine Gruppe das Elektron gezähmt hatten, faßten sie sogleich das Atom selbst ins Auge. Der Apparat, den sie zu diesem Zweck wählten, unterscheidet sich ein wenig von der Penning-Falle. Anstelle eines magnetischen Feldes verwendet er ein schwingendes elektrisches Feld, um das geladene Teilchen an der Berührung der Wände zu hindern. Dieses Gerät hat Wolfgang Paul von der Universität Bonn erfunden und dafür 1989 zusammen mit Dehmelt den Nobelpreis erhalten. (Vierzig Jahre zuvor hatten die beiden Männer gemeinsam in Göttingen gearbeitet, doch ihre Wege hatten sich getrennt, als Dehmelt in die Vereinigten Staaten emigriert war. In der Zwischenzeit ist Paul zu einem der großen alten Männer der deutschen Nachkriegsphysik geworden – so freundlich als Vorgesetzter, daß er in seinen letzten Veröffentlichungen voller Stolz seine beiden Söhne als Mitarbeiter aufführen kann.) Dehmelt verkleinerte Pauls Falle und entwickelte sie zu jenem ringförmigen Gerät, das ich in Boulder gesehen habe. Es paßt bequem auf die Inschrift eines Pennys und ist ungefähr tausendmal kleiner als die Penning-Falle.

Technisch gesehen war das Vorhaben, Atome in einer solchen Falle einzuschließen, so kühn, daß, wie Dehmelt berichtet, die Vertreter einer amerikanischen Behörde, die seine Forschungsarbeiten viele Jahre hindurch finanziert hatten, seine Behauptung nicht glauben mochten und ihm die Mittel strichen. *Non compos mentis* – nicht bei klarem Verstand – hätte, so Dehmelt, ihr Urteil gelautet, wobei zu bezweifeln ist, daß sie diesen Ausdruck tatsächlich benutzt haben. Dafür bot ihm die Universität Heidelberg eine Gastprofessur und Forschungsmittel an, mit dem Ergebnis, daß ihm dort 1979 zusammen mit drei Mitarbeitern die erste Fotografie eines einzelnen Atoms gelang. Ein Jahr später wurde das geladene Bariumatom Astrid in Seattle in Farbe fotografiert.

Im Gegensatz zum Quecksilberatom, das ich in Boulder sah und das unsichtbares ultraviolettes Licht emittierte, erstrahlte Astrid in sichtbarem Licht, in echter Farbe. Ihr Bild ist so oft in Büchern und Zeitschriften abgedruckt worden, daß sie unter den Atomen wahrscheinlich das berühmteste Fotomodell ist. Ich hoffe, daß Primo Levi, der italienische Chemiker und Schriftsteller, noch Gelegenheit hatte, ihr Bild zu sehen, bevor er starb. Im letzten Kapitel seines Buches ‹*Das periodische System*› beschreibt er die turbulente Geschichte eines Kohlenstoffatoms auf der Reise von seinem Ausgangspunkt in einer Sandsteinklippe bis zu einer Zelle in des Autors Gehirn. Doch bevor Levi die Geschichte beginnen läßt, fragt er nachdenklich: «Kann man überhaupt von ‹einem bestimmten› Kohlenstoffatom sprechen? Für den Chemiker bestehen da gewisse Zweifel, denn bis heute (1970) ist kein Verfahren bekannt, mit dessen Hilfe man ein einzelnes Atom sichtbar machen oder zumindest isolieren könnte; keine Zweifel indes bestehen für den Erzähler, der sich darum zu erzählen anschickt.» Levi, der Erzähler, hatte – wie Friedrich Kekulé und Ernest Rutherford vor ihm – nicht die geringsten Schwierigkeiten, Atome vor seinem geistigen Auge zu erblicken. Die Zweifel von Levi, dem Chemiker, wären von Astrids Bild zerstreut worden.

Astrid ist winzig, ein blasser blauer Fleck auf einem riesigen pechschwarzen Feld, ähnlich der Erde auf der letzten *Voyager*-Aufnahme. Astrids Bild ist so klein, daß es auf groben Reproduktionen überhaupt nicht zu sehen ist. So präsentiert ein 1987 erschienener zusammenfassender Artikel von Dehmelt in den Protokollen einer wissenschaftlichen Tagung in Stockholm ein geheimnisvolles Bild namens Astrid, auf dem absolut nichts zu sehen ist. Auch Atome können scheu sein.

Das Bild eines eingeschlossenen Atoms ist seiner Natur nach etwas ganz anderes als das Bild eines Atoms unter dem RTM. Letzteres wird «sichtbar», wenn Tunnelelektronen durch die äußere Fläche seiner Schale dringen und als Strom aufgezeichnet werden, mit dessen Hilfe dann eine computergenerierte Reproduktion des Atoms angefertigt wird. Astrid dagegen absorbiert und emittiert tatsächlich blaues Licht in Form von Photonen, die das menschliche Auge sehen kann.

Im begrifflichen Rahmen des alten Bohrschen Modells läßt sich der Prozeß wie folgt erklären: Eines der Intervalle zwischen zwei der vielen Energieniveaus des Bariums entspricht der Energie eines blauen Photons von einem Laser. Wenn ein solches Photon auf das Atom trifft, wird es absorbiert, und das Elektron wird auf das höhere der beiden Niveaus befördert, wo es jedoch nicht lange bleibt. Fast augenblicklich kehrt es auf das niedrigere Niveau zurück, wobei es seinerseits ein blaues Photon abstrahlt, das sich in beliebiger Richtung entfernen kann. Entsprechend wurde Astrid zu einer leuchtenden Kugel, als sie von einem gebündelten Laserstrahl getroffen wurde. Auf diese Weise absorbierte und emittierte Astrid pro Sekunde mehrere hundert Millionen blaue Photonen, von denen einige zehntausend die Kamera erreichten. Wenn man bedenkt, daß ein Elektron für jedes Photon, das absorbiert und wieder abgestrahlt wird, erst nach oben und dann wieder nach unten springen muß, so ist Astrid offensichtlich nicht die ruhige, gelassene Kugel gewesen, die sie zu sein schien, sondern eine hektische, dynamische kleine Lady, die wie ein wirbelnder Derwisch mit Photonen um sich warf.

Farbfotos und Falschfarben-Mikrobilder von Atomen unterscheiden sich voneinander wie der Schnappschuß eines Gesichts von dem Eindruck, den man von diesem Gesicht gewinnt, wenn man seine Züge mit den Fingerspitzen abtastet. Doch genauso, wie wir das Vorstellungsbild von einem Freund aus allen verfügbaren Hinweisen zusammenfügen, versuchen wir auch, verschiedene Ansichten des Atoms zu einem vernünftigen Modell zu kombinieren. Erschwert wird die Aufgabe durch den Umstand, daß die Quantentheorie, die alle Messungen und Beobachtungen im atomaren Bereich erklärt, nicht in der Alltagssprache geschrieben ist. Am Ende müssen wir immer versuchen, mit ihren intuitiv so schwer faßbaren Aussagen zurechtzukommen.

Ein wichtiges Konzept der Quantentheorie, das dem Auge verborgen bleibt, habe ich schon benutzt, um Astrid zu beschreiben: den Begriff des Quantensprungs. Natürlich ist dieser Terminus der alten Bohrschen Theorie und ihrem Planetenmodell des Atoms entliehen – die Wellengleichung hat nichts mit ihm zu tun. Die bizarre Sprache, mit der Schrödinger beschrieben hätte, was im Innern von Astrid geschah, unterscheidet sich grundlegend von der Bohrschen Terminologie. Statt zu sagen, ein Elektron befinde sich zu einem gegebenen Zeitpunkt auf einem bestimmten Energieniveau und springe von einem Niveau zum anderen, hätte Schrödinger behauptet, es befinde sich auf beiden gleichzeitig. Das ist immer wieder das entscheidende Geheimnis der Quantenmechanik, das unerklärliche Faktum, daß ein Elektron durch zwei Löcher in einem Schirm gelangen oder sich gleichzeitig auf zwei Bahnen um einen Kern bewegen kann.

Wenn sich das Atom in diesem schizophrenen Zustand befindet, ist es in der Lage, ein Photon mit einer Energie zu absorbieren, die gleich dem Unterschied zwischen den beiden Energieniveaus ist. Nachdem es ein solches Photon absorbiert hat, kann es ein anderes, identisches emittieren – während es die ganze Zeit über in seiner ambivalenten Verfassung bleibt. Schrödinger verstand die Lichtstreuung durch ein Atom nicht als sprunghaften, mechanischen Prozeß, sondern als ein eher harmonisches Phänomen, eine Resonanz – wie das Mitklingen des eingestrichenen C auf einem Klavier, wenn man diesen Ton auf einer Flöte in der Nähe spielt.

Solcher Art war die Sprache, die Schrödinger gefiel; Quantensprünge verabscheute er. «Wenn es doch bei dieser verdammten Quantenspringerei bleiben soll», murrte er, «so bedaure ich, mich überhaupt jemals mit der Quantentheorie abgegeben zu haben.»

Und doch gibt es Quantensprünge. Ich habe sie mit eigenen Augen in Boulder gesehen. Als ich das Quecksilberatom beobachtete, ging es plötzlich aus, weigerte sich einen Moment lang, mit dem ultravioletten Licht mitzuschwingen, von dem es weiterhin bestrahlt wurde. David Wineland erklärte diesen Vorgang so, daß das Elektron einen Quantensprung in einen nicht-aufnahmefähigen Zustand ausgeführt habe, in dem es keine Photonen absorbieren oder emittieren könne – deshalb sei das Atom dunkel geworden. Wie läßt sich dieses einleuchtende Szenario mit Schrödingers leidenschaftlicher Leugnung der Quantensprünge in Einklang bringen?

Die Antwort auf diese Frage lautet: Beide haben recht, Schrödinger und Wineland, nur sprechen sie von verschiedenen Dingen. Solange ein Atom sich selbst überlassen ist, unbeobachtet von irgend jemand, entwickelt sich seine Wellenfunktion nach den Regeln der Quantenmechanik. Bei der Beschreibung eines solchen Atoms ist es nicht nur schief, von Quantensprüngen zu reden, sondern schlicht falsch. Das Atom ist wie eine Welle, die ein in einen stillen Teich geworfener Stein erzeugt.

Doch jedesmal, wenn man den Zustand des Atoms mißt, verändert sich die Beschreibung. Immer wenn man ein Elektron dabei ertappt, wie es ein bestimmtes Loch in einem Schirm passiert oder eine bestimmte Kreisbahn in einem Atom einnimmt, ist Schrödingers Wellengleichung nicht mehr gültig. Der Akt des Messens hebt die Wellenfunktion auf. Das leuchtet auch ein, wenn man bedenkt, daß die Wellenfunktion tatsächlich ein Wahrscheinlichkeitsmaß ist. Die Beobachtung oder Messung verträgt sich nicht mit dem Wahrscheinlichkeitsbegriff und damit auch nicht mit der Wellenfunktion des Atoms.

Trotz der Kontroverse, die es seit 1926 bezüglich des Meßaktes gibt, versteht ihn niemand. Der einzige Punkt, in dem sich hier alle einig sind, ist die Tatsache, daß die Wellenfunktion nicht für Messungen gelten kann. Diesem Umstand verdanken es die Quantensprünge, daß sie in die Debatte zurückkehren konnten. Nehmen wir an, Sie nehmen wiederholte Messungen eines einzelnen Atoms vor und erhalten stets das gleiche Ergebnis. Dann kommt es zwischen zwei aufeinanderfolgenden Messungen plötzlich zu einer spontanen inneren Umordnung, und die nächste Messung registriert die Veränderung. Das ist in modernem Sprachgebrauch ein Quantensprung. Schrödinger hätte gegen diese Formulierung nichts einzuwenden gehabt, weil hier eine Folge ständig wiederholter Messungen seine wunderbare Wellengleichung bedeutungslos macht.

1986 veröffentlichten Hans Dehmelt und seine Kollegen von der University of Washington einen Artikel, in dem sie die Beobachtung von Quantensprüngen in einem Bariumatom bekanntgaben. Fast zur gleichen Zeit berichteten sein früherer Mitarbeiter David Wineland und dessen Arbeitsgruppe am National Institute of Standards and Technology in Boulder von den Ergebnissen, die sie bei der Beobachtung des gleichen Phänomens an einem Quecksilberatom erzielt hatten. Dreiundsiebzig Jahre waren vergangen, seit Bohr seine Theorie zum erstenmal dargelegt hatte. Zwar mußte man die Definition eines Quantensprunges modifizieren, doch war es hier schließlich gelungen, einen weiteren Grundpfeiler der theoretischen Physik experimentell zu beobachten, eine weitere Vorhersage zu bestätigen. Die Erfahrung ist sicherlich dazu angetan, uns bescheiden zu machen, aber sie stimmt auch hoffnungsvoll: Wenn wir geduldig sind, werden wir es vielleicht eines Tages doch noch schaffen, die Quantenmechanik in den Griff zu bekommen.

Ein weiterer Schritt zum Verständnis der Quantensprünge wurde in Deutschland getan. Das Blinken eines Bariumatoms wie Astrid ist langsamer als das eines Quecksilberatoms: Das Bariumatom verdunkelt sich nur ein- oder zweimal pro Minute statt mehrere Male in der Sekunde, und die Dunkelheit hält jeweils viele

Sekunden an. Der dem Blinken zugrundeliegende Mechanismus ist in beiden Fällen der gleiche, nur die Umordnungen der Energieniveaus, die an den Quantensprüngen beteiligt sind, unterscheiden sich in ihren Einzelheiten. Peter Toschek von der Universität Hamburg, einer der Wissenschaftler, die Dehmelt geholfen hatten, 1979 das erste Foto eines Bariumatoms aufzunehmen, entdeckte gleichzeitig mit Dehmelt und Wineland Quantensprünge und ließ sich ein sinnreiches Verfahren einfallen, sie zu untersuchen. Immer wenn sein Bariumatom dunkel wurde, feuerte er auf dieses Ziel einen Strahl gelben Laserlichts ab, der über einen Umweg von raschen inneren Umordnungen den ursprünglichen aufnahmefähigen Zustand wiederherstellte, und sofort tauchte das blaue Licht wieder auf. Auf diese Weise verkürzte er die Dunkelzeiten nach Belieben und war sogar in der Lage, sie ganz zu eliminieren.

Technisch gesehen liegt das Wunder dieser Experimente in den Zahlenverhältnissen. Ein einziges Photon des gelben Lichtes, das vom Atom absorbiert wird, genügt, um eine Flut von vielen Hundertmillionen blauer Photonen pro Sekunde auszulösen. Techniker nennen diesen Prozeß Verstärkung und träumen davon, Geräte zu konstruieren, die von so ergiebigen Verstärkungsprozessen wie diesem, der sich auf einen Faktor von mehreren Hundertmillionen beläuft, Gebrauch machen. So könnte ein Detektor für schwaches gelbes Sternenlicht, der nach diesem Prinzip konstruiert ist, die Intensität der von ihm empfangenen Bilder um einen solchen Faktor verstärken und auf diese Weise die Astronomie revolutionieren. Doch das ist Zukunftsmusik. Wissenschaftlich liegt der Wert des Experiments darin, daß es die quantenmechanischen Berechnungen bestätigt und beweist, daß Quantensprünge real sind.

Die neuerworbene Fähigkeit, in die inneren Mechanismen eines Atoms einzugreifen, einen Zustand durch einen anderen zu ersetzen und Quantensprünge nach Belieben auszulösen, wird alle Bereiche der Wissenschaft nachhaltig beeinflussen. Ein Gebiet, auf dem dies ganz sicher geschehen wird, ist die Zeitmessung.

Als ich David Wineland in der Time and Frequency Division des National Institute of Standards and Technology besuchte, erklärte er mir, gerechtfertigt sei seine Arbeit letztlich dadurch, daß sie der Suche nach der vollkommenen Uhr gelte. Nach seinem Verständnis ist als Uhr jeder Mechanismus anzusehen, der seine Bewegung in regelmäßigem Rhythmus wiederholt, und ein eingeschlossenes Atom ist ein solcher Mechanismus. In der Vergangenheit hat man die Zeit auf vielerlei Art gemessen: durch den Pulsschlag des Menschen, die Tropfen aus einem Wasserhahn, das Schwingen eines Pendels, die Rotation und die Umläufe der Erde, die Bewegung unseres Mondes und der Jupitermonde, die Schwingung von Kristallen wie dem Quarz und durch zahllose andere sich regelmäßig wiederholende Erscheinungen. Eingeschlossene Atome könnten für Uhren von unübertrefflicher Genauigkeit verwendet werden.

Gegenwärtig messen die besten Atomuhren die Zeit, indem sie die periodischen Schwingungen von Atomen in einem Strom registrieren, der sich in rascher Bewegung befindet. Während sich die Atome durch eine Vakuumröhre von mehreren Dezimetern Länge hindurchbewegen, emittieren und absorbieren sie Strahlung mit einer festliegenden charakteristischen Frequenz, die der Uhr als Puls dient. Doch die Schlangenlinien, die die einzelnen Teilchen innerhalb des Stroms beschreiben, beeinträchtigen die Regelmäßigkeit ihres Signals. Genau diesen Mangel versuchte Dehmelt abzustellen, als er seine Zielvorstellung formulierte: «ein einzelnes Atom, das auf Dauer bewegungslos im freien Raum schwebt». Eine Uhr, die sich nach einem einzelnen Atom in einer Falle richtet, verspricht eine Verbesserung der Genauigkeit gegenüber existierenden Geräten um einen Faktor von mindestens eintausend oder mehr.

Viele wissenschaftliche Arbeitsgruppen in staatlichen Instituten, Universitäten und Forschungszentren der Industrie überall in der Welt arbeiten gegenwärtig an Projekten zur Konstruktion besserer Uhren, aber sie wissen sehr wohl, daß es noch ein weiter, beschwerlicher Weg bis dorthin ist. Am Ende wird die Uhr, nach der sich die Welt richtet, wahrscheinlich ein Atom mit einem offiziell abgesegneten Spitznamen sein, das man im goldenen Käfig hält, aber bis dahin werden noch Jahre vergehen.

Es steht fest, daß Hans Dehmelts Atom, das bewegungslos im freien Raum schwebt, in Zukunft vielfältige technische Anwendungen finden wird, aber noch wichtiger ist der Umstand, daß sich in ihm der entscheidende Traum der Atomtheorie verwirklicht. Solange man sich das Atom als Miniatursandkorn vorstellte, als ein Objekt mit einer scharf umrissenen Grenze, an der es auf die Leere des umgebenden Raums trifft, blieb der Traum lebendig. Doch in den zwanziger Jahren führte die Quantenmechanik zu einer Auflösung des Atoms, die diese Trennungslinie zunehmend verwischte. Die Elektronenschale verlor ihre Greifbarkeit und nahm einen geisterhaften Charakter an, eine Zwitterexistenz zwischen Sein und Nichts. Gleichzeitig haben die Fortschritte auf dem Gebiet der Quantenmechanik das Konzept des Vakuums, des absolut leeren Raums jenseits der äußeren Ränder des Atoms, aus bloßer Leere in etwas Rätselhafteres verwandelt. Deshalb gehört zu einem wirklichkeitsgetreuen Porträt des isolierten Atoms auch eine genaue Beschreibung des Hintergrundes, der quantenmechanischen Konzeption des freien Raums, des Vakuums.

7 Atome und das Leere

Das Universum besteht zum größten Teil aus Vakuum; die wenigen Materieklümpchen, die in dieser ungeheuren Leere schweben, sind kaum der Rede wert. In den ungeheuren Regionen des Alls zwischen den Galaxien konnten die Astronomen nicht die geringste Materie entdecken. Sie räumen ein, daß es welche geben könnte, die ihrer Aufmerksamkeit entgangen ist, vermuten aber, daß man, suchte man in einem Volumen so groß wie ein Riesenstadion, nicht mehr fände als ein einziges Atom.

In unserer unmittelbaren Umgebung, die mit festen, flüssigen und gasförmigen Körpern angefüllt ist, herrscht kein wesentlich größeres Gedränge. Die Großaufnahme eines Atoms würde zeigen, daß der Kern, der 99,9 Prozent des Atomgewichts ausmacht, im Mittelpunkt schwebt wie eine Schrotkugel, die man in einem Fußballstadion aufgehängt hat. Der Rest ist leerer Raum, abgesehen von ein paar Elektronen, die wie geisterhafte Wolken aus dünnem Dampf durch das Stadion wehen. Unsere Welt und wir sind aus ziemlich immateriellem Stoff gemacht. So gesehen ist es überraschend, wieviel Gedanken und Energie, von Geld ganz zu schweigen, Wissenschaftler in den Versuch investieren, das Geheimnis der Materie zu enträtseln. Sollten sie sich nicht vielmehr mit der Beschaffenheit des Vakuums beschäftigen, das mit Abstand der Hauptbestandteil des Universums ist? Sollten sie nicht besser über das Nichts nachdenken?

Einige haben tatsächlich genau dies getan und sind dabei zu verblüffenden Ergebnissen gelangt. Im Vakuum geht es weit lebhafter zu, als es den Anschein hat. Die moderne Physik steht kurz vor dem Nachweis, daß das Vakuum nicht nur ein passives Stadium ist, sondern ein aktiver Teilnehmer an den Prozessen der materiellen Welt. So paradox es klingt, das Vakuum steht in Wechselwirkung mit Atomen und könnte eines Tages sogar zu einem funktionalen Teil von Hightech-Geräten, zum Beispiel Lasern, werden. Es enthält keine Materie, steckt aber voller Überraschungen.

Im Gegensatz zur Existenz der Materie, die nicht in Frage gestellt werden kann, ist die Existenz des Vakuums seit dem klassischen Altertum ein Gegenstand von Kontroversen gewesen. Ursprünglich war das Vakuum als wesentlicher Teil der Atomtheorie eingeführt worden: «Der gebräuchlichen Redeweise nach gibt es Farbe, Süßes, Bitteres, in Wahrheit aber nur Atome und Leeres», erklärte Demokrit.

Das Vakuum des Demokrit war ein hypothetisches Konzept, das erforderlich war, um der Welt, wie wir sie wahrnehmen, Sinn zu verleihen. Wenn Materie wirklich das ungebrochene Kontinuum wäre, das wir wahrzunehmen scheinen, wie könnte dann beispielsweise ein Fisch Raum finden, um vorwärts zu schwimmen? Oder warum scheint ein Tropfen Milch, der sich im Wasser auflöst, im Nichts zu verschwinden? Beide Rätsel lassen sich überzeugend lösen, wenn es ein Vakuum zwischen Atomen gibt – im ersten Falle, um sich dem Kopf des Fisches anzupassen, im zweiten, um die Milchteilchen zu verbergen. Doch Aristoteles hat das Leere zusammen mit den Atomen aus einer Reihe von Gründen verworfen. Unter den Argumenten, die er gegen die Existenz des Leeren ins Feld geführt hat, ist in der Rückschau eines, in dem eine besondere Ironie liegt. Wenn es einen leeren Raum gäbe, so behauptete Aristoteles, fielen in ihm alle Körper mit der gleichen Geschwindigkeit, weil sie keinem Widerstand begegneten. Da diese Schlußfolgerung der falschen Vorstellung des Aristoteles widersprach, schwere Körper fielen stets schneller als leichte, stellte er die Existenz des Leeren in Abrede. Hätte Aristoteles wie Millionen Fernsehzuschauer im Jahre 1971 die Möglichkeit gehabt zu beobachten, wie der Apolloastronaut David Scott in der Luftleere des Mondes eine Feder und einen Hammer aus Hüfthöhe fallen ließ und die beiden

Objekte gleichzeitig den Boden erreichten, hätte er sich von diesem Anblick möglicherweise dazu bewegen lassen, das Leere und mit ihm vielleicht auch das Atom zu akzeptieren.

Aristoteles erfüllte das Vakuum mit Äther. Diesen Äther, nicht zu verwechseln mit der stark riechenden chemischen Verbindung gleichen Namens, hielt man für eine dünne, universelle Substanz, die den gesamten Raum und auch alle materiellen Körper durchdringe, die sich aber nicht messen lasse. Als Idee hielt sich der Äther bemerkenswert lange und lebte auch dann noch weiter, als der Grund entfallen war, der Aristoteles ursprünglich dazu veranlaßt hatte, ihn zu postulieren. Im 17. Jahrhundert waren die philosophischen Einwände gegen das Vakuum entkräftet: Physikern war es konkret gelungen, ein Vakuum – oder zumindest etwas, was ihm sehr nahe kam – mit Hilfe der neu entwickelten Vakuumpumpe herzustellen, jener Pumpe, die später für J. J. Thomson bei der Entdeckung des Elektrons ein so entscheidendes Gerät werden sollte. Wenn auch das künstlich hergestellte Vakuum nicht vollkommen war (selbst die besten modernen Vakuumpumpen haben das – jedenfalls bei Zimmertemperaturen – noch nicht erreicht), so rückte doch zumindest potentiell die Vorstellung von einem Raum in den Blick, der vollkommen frei von Atomen war. Der Äther aber lebte fort.

Er erfuhr sogar eine neue Blütezeit und spielte eine ganz wesentliche Rolle in der Physik des 19. Jahrhunderts. Als Thomas Young 1803 bewies, daß Licht aus Wellen besteht, löste er damit die Suche nach einem unsichtbaren Medium aus, das solche Wellen tragen könnte. Wir kennen Schallwellen in der Luft, Wasserwellen im Meer und sogar die goldgelben Wogen des Getreides, aber wir können uns keine Wellen des leeren Raums vorstellen. Trotzdem kann sich das Licht im Gegensatz zum Schall durch einen scheinbar leeren Raum ausbreiten – es gelangt beispielsweise von der Sonne und den Sternen zu uns. Das All, so lautete die Schlußfolgerung der Physiker, kann nicht wirklich leer sein; es muß mit Äther gefüllt sein.

Dieser Äther hatte jedoch klarer umrissene physikalische Eigenschaften als der des Aristoteles. Man wußte, daß Schallwellen sich in einem dichten Medium wie dem Wasser rascher ausbreiten als in einem dünnen wie der Luft. Da das Licht eine so außerordentlich hohe Geschwindigkeit besitzt – dreihunderttausend Kilometer pro Sekunde –, mußte der Äther außerordentlich dicht, ja von der Beschaffenheit eines festen Körpers sein. Und doch bewegen sich Planeten durch dieses Medium hindurch, ohne auf erkennbaren Widerstand zu stoßen. Er mußte eine merkwürdige Substanz sein, dieser Äther, dichter als Stahl und zugleich dünner als Luft. Doch die Physiker vor hundertzwanzig Jahren sahen keine Möglichkeit, ohne ihn auszukommen.

Von 1887 an begannen sie jedoch an seiner Existenz zu zweifeln. In diesem Jahr führten die amerikanischen Physiker Albert Michelson und Edward Morley ein Experiment durch, das die Existenz des Äthers beweisen sollte. Wenn die Erde sich durch einen stationären Äther bewegt, so argumentierten sie, müsse ein Ätherwind spürbar sein, und Licht, das gegen diesen Wind einfiele, müsse sich langsamer fortbewegen, als wenn es sich mit Rückenwind ausbreite. Michelson und Morley versuchten, diesen Unterschied zu messen, stellten aber keinen fest: Die Lichtgeschwindigkeit war in beiden Richtungen gleich. Das Resultat kam völlig unerwartet und erschütterte die Grundlagen der Äthertheorie. Die Physik, so schien es, machte weder mit dem Äther noch ohne ihn irgendeinen Sinn.

1905 beendete Albert Einstein dieses Dilemma auf die für ihn typische, kompromißlose Art. In der Einleitung zu seinem ersten Artikel über die spezielle Relativitätstheorie erklärte er die Ätherhypothese schlicht und einfach für «überflüssig». Im Alter von sechsundzwanzig Jahren vollzog er mit einem mutigen Federstrich den Abschied von einem 2400 Jahre alten physikalischen Konzept. Den Kritikern, die einwenden mochten, daß Wellen ein Medium brauchen, das sie trägt, erwiderte er sinngemäß: «Das mag für manche Wellen gelten, aber bei Licht ist es nun einmal nicht der

Fall.» Die eindrucksvolle Überzeugungskraft seiner restlichen Theorie und das negative Ergebnis des Michelson-Morley-Experiments besiegelten das Schicksal des Äthers.

Das somit bereinigte Vakuum blieb ein Vierteljahrhundert hindurch leer, begann sich dann aber wieder aufzufüllen. Diesmal waren weder die Materie noch der Äther daran schuld, sondern Implikationen der Quantentheorie. Nach den ersten Erfolgen in der Theorie der Materie wurde die Quantenmechanik auf das diffizilere Problem des Vakuums angewandt. Ende der dreißiger und Anfang der vierziger Jahre arbeitete eine Reihe von Wissenschaftlern auf der ganzen Welt, unter denen Richard Feynman besondere Bedeutung zukam, die moderne Konzeption eines dynamischen Vakuums aus. Obwohl es keine Materie enthält, steckt es voller Energie und verborgener Aktivität. Das moderne Bild vom Vakuum ist ein Kompromiß zwischen der Auffassung des Demokrit und der des Aristoteles: Der erste hatte insofern recht, als die Welt aus Atomen und dem Leeren besteht, und der zweite insofern, als er behauptete, daß es keinen wirklich und absolut leeren Raum gebe.

Die beiden neuen Eigenschaften, mit denen die Quantenmechanik das Vakuum ausstattete, sind Vakuumfluktuationen und Vakuumpolarisation. Beide Termini machen deutlich, daß das dynamische Vakuum etwas Neues ist: Wirkliches Nichts kann weder fluktuieren noch Polarität zeigen. Beide Phänomene beruhen letztlich auf der Unschärferelation, dem zentralen Dogma der Quantenmechanik, nach dem es unmöglich ist, gleichzeitig und mit Gewißheit den Ort und die Geschwindigkeit eines Teilchens zu bestimmen oder, wie es Tom Stoppard formuliert: «Wenn man weiß, was es tut, kann man nicht sicher sein, wo es ist, und wenn man weiß, wo es ist, kann man nicht sicher sein, was es tut...»

Eine Folge der Unschärferelation ist die sogenannte Nullpunktenergie mechanischer Systeme. Wenn sich beispielsweise zwei Atome so zusammenfügen, daß sie ein Molekül bilden, welches einer straff gespannten Feder mit einem Gewicht an jedem Ende ähnelt, werden sie von sich aus entlang ihrer gemeinsamen Achse schwingen. Die Schwingung läßt sich nie ganz eliminieren. Stets bleibt ein letztes nicht zu unterdrückendes Zittern, die sogenannte Nullpunktbewegung, ein Beben wie von Espenlaub im Wind. Es sorgt dafür, daß der Unschärferelation Genüge getan wird, selbst wenn das Molekül praktisch bewegungslos ist. Das Phänomen ist auch experimentell beobachtet worden. Die Nullpunktenergie, die durch diese Bewegung hervorgerufen wird, verwischt beispielsweise die Schärfe der Energieniveaus des Moleküls, und das wiederum beeinträchtigt die Farben des von dem Molekül emittierten Lichts in ihrer Reinheit. Doch die Vibration von Atomen und Molekülen repräsentiert nur einen Schwingungstyp; für das Vakuum ist sie irrelevant. Dort ist ein anderer Schwingungstyp bedeutsam, der im Zusammenhang mit elektromagnetischen Feldern in Erscheinung tritt.

Nach der Theorie der Elektrizität und des Magnetismus, die James Clerk Maxwell im 19. Jahrhundert entwickelt hat, besteht das Licht aus schwingenden elektrischen und magnetischen Feldern. Die Schwingungen dieser Felder sind dem Einfluß der Nullpunktenergie ebenso unterworfen wie die Atome und können deshalb nie ganz verschwinden. Die Quantentheorie besagt also, daß es nirgends, noch nicht einmal in einem vollständig dunklen Vakuum, eine gänzliche Abwesenheit des elektromagnetischen Feldes gibt. Stets finden sich in einem solchen Raum zufällige elektromagnetische Felder, die schwach fluktuieren, und jede Fluktuation trägt ihre eigene Nullpunktenergie.

In einem kleinen Volumen von, sagen wir, einem Kubikzentimeter ist die Energie jeder elektromagnetischen Fluktuation sehr klein, doch da es eine unendliche Zahl möglicher Wellen gibt, erweist sich die Gesamtsumme aller Nullpunktenergien als unendlich. Paradoxerweise ist somit der unvorstellbar dichte Äther durch eine unendliche Energiedichte ersetzt worden, die das gesamte Universum durchdringt. Diese sinnverwirrende Schlußfolgerung veranlaßt Erfinder, alle möglichen Pläne zur Energiegewinnung aus dem Vakuum vorzuschlagen, um die großen Probleme der Welt zu lösen, doch die meisten Physiker halten solche Vorhaben für reine Phantasterei. In der Physik spielen nur Energieunterschiede eine Rolle, keine absoluten Energien. Nur wenn ein System Energie mit einem anderen austauscht, indem es entweder welche abgibt oder welche aufnimmt, findet ein physikalischer Prozeß statt. Die Millionenbeträge in den Gewölben Ihrer Bank haben für Sie weniger Bedeutung als der Scheck über dreißig Mark, der nächste Woche gedeckt sein muß, oder der Fünfzig-Mark-Schein, den Sie aus dem Geldautomaten ziehen. So wenig, wie Sie Notiz von dem Gesamtguthaben Ihrer Bank nehmen, wenn Sie Ihre täglichen Finanzgeschäfte abwickeln, tragen Physiker der unendlichen Energie des Vakuums Rechnung, die es nach den Regeln der Quantenmechanik geben muß.

Neben den elektromagnetischen Fluktuationen des Vakuums sagt die Quantenmechanik ein noch exotischeres Phänomen vorher – die sogenannte Vakuumpolarisation. Gelegentlich verfügt eine elektromagnetische Fluktuation über genügend Energie, um sich spontan in einem Teilchenpaar zu materialisieren: Die Energie verwandelt sich ohne jegliche Einwirkung von außen in Masse. Meistens handelt es sich bei diesen Teilchen um ein Elektron und sein entgegengesetzt geladenes Antiteilchen, ein Positron. Zusammen besitzen sie keine elektrische Gesamtladung, und ihre Massen addieren sich, wenn sie nach Einsteins berühmter Formel wieder in Energie verwandelt werden, zur Energie der Fluktuation, die sie hervorgebracht hat. Plötzlich entstehen aus dem Nichts für einen kurzen Augenblick ein negatives Elektron und sein positiv geladenes Pendant, um sich im nächsten Augenblick gegenseitig zu vernichten und zu verschwinden, ohne eine Spur zu hinterlassen. Wenn es zufälligerweise in der Nähe eine starke positive elektrische Ladung gibt, wird das Elektron von ihr angezogen und das Positron abgestoßen, so daß sich das Paar während seiner kurzen Lebensdauer wie eine Kompaßnadel ausrichtet. Auf diese Weise wird das Vakuum vorübergehend polarisiert.

Das dynamische Vakuum ist wie ein stiller See in einer Sommernacht. Seine Oberfläche wellt sich unter dem Einfluß schwacher Fluktuationen, während überall Elektron-Positron-Paare aufleuchten und verlöschen wie Glühwürmchen. Der Ort ist lebendiger und freundlicher als die lebensfeindliche Leere des Demokrit und der eisige Äther des Aristoteles. Seine ruhelose Aktivität ist höchst faszinierend für Physiker und verführt zu Spekulationen über seine Beschaffenheit und sogar seinen potentiellen Nutzen. Als theoretisches Konzept ist das dynamische Vakuum sehr interessant, doch ob es physikalisch gültig ist, ließe sich nur im Labor entscheiden.

Das Schauspiel von der experimentellen Erforschung des Vakuums durch die moderne Physik gliedert sich in drei Akte und erreicht seinen Höhepunkt in einer Art Hochzeit des Atoms mit dem Leeren. Als erstes stellten Theoretiker wie Richard Feynman, als sie aus den geheimen Bombenlabors des Zweiten Weltkriegs zurückkehrten, um ihre Arbeit in der Grundlagenforschung fortzusetzen, erfreut fest, daß sich das mikroskopische Vakuum im Innern des Atoms bei Experimenten als so dynamisch erwies, wie sie es angenommen hatten. Nur ein paar Monate später entdeckte ein holländischer Physiker, der in der Industrie tätig war, quantenmechanische Effekte in dem gewöhnlichen makroskopischen Vakuum eines leeren Gefäßes. In den letzten fünf Jahren hat schließlich die jüngste Phase der experimentellen Forschung ans Licht gebracht, wie das dynamische Vakuum mit einzelnen Atomen wechselwirkt. Das Nichts bildet eine unteilbare Einheit mit der Materie.

Der erste Akt fand im alten Pupin Laboratory der Columbia University statt, wo ich als Studienanfänger Physik gelernt habe. Willis Lamb, ein ruhiger kalifornischer Wissenschaftler, der seine Universitätslaufbahn kurz vor dem Krieg mit fünfundzwanzig Jahren begonnen hatte, machte sich 1947 daran, die Energieniveaus des Wasserstoffatoms mit bislang unerreichter Genauigkeit zu messen. Zu diesem Zeitpunkt hatte man die Struktur des

Atoms in allen Einzelheiten mit Hilfe der Schrödingerschen Theorie errechnet und anhand der Relativitätstheorie von Einstein korrigiert, so daß die Theoretiker damals meinten, das Wasserstoffatom sei ihnen restlos bekannt.

Lamb erkannte, daß bestimmte Übergänge zwischen verschiedenen Niveaus nicht durch Licht, sondern durch Mikrowellenstrahlung ausgelöst werden können. Mikrowellen sind heute in jeder Küche anzutreffen, doch während des Zweiten Weltkriegs waren sie neu, und ihr Hauptanwendungsgebiet war das Radar. Lamb hatte die Kriegsjahre damit verbracht, die Techniken zur Erzeugung und zum Nachweis von Mikrowellen zu vervollkommnen, und freute sich, daß er diese praktische Erfahrung jetzt im Bereich der reinen Wissenschaft nutzbar machen konnte. Als er beim Wasserstoff die Stufen der Energietreppe ausmaß, indem er die spezifischen Frequenzen der Mikrowellen aufzeichnete, die von Wasserstoffgas absorbiert wurden, stellte er fest, daß sie von den berechneten Werten um einen Teil pro Million abwichen. Ohne den geringsten Zweifel an der Genauigkeit seiner Arbeit forderte er die Theoretiker auf, die Diskrepanz zu erklären, die später als Lamb-Verschiebung bekannt wurde.

Seine Kollegen aus dem theoretischen Lager kamen dieser Aufforderung rasch nach, indem sie das Phänomen der Wirkung des Vakuums zuschrieben. Sie erkannten, daß das einzelne Elektron des Wasserstoffatoms den Fluktuationen des Vakuums ausgesetzt ist, während es den Kern umkreist. Dadurch wird es veranlaßt, leicht zu vibrieren und seine Energie um einen winzigen Betrag zu verändern. Erschwerend kommt hinzu, daß die Polarisation ein wenig zur Lamb-Verschiebung beiträgt, doch in einem weit geringeren Maße, weil sie sich nur aus jenen seltenen Fluktuationen ergibt, die zufällig genügend Energie besitzen, um Elektron-Positron-Paare zu bilden. Die genaue Übereinstimmung zwischen dem experimentellen Wert der Lamb-Verschiebung und ihrer theoretischen Erklärung zeigte, daß Lamb tatsächlich eine Veränderung in der Energie eines Elektrons gemessen hatte. Hervorgerufen wurde sie durch die Fluktuationen und die Polarisation des atomaren Vakuums, in dem sich die Bestandteile des Atoms aufhalten.

Der zweite Akt des Dramas, das vom dynamischen Vakuum handelt, spielt in einem Industrielabor. 1948 befaßte sich Hendrik Casimir, damals Direktor des Forschungslabors der Phillips-Elektrogesellschaft in Eindhoven, Holland, mit der Frage, wie sich elektrisch neutrale Materieteilchen, die in einer Flüssigkeit schweben, gegenseitig beeinflussen. Casimir ist ein Physiker für Physiker: Sein Name ist innerhalb der Zunft so geachtet, wie er unter Laien unbekannt ist. Obwohl er den Großteil seiner Laufbahn damit zugebracht hat, sich mit den praktischen Problemen der industriellen Produktion herumzuschlagen, schätzen ihn seine Kollegen an den Universitäten überall in der Welt, weil er die Quantenmechanik bis in ihre feinsten Verästelungen hinein beherrscht. Wenn Casimir erklärt, wie er zum Problem der interatomaren Kräfte und von dort aus zum Vakuum gelangte, so zeigt das, wie angewandte Forschung, wenn sie gründlich betrieben wird, den Zwecken der reinen Wissenschaft dienen kann: «Suspensionen werden in der Elektroindustrie häufig benutzt», schrieb er vierzig Jahre später, «wenn es gilt, Oberflächen mit feinen Pulvern zu überziehen, etwa in Kathodenstrahlröhren und in Leuchtstofflampen. Es gehörte zu den allgemeinen Grundsätzen in Forschungslabors, daß wir versuchten, die empirischen Verfahren wirklich zu verstehen, und uns nicht mit einem Rezept zufriedengaben, das in der Praxis gut funktionierte, das wir aber nicht verstanden.»

Mit Hilfe der Quantentheorie und der bekannten Gesetze des Elektromagnetismus errechnete Casimir sorgfältig den mathematischen Ausdruck für die Anziehungskraft zwischen zwei neutralen Atomen – eine sehr schwache Kraft, die das Gesamtergebnis der gegenseitigen Abstoßungen und Anziehungen ihrer elektrisch geladenen Bestandteile ist. Die Rechnung war lang und mühsam. Doch das Endergebnis erwies sich als eine sehr einfache Formel. Es war, als hätte man zwanzig Seiten mit komplizierten Berechnungen bedeckt und wäre schließlich bei einem Ausdruck gelandet wie etwa 2 + 2 = 4. Sicherlich, so dachte er, gibt es einen schnelleren Weg, um zu diesem Ergebnis zu kommen, aber es wollte ihm keiner einfallen. Bei einem Besuch in Kopenhagen erwähnte er diesen Verdacht beiläufig gegenüber Niels Bohr, der damals der unbestrittene Papst der Quantenmechanik war. Casimir erinnert sich, Bohr habe etwas wie «Die Kraft muß eine Manifestation der Nullpunktenergie sein» gemurmelt und dann das Thema fallengelassen. Es war einer jener intuitiven Orakelsprüche, für die Bohr berühmt war, und Casimir ging der Anregung nach, bis er auf ein verblüffendes Ergebnis stieß.

Um die Berechnung zu vereinfachen, betrachtete er die Kraft zwischen zwei großen parallelen, nichtgeladenen Metallplatten in einem Vakuum, und nicht die zweier Kugeln oder zweier Atome. Er ging von folgenden Annahmen aus: es seien keine Gase vorhanden, die Druck auf die Platten ausübten; ihre gegenseitige Gravitation könne unberücksichtigt bleiben; und sie seien so kühl, daß man ihre Wärmestrahlung als unbedeutend außer acht lassen könne. Wenn dann beide Platten elektrisch neutral waren, gab es nach den Gesetzen der klassischen Physik nichts, was eine Kraft zwischen ihnen hätte erzeugen können. Doch als Casimir Bohrs Hinweis folgte, fand er heraus, daß die Platten das dynamische Vakuum zwischen sich modifizieren und daß diese Veränderung ihrerseits eine Anziehungskraft erzeugt, wo man keine erwartet.

Stellen Sie sich, um zu verstehen, wie es dazu kommen kann, eine flache, senkrechte Stahlwand von mehreren Kilometern Länge mitten im Ozean vor, die fest im Meeresboden verankert ist und mehrere Dezimeter über die Wasseroberfläche hinausragt. Wellen aller Art – von winzigen Kräuselungen bis hin zu schweren Seen – stürmen von links auf sie ein und üben einen Druck auf sie aus. Ähnliche Wellen drücken gleichzeitig von rechts, so daß die Kräfte sich die Waage halten und einander aufheben. Der Wind, der die Wellen in erster Linie verursacht, soll hier keine Rolle spielen. Am besten stellen wir uns die Luft völlig ruhig vor. Denken Sie sich nun eine weitere flache Wand, parallel zur ersten und drei Meter von ihr entfernt. In dem Raum zwischen den Wänden kräuselt sich das Wasser so lebhaft wie außerhalb, doch lange Wellen können sich nicht senkrecht zu den Wänden entwickeln. Der Grund ist einfach: Da sich die Gesamtmenge des Wassers zwischen den Wänden nicht verändern kann, müssen die Wellen in dem Zwischenraum sowohl Kämme als auch Täler haben. Wenn der Kamm einer Welle länger als der Abstand von drei Metern zwischen den Wänden ist, bleibt nicht mehr genügend Raum für ein Wellental; deshalb gibt es keine Wellen von größerer Länge zwischen den Wänden. Daraus ergibt sich das Gesamtresultat: Außerhalb der Wände gibt es lange Wellen, die innen kein Gegengewicht haben und deshalb die beiden parallelen Wände aufeinander zudrücken.

Metallplatten, die Vakuumfluktuationen ausgesetzt sind, verhalten sich sehr ähnlich. Die Fluktuationen im Vakuum außerhalb der Platten und zwischen ihnen verbinden sich so, daß sie die Platten aufeinander zudrücken. (Der Effekt zeigt sich nur bei Metallplatten, weil elektromagnetische Strahlung sie nicht durchdringen kann. Glasplatten sind beispielsweise durchlässig für Licht- und Radiowellen und deshalb nicht in der Lage, Vakuumfluktuationen auszuschließen.) Eine simple Rechnung führte Casimir zu der erstaunlichen Vorhersage, daß das dynamische Vakuum zwei neutrale Metallplatten veranlaßt, einander anzuziehen. Seine Behauptung wurde rasch einer experimentellen Überprüfung unterzogen. Ein Forscher am Phillips-Laboratorium konstruierte einen empfindlichen Federmechanismus, der zeigte, daß Platten, die eine Fläche von einigen Quadratzentimetern aufweisen und durch ein Mikron (ein millionstel Meter) getrennt sind, einander mit einer Kraft anziehen, die dem Gewicht einer Mücke entspricht, genau wie es Casimirs Formel vorhergesagt hatte. Mag die Kraft auch winzig sein, der Umstand, daß sie weder von der Schwerkraft noch von der Elektrizität, sondern vom Vakuum selbst verursacht wird, fasziniert die Physiker nun seit mehr als vierzig Jahren. 1987 konnte Casimir in zwei neueren Bibliographien stolz auf 483 Titel verweisen, die sich mit dem nach ihm benannten Effekt beschäftigen.

Weder die Lamb-Verschiebung noch der Casimir-Effekt lassen auf eine praktische Nutzung des Vakuums schließen. Erstere ist eine natürliche Eigenschaft der Atome, eine Konsequenz des mikroskopischen Vakuums, die sich bislang nicht an- und ausschalten läßt. Der Casimir-Effekt, von makroskopischer Natur, läßt sich zwar manipulieren, ist aber so winzig, daß er keine Bedeutung hat. Obwohl die Lamb-Verschiebung und der Casimir-Effekt in den letzten vierzig Jahren in allen Einzelheiten erforscht wurden, ist das dynamische Vakuum noch nicht so in das öffentliche Bewußtsein gedrungen wie das Atom.

Im letzten Jahrzehnt hat sich der Vorhang zum dritten Akt gehoben. Die Geschichte des Vakuums steht im Begriff, in eine neue Phase einzutreten. Die Entwicklungen der letzten Jahre betreffen das Verhalten einzelner Atome in einem Vakuum zwischen Platten und verbinden damit Eigenschaften des mikroskopischen Vakuums, das für die Lamb-Verschiebung verantwortlich ist, mit denen des makroskopischen Casimir-Effekts. Das Vakuum beeinflußt die Strahlungsemission und -absorption von Atomen. Ein Elektron, das einen bestimmten Energiebetrag absorbiert hat, weil es Wärme, Licht oder einem elektrischen Funken ausgesetzt war, fällt bald wieder in seine ursprüngliche niedrigere Position auf der Energietreppe zurück. Die damit verbundene Licht- oder Radiowellenstrahlung nennt man spontane Emission und hielt sie bis vor kurzem für eine intrinsische Eigenschaft des Atoms, so unvermeidlich wie die Explosion einer Bombe mit einem automatischen Zeitzünder.

Doch wo bleibt die von einem Atom emittierte Strahlung? Offensichtlich entweicht sie in das umgebende Vakuum, es sei denn, dieses Vakuum wäre nicht in der Lage, sie aufzunehmen. Der Casimir-Effekt legt nahe, wie man eine solche Bedingung herstellen kann: Wenn das Vakuum in einen engen Metallkäfig eingeschlossen ist und wenn die Strahlung, die emittiert werden soll, zu langwellig ist, um in den Käfig zu passen, wird das Vakuum nicht aufnahmefähig sein und die spontane Strahlungsemission nicht stattfinden.

Dies ist der springende Punkt bei der modernen Nutzung des dynamischen Vakuums. Die spontane Emission ist keine intrinsische Eigenschaft eines isolierten Atoms, sondern resultiert aus der Wechselwirkung zwischen dem Atom und dem Vakuum. Da die quantenmechanische Beschaffenheit des Vakuums sich verändern läßt, indem man die Geometrie seines Behälters modifiziert (indem man beispielsweise den Abstand zwischen zwei Platten variiert), läßt sich die spontane Emission künstlich unterdrükken. Umgekehrt kann man die spontane Emission verstärken, indem man dem Atom einen Behälter gibt, der für eine bestimmte Wellenlänge besonders empfänglich ist. Dieses Phänomen nennen wir Resonanz; es ist aus der Musik bekannt: Orgelpfeifen verschiedener Länge halten bestimmte Töne, die spezifischen Wellenlängen des Schalls entsprechen – oder schwingen in Resonanz mit ihnen. So läßt sich also der Prozeß der spontanen Emission, den man einst für eine unveränderliche Eigenschaft wie die Masse oder die Ladung hielt, durch Modifikation des Vakuums steuern.

Eines der einfachsten und überzeugendsten Experimente zur Demonstration einer solchen Modifikation wurde 1985 von einer Arbeitsgruppe durchgeführt, die unter Leitung von Daniel Kleppner stand, einem weltgewandten weißhaarigen Professor, der sich am Collège de France in Paris ebenso zu Hause zu fühlen scheint wie am Massachusetts Institute of Technology in Boston. Kleppner ist ein angesehener Universitätslehrer und Autor, dessen präzise Beobachtungen aus der Welt der Physik häufig eine Bereicherung für die Zeitschrift der American Physical Society sind. Seine bahnbrechenden Leistungen auf dem Gebiet der Manipulation von Atomen und Vakuen wurden 1986 mit dem angesehenen Davisson-Germer-Preis gebührend gewürdigt, der

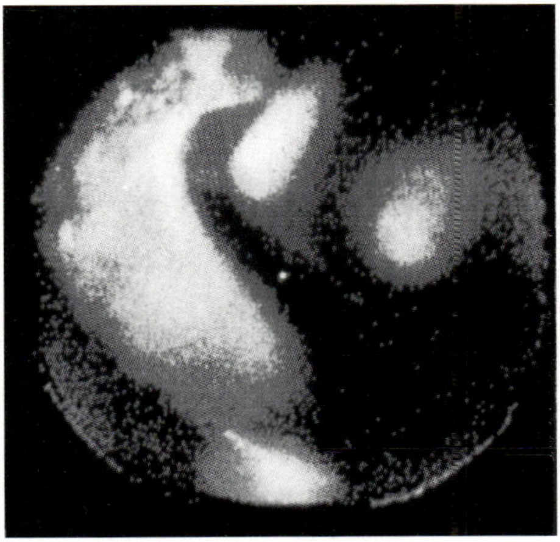

Ein geladenes Quecksilberatom zeigt sich als kleiner weißer Fleck in der Mitte des Bildschirms. Die anderen Formen reflektieren nur die Bauteile der Falle. Die große weiße Sichel ist beispielsweise ein Teil des umgrenzenden Rings.
Mit freundlicher Genehmigung von David Wineland

Ein Farbfoto des Bariumatoms Astrid, winzig und blau im Vakuum einer Falle. Mit freundlicher Genehmigung von Warren Nagourney

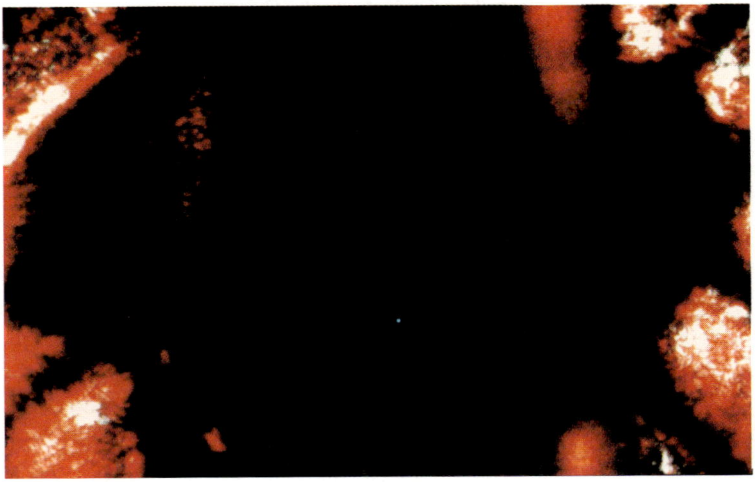

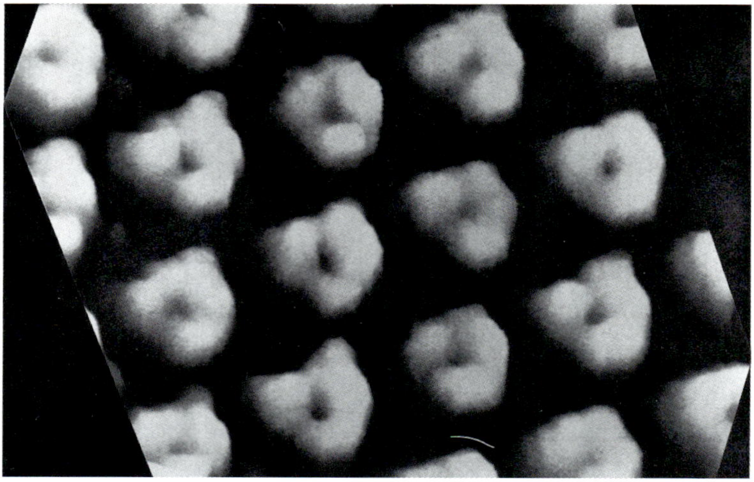

Benzolringe, die auf einer Metallfläche aufgereiht sind, unter einem Rastertunnelmikroskop. Jeder weiße Klumpen ist ein ringförmiges Molekül mit einem dunklen Fleck, der das Loch in seiner Mitte anzeigt.

Mit freundlicher Genehmigung von IBM Research

Ein Sauerstoffatom auf einer Galliumarsenid-Fläche sieht wie ein Hügel oder ein Tal aus, je nach der Richtung des Elektronenflusses zwischen der Oberfläche und der RTM-Sonde.

Mit freundlicher Genehmigung von Randall M. Feenstra

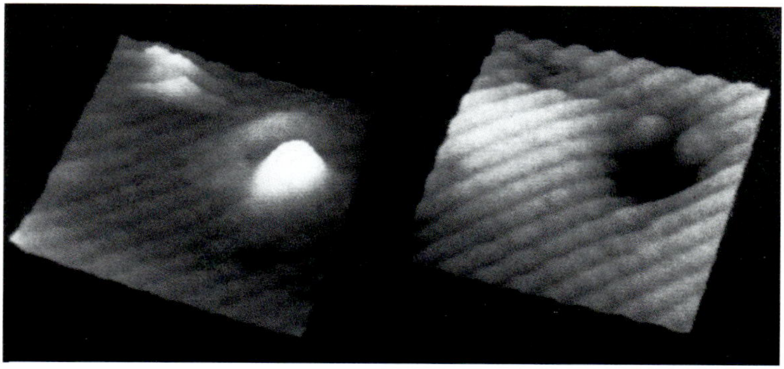

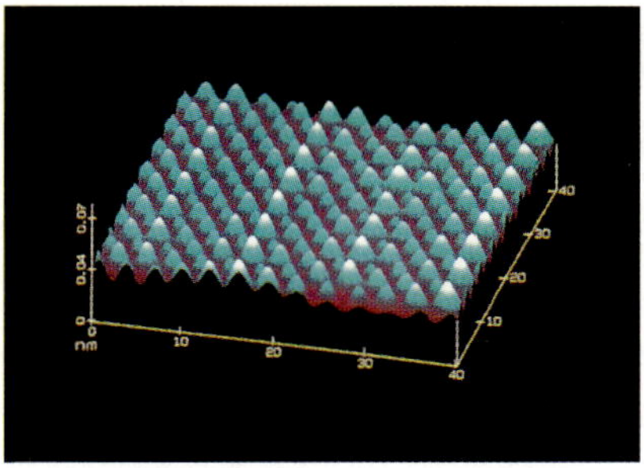

Oben: Sauerstoffatome, adsorbiert an einer Rhodiumfläche.

Mit freundlicher Genehmigung von IBM Research

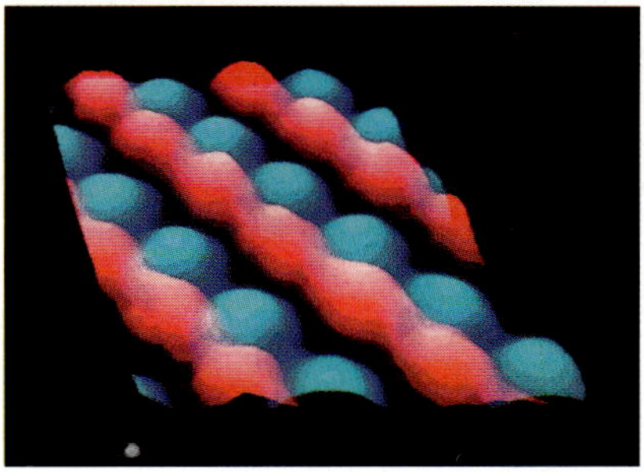

Mitte: Reihen roter Arsenatome, die sich mit blauen Galliumatomen in einem RTM-Bild von Galliumarsenid abwechseln.

Mit freundlicher Genehmigung von IBM Research

Die rauhe Oberfläche eines komplexen Flüssigkeitskristalls auf einem Graphitsubstrat.

Mit freundlicher Genehmigung von IBM Research

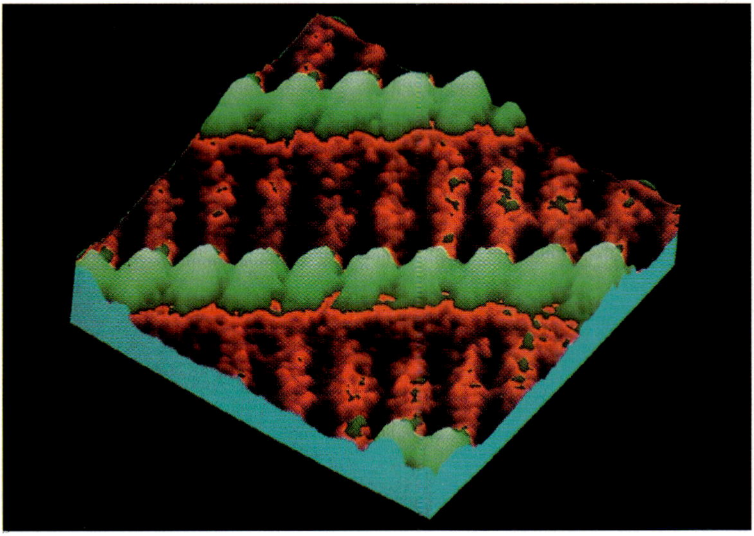

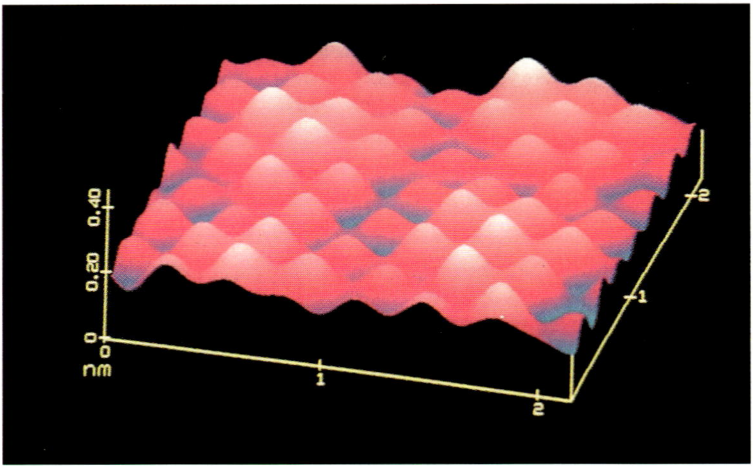

Kleine Wellen auf der Oberfläche der Komplexverbindung Tantaldisulfid, eines wichtigen Schmiermittels, bündeln die Atome zu hügeligen Inseln.

Mit freundlicher Genehmigung von Digital Instruments

Die Oberfläche eines einzelnen Korns des Tafelsalzes.

Mit freundlicher Genehmigung von Digital Instruments

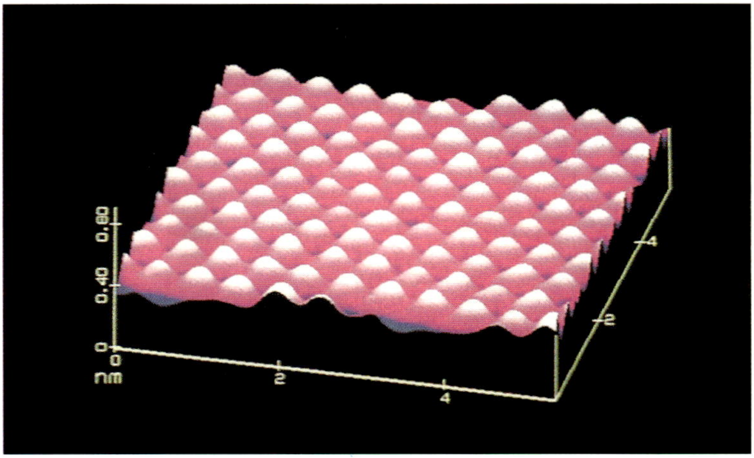

Sechs Neonatome am Rand einer Ein-Atom-Stufe in der darunterliegenden Platinfläche. Der senkrechte Maßstab ist übertrieben, um die Atome größer erscheinen zu lassen.

Mit freundlicher Genehmigung der Zeitschrift «Discover»

Eine atomare Unregelmäßigkeit verunstaltet die Graphitfläche.

Mit freundlicher Genehmigung von Digital Instruments

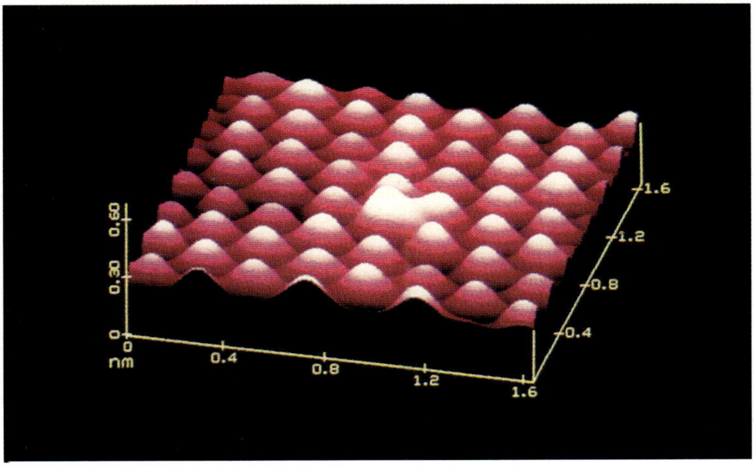

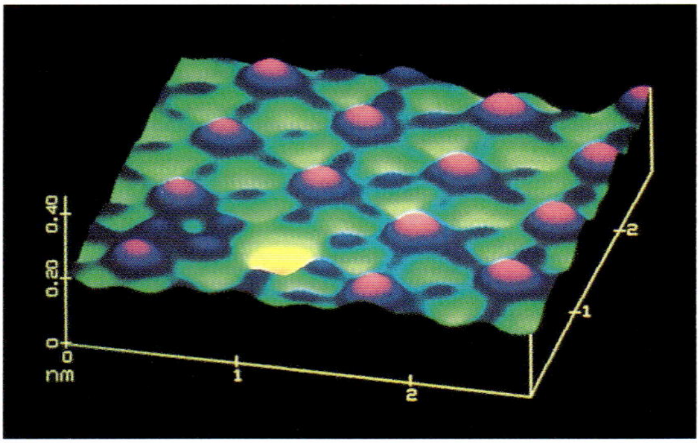

Jodatome, die aneinandergebunden sind; eines fehlt jedoch und hinterläßt eine klaffende Lücke in der Fläche.

Mit freundlicher Genehmigung von Fran Heyl

Jodatome auf einer Platinfläche, eingetaucht in eine Flüssigkeit, die Kupferatome enthält. Die chemische Wechselwirkung zwischen Jod und Kupfer wirkt sich auf die Struktur der Fläche aus, wodurch sich die Unterschiede zwischen diesem Mikrobild und dem oben abgebildeten zum Teil erklären. Mit freundlicher Genehmigung von Digital Instruments

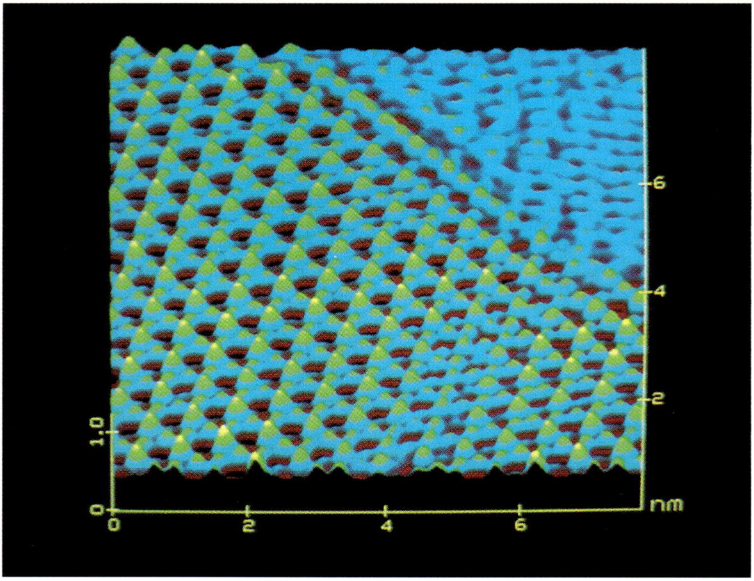

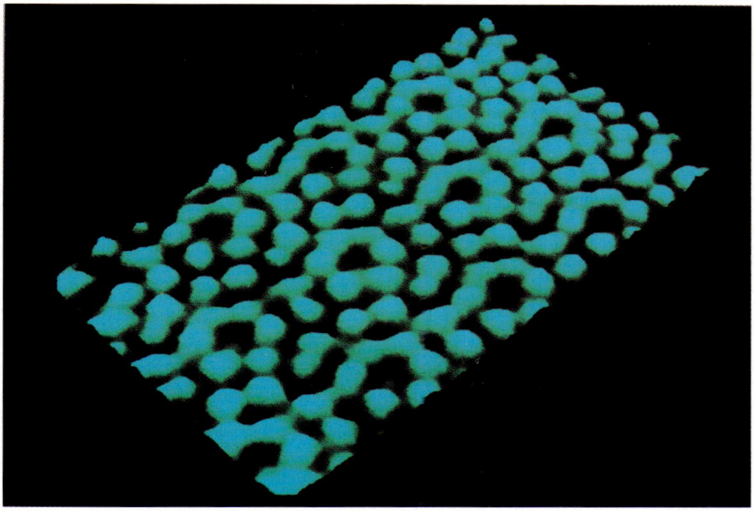

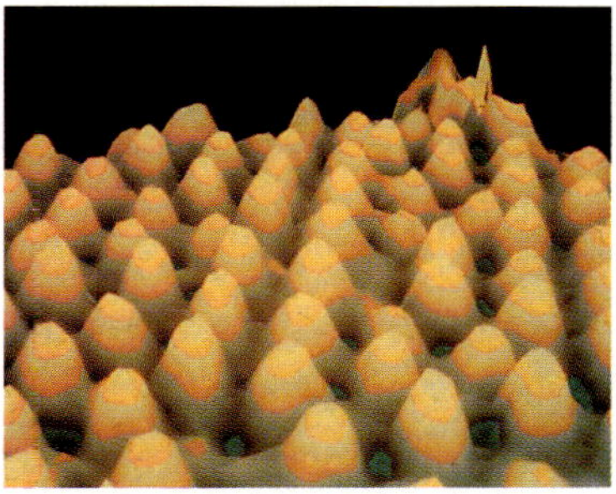

Siliziumatome bilden ein sechseckiges Muster auf einer Fläche.

Mit freundlicher Genehmigung von IBM Research

Die Oberfläche von Silizium, einmilliardenfach vergrößert.

Mit freundlicher Genehmigung von AT&T Archives

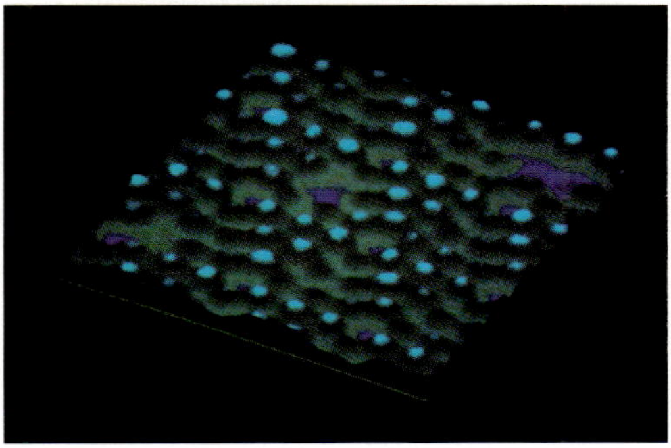

Eine unregelmäßigere Siliziumfläche.

Mit freundlicher Genehmigung von Burleigh Instruments

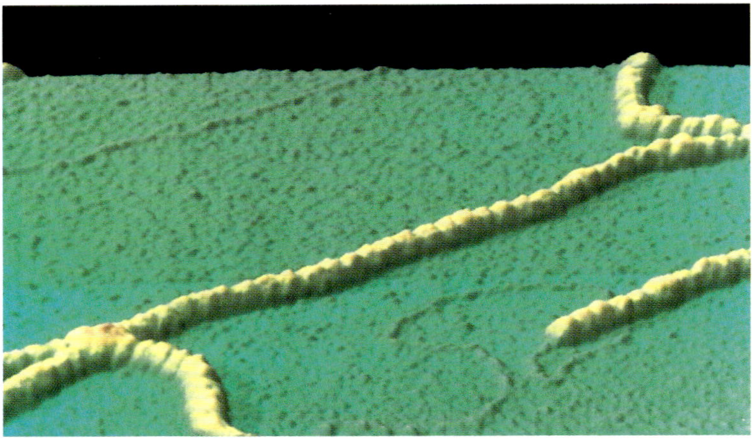

Ein DNA-Molekül, das mit einem stromleitenden Film beschichtet ist, schlängelt sich über eine Fläche.

Mit freundlicher Genehmigung von IBM Research und der Zeitschrift «Science»

Eine Pyramide von Germaniumatomen. Der griechische Philosoph Demokrit (um 460-370 v. Chr.) mag bei der Beschäftigung mit geometrischen Pyramiden an eine solche Struktur gedacht haben.

Mit freundlicher Genehmigung von Max G. Lagally

an den ersten empirischen Nachweis der Wellennatur von Atomteilen erinnert. Daniel Kleppner offenbart in seinen Schriften wie in der Anordnung seiner Experimente eine Eigenschaft, die ihn vom Mittelmaß unterscheidet: Er hat Stil.

Um das Vakuum zu modifizieren, baute er mit seiner Arbeitsgruppe ein Gerät, das aus zwei parallelen Kupferplatten bestand, analog den imaginären Wänden im Ozean. Die Platten waren ungefähr zwanzig Zentimeter lang und durch einen Abstand von einem Millimeter getrennt, der äußerst exakt verändert werden konnte. Ein Strahl von Cäsiumatomen wurde zu einem sehr energiereichen Zustand angeregt und so ausgerichtet, daß er zwischen den Platten über die ganze Länge der Lücke verlief. Kurz bevor die Atome in diesen Kanal eintraten, wurden sie an einem Magnet vorbeigeführt, der sie so ausrichtete, daß ihre spontane Strahlung, wenn sie auftrat, senkrecht zu den Platten abgegeben wurde – wie Meereswellen, die senkrecht zu den Wänden verlaufen –, weil Strahlung, wäre sie parallel zu den Metallplatten emittiert worden, in keiner Hinsicht unterdrückt worden wäre. Am anderen Ende der Platten zeichnete ein Empfänger, auf die Frequenz der Emission eingestellt, die Zahl der Atome auf, die den Kanal ohne spontane Emission durchquerten.

War die Lücke breit, verloren die meisten Atome auf ihrem langen Weg durch den Kanal Energie durch spontane Emission. Der Monitor zeigte ein stetes, schwaches Signal, welches anzeigte, daß nur wenige der angeregten Cäsiumatome ihren Zustand bewahrt hatten. Doch wenn der Abstand verringert wurde und einen Wert erreichte, der der halben Wellenlänge entsprach, so daß die Lücke sich nur noch einem Wellenkamm oder einem Wellental anpassen konnte, so stieg das Signal auf das Vierfache seines ursprünglichen Wertes an – ein deutliches Zeichen dafür, daß viel mehr angeregte Atome durchkamen, weil ihre spontane Emission beeinträchtigt wurde, und daß das Vakuum in ihrer Umgebung modifiziert worden war.

Andere Wissenschaftler arbeiten heute an der vollständigen

Unterdrückung der spontanen Emission, ein Vorgang, der zu einer enormen Verbesserung der Laserleistung führen wird. Da Laserapparate auf kontrollierter Emission beruhen, die durch ungeregelte Akte spontaner Emission beeinträchtigt wird, würde deren Unterdrückung die Laserleistung verbessern. Was für Geräte sonst noch durch die künstliche Kontrolle der Strahlungsemission möglich werden könnten, lassen wir uns heute noch nicht einmal träumen.

Grundsätzlicher betrachtet, zeigen Experimente wie das Kleppnersche, daß das Atom physikalisch mit dem umgebenden Vakuum und über dieses mit den Wänden seines Behälters in Wechselwirkung steht. Eine Theorie, die sich mit dem Atom befaßt, ohne das Vakuum zu berücksichtigen, und eine Beschreibung des Vakuums, die dessen Grenzen nicht in Betracht zieht, bleibt unvollständig. Tatsächlich berücksichtigen moderne Versionen der Quantenmechanik Elektronen, elektromagnetische Felder und deren Wechselwirkungen gleichermaßen und beschreiben auf diese Weise lückenlos, wie sich das Vakuum auf Atome auswirkt.

Doch alle Theorien ziehen immer noch eine scharfe Trennungslinie zwischen Teilchen und Feldern, und diese Dichotomie ist letztlich verantwortlich für die paradoxe Natur des Vakuums. Die merkwürdigen Eigenschaften des Vakuums – unendliche Energiedichte, Fluktuationen, Polarisation, Lamb-Verschiebung, Casimir-Effekt, Hemmung spontaner Emission – stammen aus der künstlichen Trennung zwischen geladenen Teilchen und den elektrischen und magnetischen Feldern in ihrer Umgebung. Albert Einstein hat diesen Mangel unserer heutigen Quantenmechanik schon vor langer Zeit begriffen. Auf einem Seminar am Princeton Institute for Advanced Study hat er 1940 erklärt: «Meiner Meinung nach ist es eine Täuschung, das Elektron und das Feld für zwei physikalisch unterschiedliche, unabhängige Gebilde zu halten. Da keines ohne das andere existieren kann, gibt es nur eine zu beschreibende Realität, die zufälligerweise zwei verschiedene Aspekte aufweist. Die Theorie müßte dies von Anfang an berücksichtigen.» Eine solche Theorie gibt es noch nicht, doch wenn sie entdeckt ist, wird sie das Vakuum abermals bereinigen.

Wenn man Elektronen und ihre Felder als Teile der gleichen fundamentalen Wirklichkeit betrachtet, wird sich das theoretische Modell des Atoms grundlegend wandeln. Gegenwärtig ist die Grenze des Atoms durch die Unschärfe der Wellenfunktion des Elektrons verwischt. Da indessen die Wahrscheinlichkeit, das Elektron zu finden, mit größeren Entfernungen vom Kern steil abfällt, scheint die Wellenfunktion eine Grenze zu haben, die dem Rand eines Baumwollbausches ähnelt. Das elektrische Feld des Elektrons dagegen reicht weit über das Atom hinaus ins Vakuum hinein und von dort aus zu anderen Atomen und sogar fernen Wänden. Wenn wir diesen Einfluß dem Atom zurechnen, wird sich unser Vorstellungsbild vom Atom, das als festes Sandkorn begann und sich dann zu einem Baumwollbausch entwickelte, zu einer riesigen Wolke aufblähen.

Auch ohne daß man Einsteins radikalen Vorschlag in die Tat umsetzte, hat die Erforschung des dynamischen Vakuums eine der wichtigsten Erkenntnisse der modernen Physik gebracht – die These, daß die Welt, entgegen ihrem gestückelten Aussehen, auf ihrer tiefsten Ebene eine zusammenhängende Einheit ist. Die Wände eines Gefäßes, das Vakuum, das es enthält, und die Atome in seinem Innern lassen sich nicht mehr als separate Gebilde betrachten. Wie die Unterscheidung zwischen Subjekt und Objekt in der Philosophie und die Trennung von Geist und Körper in der Medizin erweist sich die Unterteilung der Welt in Materie und Vakuum als illusorisch. Durch Intuition und Logik drang Demokrit bis ins Innerste der Natur vor, als er entdeckte, daß die Realität in den Atomen und im Leeren zu suchen ist, aber er konnte nicht vorhersehen, was sich uns heute erschließt: daß Sterne, Atome und das Vakuum Teile eines einzigen, bruchlosen Ganzen sind.

Das Verschmelzen der diffusen Elektronenwelle mit den zufälligen Kräuselungen des umgebenden Vakuums wird noch ununterscheidbarer durch die alle menschlichen Dimensionen übersteigende Geschwindigkeit, mit der atomare Ereignisse stattfinden. Die Zeit, die ein Atom braucht, um die Länge von Professor Kleppners elegantem Apparat am Massachusetts Institute of Technology zu durchmessen, beläuft sich auf ein paar Milliardstel Sekunden, und während die Intervalle zwischen den Quantensprüngen eines Atoms in einer Falle lang genug sind, um mit bloßem Auge erkennbar zu sein, ist die Dauer des Sprungs selbst zu kurz, um gemessen werden zu können. Das Atom ist keine statische Struktur, sondern ein dynamischer Mechanismus, der sich in ständiger Wechselwirkung mit einer ebenso dynamischen Umgebung befindet. Das Elektron ist kein Sandkorn, sondern eine auf den Wellen schaukelnde Boje, die aus der Ferne blinkt. Wenn wir das Atom verstehen wollen, müssen wir hinter die starren Bilder blicken und die Handlung eines Films einfangen.

8 Atome in Aktion

Die Überschrift im *Honolulu Star-Bulletin and Advertiser* vom 13. Mai 1990 lautete: KATZEN – ROTATIONEN: PHASENVERSCHIEBUNGEN UND LANDUNG AUF DEN FÜSSEN. Darunter zeigte die Großaufnahme eines Funkfotos der Associated Press eine geschmeidige, gestreifte Katze bei der Landung nach einem Fall aus größerer Höhe, die Pfoten und den Schwanz in alle Richtungen gespreizt. Links von ihr kniet ein junger Mann in Jeans und gestreiftem Hemd vor einem Schuppen und versucht offenbar, den Windungen des verdrehten Katzenkörpers zu folgen. Sein Gesicht zeigt den gleichen Ausdruck intensiver Konzentration wie das der Katze. Aus dem Bildtext geht hervor, daß die Katze Sam heißt und stets auf ihren Pfoten landet.

Die Fähigkeit von Katzen, sich in der Luft auszurichten und auf den Füßen zu landen, hat die Menschen jahrhundertlang zum Staunen gebracht. Mutwillige Kinder warfen die Familienmuschi vom Garagendach, um das sensationelle Kunststück zu beobachten, und für Biologen ist es ein Beispiel für die Anpassung durch natürliche Selektion. Für Physiker indessen grenzt es an ein Wunder. Nach Newtons Bewegungsgesetzen kann sich die Gesamtrotation eines Körpers nicht verändern, wenn nicht ein äußeres Drehmoment sie beschleunigt oder abbremst. Wenn sich eine Katze in dem Augenblick, da man sie fallen läßt, nicht in Rotation befindet und wenn kein äußeres Drehmoment auf sie einwirkt, dürfte sie eigentlich nicht in der Lage sein, sich zu drehen, während sie fällt. (Der Luftwiderstand ist viel zu schwach, um das nötige Drehmoment zu liefern.)

Ende des 19. Jahrhunderts erregte dieses Rätsel die Neugier von

Berufs- und Laienphysikern. Im Laufe der Zeit wurde das Rätsel gelöst, doch der scheinbare Widerspruch zwischen dem, was unsere Augen sehen, und den Schlußfolgerungen unseres Gehirns ist so verblüffend, daß das Geheimnis der fallenden Katze die Menschen nie ganz losläßt. Wie eine Katze hat es mehrere Leben. Alle zehn Jahre gräbt es eine Zeitschrift, die sich mit physikalischen Themen befaßt, ein Buch über die Wunder der Natur oder eine Zeitung wie der *Honolulu Star-Bulletin and Advertiser* wieder aus und läutet die nächste Diskussionsrunde ein. Jede Generation muß sich von neuem mit dem Rätsel auseinandersetzen.

Durch die Geschwindigkeit der Ausführung ähnelt die Ausrichtung einer fallenden Katze dem Trick eines Zauberkünstlers. Die Drehungen der Katze in der Luft sind so schnell, daß das menschliche Auge ihnen nicht zu folgen vermag, deshalb bleibt der Vorgang im dunkeln. Das Phänomen läßt sich nur verstehen, wenn entweder das Auge seine Funktionen beschleunigt oder die Katze ihren Fall verlangsamt. Vor einem Jahrhundert bewerkstelligte man ersteres mit Hilfe der Hochgeschwindigkeitsfotografie. Die Ausrüstung dazu kann man heute in jedem Fotogeschäft bekommen, doch im 19. Jahrhundert bedeutete es ein wissenschaftliches Experiment, den Fall einer Katze auf einen Film zu bannen. Man brauchte dazu eine Verschlußblende, die schnell genug war, um den Vorgang festzuhalten, eine Kamera, die mehrere Bilder innerhalb des kurzen Zeitraums aufnehmen konnte, den die Katze in der Luft verbrachte, und einen Film, der so lichtempfindlich war, daß man ihn unter den gegebenen schwierigen Bedingungen verwenden konnte.

Das Experiment wurde mit Erfolg von einem gewissen Monsieur Marey durchgeführt; seine Ergebnisse hielt er in einer Arbeit fest, die er 1894 in der Pariser Akademie vortrug und in der Zeitschrift *La Nature* veröffentlichte. Zwei Folgen von je zwanzig Fotos, die eine von der Seite, die andere von hinten aufgenommen, zeigen eine weiße Katze, die sich im Fallen ausrichtet. Mögen die Aufnahmen im Vergleich zum modernen Foto auch körnig und antiquiert aussehen, sie lassen doch keinen Zweifel daran, daß man die Katze ohne Anfangsrotation kopfüber hat fallen lassen und daß sie dennoch auf ihren Füßen landet. (Ihr Gesicht ist nicht zu erkennen, doch ihre Körpersprache zeugt am Ende des Experiments von einem Gefühl verletzter Würde.) Eine sorgfältige Analyse der Fotos enthüllt das Geheimnis: Während die Katze den vorderen Teil ihres Körpers im Uhrzeigersinn rotieren läßt, drehen sich das Hinterteil und der Schwanz gegen den Uhrzeigersinn, so daß die Gesamtrotation während des gesamten Falls null bleibt und sich damit in vollkommener Übereinstimmung mit den Newtonschen Gesetzen befindet. Nach halber Strecke zieht die Katze, bevor sie die Drehung umkehrt, die Beine an und streckt sie wieder aus, wodurch sie das gewünschte Endergebnis erzielt. Daraus zieht der Physiker die Lehre, daß zwar kein Körper ohne Drehmoment in Rotation versetzt werden kann, ein flexibler hingegen durchaus imstande ist, seine Orientierung oder Phase ohne Schwierigkeiten zu verändern. Katzen sind dazu wie Kunstspringer und Tänzer instinktiv in der Lage, doch die Wissenschaftler vermochten den Vorgang nicht zu begreifen, bis es ihnen gelang, ihre Wahrnehmungsgeschwindigkeit um das Tausendfache zu erhöhen.

Auf ähnliche Weise entzieht sich uns das Geheimnis der atomaren Bewegung. Ohne Schwierigkeit nehmen wir die Anfangs- und die Endkonfiguration wahr, doch die Ereignisse dazwischen laufen so rasch ab, daß wir ihnen nicht folgen können.

Dieser Sachverhalt läßt sich an einer einfachen chemischen Reaktion verdeutlichen, etwa der des Wasserstoffs mit Kohlendioxid, bei der Hydroxid und das hochgiftige Kohlenmonoxid entstehen – in Symbolen: $H + CO_2 \rightarrow OH + CO$. Wie geht das vor sich? Wirft das Kohlendioxidmolekül ein Sauerstoffatom ab, das vom vorbeikommenden Wasserstoffatom aufgegriffen wird? Wohl kaum, denn wenn Kohlendioxid spontan zu Kohlenmonoxid zerfiele, stürben wir an unseren eigenen Exhalationen. Wenn dagegen der Wasserstoff auf Kohlendioxid trifft, wird das

System zumindest vorübergehend zu einer Anhäufung von vier Atomen – Wasserstoff, Kohlenstoff und den beiden Sauerstoffatomen. Wie stellt sich dann das Endergebnis ein? Auf welche Weise drehen und wenden sich die Atome bei ihren Anlagerungsprozessen? Bilden sie für kurze Zeit irgendein neues Molekül, das den Chemikern bislang unbekannt ist? Und wenn, welche Form hat es? Welche Lebensdauer? Das sind Fragen, die die modernen Chemiker ebensosehr beschäftigen wie die Bewegung einer fallenden Katze die Physiker in viktorianischer Zeit.

Ahmed Zewail, Professor für physikalische Chemie am California Institute of Technology (Caltech), und seine Mitarbeiter untersuchen seit 1980 schnelle chemische Reaktionen. Als der Wissenschaftler ägyptischer Herkunft mit seinen Forschungsarbeiten begann, sah er sich technischen Problemen seiner Versuchsapparaturen gegenüber, die an die des Monsieur Marey erinnerten. Eine Katze, die aus mehreren Dezimetern Höhe fallen gelassen wird, erreicht eine so hohe Geschwindigkeit, daß sie in einer tausendstel Sekunde einen knappen Zentimeter zurücklegt. Das entspricht etwa der längsten Strecke, die die Katze während einer Belichtungszeit durchmessen darf, ohne daß das Bild bis zur Unkenntlichkeit verwischt. Die Verschlußzeit muß deshalb eine tausendstel Sekunde oder kürzer sein. Die Größenordnung von Mareys technischer Ausrüstung mußte sich also nach der Geschwindigkeit von fallenden Objekten und der geeigneten Belichtungszeit bei einer bestimmten Geschwindigkeit richten. Was bestimmte die Größenordnung für Zewails Apparaturen?

Wie rasch vollziehen sich Wechselwirkungen zwischen Atomen? Wenn wir die Frage etwas stärker auf menschliche Verhältnisse bezögen und das Wort «Atome» durch «Liebende» ersetzten, würden wir den Vorgang in zwei Teile untergliedern – die Zeit des Werbens und die Zeit der Vereinigung. Der zeitliche Rahmen für die erste Phase schwankt außerordentlich und hängt von vielen persönlichen und sozialen Faktoren ab, während die Dauer der zweiten Phase viel kürzer und einheitlicher ist. Entsprechend ist für eine chemische Reaktion zunächst erforderlich, daß die Atome am richtigen Ort und unter den richtigen Umständen Kontakt miteinander bekommen. Das kann viel Zeit in Anspruch nehmen, etwa wenn Zucker sich in Eistee auflöst, oder sehr wenig, zum Beispiel in einer Explosion. Die zweite Phase, in der die beiden Atome tatsächlich einer chemischen Verwandlung unterworfen sind, ist beträchtlich kürzer und hängt von den Atomen selbst, nicht von ihrem Umfeld ab. Wenn wir die gewundenen Wege der Präliminarien verstehen, können wir etwas über den Wärmefluß, über Druck und Dichte und über die physikalischen Eigenschaften von flüssigen und festen Körpern erfahren. Der letzte Schritt, der intime Akt der Atompaarung, gibt uns Aufschluß über die innerste Natur der Atome selbst.

Bis in jüngste Zeit gab es jedoch keine Möglichkeit, auch nur annähernd zu messen, wie lange zwei Atome brauchen, um diesen letzten Schritt zu vollziehen. Um die Größenordnung der erforderlichen Zeit zu schätzen, können wir vorübergehend vergessen, was wir in den letzten achtzig Jahren über Atome gelernt haben, und weit zurückgehen in das Jahr 1913, zum einprägsamen, wenn auch unkorrekten Atommodell von Bohr. Danach besteht das positiv geladene Molekül des Wasserstoffgases aus zwei Kernen, die durch ein gemeinsames Elektron verbunden sind. Nach der Theorie hat sich dieses Molekül gebildet, als sich die beiden separaten Kerne einander näherten und als das einzelne Elektron die beiden mindestens einmal vollständig umkreist hatte. Die Zeit, die ein Elektron braucht, um diesen Weg zurückzulegen, liefert wenigstens eine ungefähre Vorstellung von der zeitlichen Größenordnung, in der sich die Geburt eines Moleküls abspielt.

Aus den bekannten Geschwindigkeiten und Bahnen der Elektronen im Bohrschen Modell läßt sich leicht die ungefähre Zeit ausrechnen, die sie brauchen, um einen Kern zu umkreisen. Das Resultat ist eine Zeitspanne von so unvorstellbarer Kürze, daß sie sich in der Alltagssprache nicht ausdrücken läßt. Neue Wörter müssen erfunden werden, um sie zu beschreiben – deshalb wird die Zeit atomarer Wechselwirkungen in Femtosekunden gemessen.

Eine Femtosekunde ist eine1/1000000000000000 oder billiardstel Sekunde. In ihrem Bemühen, dem schwindelerregenden Tempo der Entdeckungen nicht hinterherzuhinken, schreitet die wissenschaftliche Nomenklatur um Faktoren von tausend voran, ohne sich mit den Zwischenschritten von zehn und hundert aufzuhalten. Als Monsieur Marey seine Kamera konstruierte, um Bilder mit einer Belichtungszeit von einer Millisekunde aufzunehmen, war der Bruch, mit dem er es zu tun hatte, ein Teil pro tausend, ein Quotient, der sich noch in den Grenzen der menschlichen Vorstellungskraft bewegt. Die nächste Unterteilung ist die Mikrosekunde, eine millionstel Sekunde – ein Wort, das uns leicht von der Zunge geht, dessen Bedeutung wir aber kaum noch erfassen können. Eine Million Mark ist heute kein außergewöhnliches Vermögen mehr. Indessen ist es weit schwieriger, sich ein Millionstel vorzustellen. Eine Sekunde ist ungefähr ein Millionstel von vierzehn Tagen, und da wir diese beiden Zeiteinheiten noch intuitiv erfassen können, läßt sich die Dauer einer Mikrosekunde vielleicht durch Analogie verstehen. Als nächstes kommt die Nanosekunde, eine milliardstel Sekunde. Heute wirft man in Diskussionen über Waffensysteme, die Zahl der Sterne am Himmel und der Menschen auf der Erde höchst selbstverständlich mit Milliarden um sich. Die Nanosekunde am anderen Ende der Größenskala hat ihren Namen nach dem griechischen Wort für «Zwerg» und verhält sich zur Sekunde wie eine Sekunde zu dreißig Jahren. Die Vorsilbe «nano» beginnt die Welt der Technik zu erobern; allerdings bezeichnet sie hier Abstände und nicht die Zeit. So hat man an der Cornell University 1987 ein neues Institut eingerichtet und ihm den Namen National Nanofabrication Facility gegeben. Dort will man sich mit der Entwicklung von Strukturen beschäftigen, deren Ausmaße in Nanometern gemessen werden und die in der Biologie, Chemie und Elektronik Anwendung finden sollen.

Tausendmal kürzer als die Nanosekunde ist die Pikosekunde,

eine billionstel Sekunde. Das Wort «Billion» findet man neuerdings häufiger in Überschriften von Artikeln zum Jahreshaushalt der USA, doch für die meisten Menschen hat es wenig Bedeutung. Eine Billion Sekunden ist länger als die überlieferte Geschichte der Menschheit, zu lang, um noch vorstellbar zu sein. Die Vorsilbe «piko» kommt von dem italienischen Wort für «klein», «piccolo». Der letzte Schritt führt dann zur Femtosekunde, einer billiardstel Sekunde, eine Sekunde geteilt durch eine Eins mit fünfzehn Nullen. Nachdem unsere Sprache beim Latein («milli»), Griechischen («mikro» und «nano») und den romanischen Sprachen («piko») Anleihen gemacht hat, unternimmt sie hier einen ihrer seltenen Ausflüge ins Skandinavische und entlehnt «femto», die Wurzel des Wortes für «fünfzehn». Weder eine Billiarde noch ein Femto-Irgendwas kann Vorstellungsbilder hervorrufen. Deshalb ist die Feststellung, daß sich chemische Umwandlungen in Femtosekunden vollziehen, eine bloße Abstraktion. (Etwas besser ergeht es der räumlichen Entsprechung der Femtosekunde. Die Ausmaße von Atomkernen werden in Femtometern gemessen. Doch da die Untersuchung von nuklearen Abständen mit Ernest Rutherford begann, lange bevor 1970 der Ausdruck «Femtometer» geprägt wurde, hat ein älterer Ausdruck Vorrang. Kernphysiker bezeichnen einen Femtometer als Fermi, zu Ehren des italo-amerikanischen Physikers Enrico Fermi, dem 1942 die erste selbständige Kernkettenreaktion gelang und der damit das atomare Zeitalter eröffnete. Da Physiker geschickterweise sowohl Femtometer als auch Fermi mit fm abkürzen, können sie einerseits weiterhin dem internationalen Einheitensystem Genüge tun und andererseits privat einen sperrigen Fachausdruck mit einer freundlichen und menschlichen Nebenbedeutung versehen.

Ahmed Zewail und seine Mitarbeiter haben sich die äußerst schwierige Aufgabe gestellt, ein Gerät zu konstruieren, das Reaktionen mit Verschlußzeiten von Femtosekunden aufzeichnen kann – 10^{12}mal schneller als die Geschwindigkeit, mit der Monsieur Marey Bilder von Katzen aufnahm. Der neue Apparat mußte auf dem

Laserprinzip beruhen, einem Verfahren, mit dessen Hilfe man seit 1985 in der Lage ist, Lichtpulse von einigen Femtosekunden Dauer zu erzeugen. Vor hundert Jahren konzentrierte sich die chemische Forschung auf die Synthese organischer Farbstoffe aus Steinkohlenteer. Heute sind die Werkzeuge der Femtochemie Impulslaser, deren Leuchtelemente organische Farbstoffe sind. Im Kreislauf der wissenschaftlichen Forschung trägt die reine Wissenschaft von gestern Früchte für die Technik von heute, die ihrerseits zu neuen grundlegenden Entdeckungen führt.

Wer Zewails Labor am Caltech besucht – in einem Raum gelegen, den er von Linus Pauling geerbt hat –, der betritt ein Zauberreich. Wie David Winelands Labor in Boulder ist es von einer Wand zur anderen mit optischen Bänken vollgestellt. Eine Fülle optischer Geräte, jedes ein eigenes Präzisionsinstrument von der Größe einer kleinen Kamera, ist reihenweise auf die Tische montiert. Der Raum liegt im Halbdunkel, doch die Laserstrahlen selbst sind als leuchtend bunte Fäden zu sehen. Sie verleihen dem verwirrenden Bild Ordnung und sind wie leuchtende Gleise, die durch eine komplizierte, wenn auch bewegungslose Modelleisenbahnausstellung zur Weihnachtszeit führen. Zwischen den Linsenhaltern, Prismentischen und Verschlußblenden, die zur Verringerung der Reflexion schwarz gestrichen und mit Einstellrädchen versehen sind, leuchten die Laserstrahlen rot, grün und orange, treten in schwarze Kästen ein, aus denen sie auf der anderen Seite überraschend in anderen Farben wieder auftauchen, fächern in verschiedene Richtungen aus, bevor sie sich wieder vereinigen, werden von Spiegeln zurückgeworfen und durchqueren den Raum in Zickzacklinien. An verschiedenen Stellen führen verschlungene Plastikrohre den Lasern die bunten organischen Farbstoffe zu. Alles sieht sauber, präzise und steril aus.

Ob es in all dieser eisigen Vollkommenheit einen Ort gibt, wo Moleküle bei ihrem Fall durch den Raum erfaßt werden, ist nicht zu erkennen. Von dem wütenden Lärm der fauchenden Katzen und fluchenden Assistenten, der Monsieur Mareys Atelier erfüllt haben muß, dem Gestank von überhitzten Lampen und menschlichem Schweiß, dem hektischen Durcheinander ist hier nicht mehr das geringste zu spüren. Trotzdem weisen die Experimente, wie Professor Zewail betont, in ihrem Grundprinzip eine große Ähnlichkeit zur altmodischen Hochgeschwindigkeitsfotografie auf. Beide Techniken zerlegen eine kontinuierliche Bewegung in eine Reihe von Schnappschüssen, die sich später wieder zu einem hinreichend genauen Abbild eines geschlossenen Bewegungsablaufs zusammenfügen lassen. Während uns Mareys Experiment hilft, die Newtonsche Physik zu verstehen, trägt Zewail mit seiner Arbeit zur Verdeutlichung der Quantenmechanik bei, indem er die Bildung von Molekülen aufzeichnet. In beiden Fällen gleichen sich die Ziele, nur die Größenordnungen haben sich verändert – von Milli- zu Femtosekunden und von Zenti- zu Nanometern.

Die Methode, durch die man Laserblitze oder -impulse erzeugt, ähnelt dem Kunstgriff, mit dem Klavierstimmer ihren Lebensunterhalt verdienen. Betrachten wir zwei kurze Töne, den einen von einer Stimmgabel, den anderen von einer Klaviersaite und in der Tonhöhe ganz leicht vom ersten abweichend. Schlägt man die beiden Schallquellen gleichzeitig an, sind nicht zwei Töne zu hören, sondern nur ein einziger, der in wellenförmigem Auf und Ab lauter und leiser wird. Das besondere Merkmal dieser Modulationen, die man Schwebungen nennt, liegt darin, daß sie länger werden und weiter auseinanderliegen, wenn sich die beiden konstituierenden Töne in der Höhe einander annähern, und ganz verschwinden, wenn die Töne zusammenfallen. Jede Schwebung, von der Stille bis zur maximalen Lautstärke und wieder zur Stille, ist ein Puls mit einer einzigen Frequenz und in seiner Dauer weit kürzer als der ursprüngliche Schallpuls. Wenn die beiden ursprünglichen Töne weiter auseinanderliegen, werden die Schwebungen sogar noch kürzer, so daß sich kurze Pulse aus längeren erzeugen lassen. Bei Lasern wird der Ton durch Farbe ersetzt. Pulse von leicht verschiedenen Farben mit einer Dauer von Pikosekunden werden so kombiniert, daß sie Schwebungen ergeben, die nur noch Femtosekunden dauern. Mithin unterscheiden sich die schnellsten Laserpulse, die in der Wissenschaft bekannt sind, im Grunde genommen nicht von den Schwebungen eines Klavierstimmers.

Die kurzen Pulse erfüllen zwei sehr unterschiedliche Aufgaben. In Mareys Experimenten oblag die Vorbereitung der Anfangsphase dem Assistenten, der die Katze kopfüber hielt und vermutlich durch Zuruf kundtat, daß er bereit war, sie fallen zu lassen. Bei einer chemischen Reaktion wie der Umwandlung von Kohlendioxid in Monoxid stellt der Anfangspunkt jedoch ein riesiges Problem dar. Man kann die beteiligten Stoffe nicht mit der Hand zusammenführen und warten, bis sie von allein zusammenkommen, denn wie bei der Liebeswerbung ließe sich dann die Dauer nicht vorhersagen. Um diese Schwierigkeit zu überwinden, griff Zewails Team zu einem Hilfsmittel: Es verwendete eine Trägersubstanz, um den Wasserstoff in die Nähe des Kohlendioxids zu bringen, das heißt, es mischte CO_2 mit einer Verbindung aus Wasserstoff und Jod. Ein Lichtblitz von einer Femtosekunde Dauer spaltete das HI und schleuderte das Wasserstoffatom gegen sein Kohlendioxidziel. Damit diente der erste schnelle Laserpuls als Startsignal für das Experiment.

Die andere, davon unabhängige Funktion ist es, die Reaktion nach ihrem Beginn zu illuminieren – ähnlich wie bei einem Stroboskop, nur daß das von den beteiligten Atomen gestreute Licht von Spektrometern und nicht von fotografischen Platten aufgefangen wird. Wie einst die Atomspektren jene Hinweise lieferten, die es Bohr, später auch Schrödinger und Heisenberg, ermöglichten, die Struktur der Atome zu enträtseln, offenbaren Molekülspektren die Mechanismen ihrer chemischen Wechselwirkungen. Jede der vier Verbindungen, die an der Kohlendioxidreaktion beteiligt sind, besitzt einen unverwechselbaren Fingerabdruck in Gestalt der Lichtfarben, die emittiert und absorbiert werden. Nach Beginn der Reaktion beginnen die Spektren der ersten beiden Verbindungen – der ursprünglichen Bestandteile, Wasserstoff und Kohlendioxid – zu verblassen, und Femtosekundenbild um Femtosekundenbild setzen sich die Spektren der Endprodukte durch. Nicht nur die Zusammensetzung, sondern auch die Geschwindigkeiten und relativen Positionen der Moleküle lassen sich aus den aufschlußreichen Eigenschaften der Spektren ablesen. Auf die gleiche Weise können Astronomen viele Einzelheiten über Sterne in Erfahrung bringen, die sie nie erreichen werden. Doch auch über die Bewegungen der in Wechselwirkung stehenden Moleküle hinaus offenbaren die Spektren etwas vollkommen Neues.

In dem Intervall zwischen dem Verschwinden des ursprünglichen chemischen Zustands und der vollständigen Ausbildung der endgültigen Reaktionsprodukte taucht ein neues Spektrum auf. Mit Hilfe der Quantentheorie schrieb man es einem unbekannten Molekül zu, das die Reaktion vermittelt. Es läßt sich durch die chemische Formel HOCO beschreiben, ist ein sogenannter Stoßkomplex und lebt nicht länger als ungefähr fünf Pikosekunden, bevor es wieder zerfällt – viel zu kurz, um in normalen chemischen Experimenten beobachtet werden zu können, aber doch ziemlich lang, legt man die Größenordnung von Femtosekunden zugrunde. Wie alle komplexen Moleküle, die gerade ein heftiges Trauma erlitten haben – in diesem Falle ein Geburtstrauma –, vibriert und rotiert auch dieses im Raum. Das fallende, zitternde HOCO-Molekül ist ein quantenmechanisches Fabeltier, ein kurzlebiges Rätsel, von dem wir gegenwärtig noch wenig wissen.

Wenn die traditionelle Chemie die Aufzählung der rohen Zutaten ist, die durch die eine Tür hineingetragen werden, gefolgt von einer Beschreibung des Feinschmeckergerichts, das durch die andere hereingebracht wird, so erlaubt uns die Femtochemie, einen Blick in die Küche zu werfen. Sie ist Chemie in Bewegung und überbrückt die Disziplinen der Chemie und Physik in einer Weise, die vorher nur in der Vorstellung, etwa in Kekulés Traum, möglich war. Die Femtochemie ist der jüngste Akt im reduktionistischen Programm, das von Leukipp und Demokrit eröffnet und von Lukrez besungen wurde. Das Ziel: Die Natur soll durch die Bewegung ihrer irreduziblen Bestandteile beschrieben werden.

Als Isaac Newton die grundlegenden Bewegungsgesetze entdeckte, die für makroskopische Körper gelten, war ihm klar, daß diese Theorie nur der Anfang eines weit umfassenderen Prinzips war. Im Vorwort zur ersten Ausgabe der ‹*Principia Mathematica*› beschreibt er seine Vision: «Möchte es gestattet sein, die übrigen Erscheinungen der Natur auf dieselbe Weise aus mathematischen Prinzipien abzuleiten! Viele Beweggründe bringen mich zu der Vermutung, daß diese Erscheinungen alle von gewissen Kräften abhängen können. Durch diese werden die Teilchen der Körper nämlich, aus noch unbekannten Ursachen, entweder gegeneinandergetrieben und hängen alsdann als reguläre Körper zusammen, oder sie weichen voneinander zurück und fliehen sich gegenseitig.»

Im 19. Jahrhundert wurde diese Hoffnung zu einer festen Überzeugung, wie sie beispielsweise Hermann von Helmholtz, der Entdecker des Energieerhaltungsatzes, zum Ausdruck brachte: «Die Naturerscheinungen sollen zurückgeführt werden auf Bewegungen von Materien ... auf die Kräfte der materiellen Punkte ... Es bestimmt sich also endlich die Aufgabe der physikalischen Naturwissenschaften dahin, die Naturerscheinungen zurückzuführen auf unveränderliche, anziehende und abstoßende Kräfte, deren Intensität von der Entfernung abhängt.» Selbst die Namen der verschiedenen physikalischen Disziplinen spiegeln dieses ehrgeizige, aber zutiefst nüchterne Programm wider. Es beginnt mit der *Mechanik*, die die Bewegung gewöhnlicher Objekte untersucht, und der *Dynamik*, die sich mit den für diese Bewegung verantwortlichen Kräften beschäftigt. Die Bewegung hielt man für den Ursprung aller Naturerscheinungen. Die Wärmelehre wurde zur *Thermodynamik* und *statistischen Mechanik*, während die elektrischen und magnetischen Phänomene in der *Elektrodynamik* zusammengefaßt wurden. Dann verwandelte die *Quantenmechanik* die klassische Mechanik, und anschließend wurde sogar die Untersuchung des Lichts, des immateriellsten aller Stoffe, zur *Quantenelektrodynamik*. Als man Quarks als Bestandteile von Kernen erkannte, wurden ihre Bewegungen durch die *Quantenchromodynamik* kodifiziert (die trotz ihres Namens nichts mit gewöhnlichen Farben zu tun hat), und am anderen Ende der Skala werden die größten Atomteilchen durch die *Molekulardynamik* beschrieben, deren vorderste Front die Femtochemie bildet. Jenseits dieser Grenze liegen, in Newtons Worten, «die chemischen Operationen» und «Körper von wahrnehmbarer Größe», das heißt die Dinge, die uns umgeben.

«Es führt eine gerade Leiter vom Atom bis hin zum einzelnen Sandkorn, und das einzige wirkliche Geheimnis in der Physik ist die fehlende Sprosse», heißt es bei Tom Stoppard. «Unterhalb der Sprosse: Teilchenphysik; oberhalb: klassische Physik; aber dazwischen: Metaphysik.» Die Molekulardynamik und insbesondere die Femtochemie bieten ein Vergrößerungsglas, das hilft, die Grenze zwischen der klassischen und der Quantenmechanik genauer festzulegen. Die fehlende Sprosse liegt weit unter dem Sandkorn und ein bißchen über dem Atom, genau dort, wo Atome sich zu Molekülen zusammenfügen. Dies ist der einzige Bereich, in dem sich die beiden unterschiedlichen Bewegungsbegriffe treffen und mischen.

Der Versuch, die Bewegungen aller Teilchen des HOCO-Stoßkomplexes zu erklären – einschließlich der vier Kerne und des Schwarms von Elektronen, der sie umgibt –, würde die Möglichkeiten existierender Computer weit überschreiten. Deshalb muß das Problem in zwei Teile zerlegt werden. Der erste ist die quantenmechanische Behandlung der Elektronenwolke, in der ein Elektronenhaufen ein geisterhaftes, nebulöses Miasma bildet. Der andere Teil ist die Beschreibung der vier Kerne, von denen man annimmt, daß sie sich zwischen den Elektronen auf klassische Weise wie Hagelkörner durch eine Gewitterwolke bewegen.

Selbst bei solcher Vereinfachung bleiben die mathematischen Schwierigkeiten der Molekulardynamik extrem. Man brauchte ungefähr fünfundvierzig Jahre, von 1930 bis 1975, um zu einer angemessenen Beschreibung der primitivsten aller chemischen Reaktionen – des Zusammenstoßes von Wasserstoffatomen mit zweiatomigen Wasserstoffmolekülen – zu gelangen, und weitere fünfzehn Jahre, um die Analyse auf einfache praktische Beispiele auszudehnen. Von einer vollständigen Theorie der komplexen Reaktionen, die man in Professor Zewails Laboratorium beobachtet, sind wir noch weit entfernt. Wenn es schließlich soweit ist, werden wir den Bewegungen der Kerne wie denen einer fallenden Katze folgen können. Allerdings wird das Verhalten der Elektronen auch weiterhin durch eine abstrakte Liste von Zahlen in den Eingeweiden des Computers kodifiziert werden. Wie Heisenbergs Matrizen werden diese Zahlen keine Vorstellungsbilder auslösen.

In mancherlei Hinsicht ähnelt die Molekulardynamik den Abläufen in einem großen Textilunternehmen. In der Zentrale verfolgt ein computerisiertes Inventursystem, wie das Rohmaterial in der Herstellung zum Endprodukt verarbeitet wird und dann in den Vertrieb und Verkauf gelangt. Um beispielsweise den Aufenthaltsort eines bestimmten roten Kleides zu ermitteln, gibt man einfach die Identifikationsnummer des Kleidungsstücks ein und erfährt, daß es zur Zeit in einer Boutique in Chicago hängt. Will man seinen Preis, die Größe und das Herstellungsdatum wissen, kann man auch diese Daten sofort abrufen.

Für Buchhalter sind die Identifikationsnummern realer als das Kleid selbst. Wenn man die Zahlen als Etiketten benutzt, kann man komplizierte Fluß- und Tortendiagramme auswerfen lassen, und obwohl sie für die meisten Menschen bedeutungslos sind, erfassen sie die Abläufe in dem Unternehmen weit genauer, als es ein Farbfoto des realen Kleidungsstückes könnte. Natürlich muß man auch gelegentlich vor Ort überprüfen, ob das rote Kleid tatsächlich an der Stelle ist, wo man es vermutet, und ob Größe und Farbe den Behauptungen des Computers entsprechen. In dem Maße, wie solche Stichproben erfolgreich sind, ist das Modell angemessen. Doch ein Etikett ist kein Kleid, und tatsächlich gilt, so absurd das auch klingen mag, daß sich das mathematische Modell um so weiter von der Wirklichkeit entfernt, je besser es wird. In früherer Zeit mußten Ladeninhaber hin und wieder ihre Geschäfte schließen, um ihre Waren zu überprüfen und zu zählen, doch heute macht die automatische Inventur solche Schritte überflüssig. Zahlen haben die Dinge ersetzt.

Die Quantentheorie ist das Rechnungswesen der atomaren Welt, ein mathematisches Modell, das Vorhersagen ermöglicht, die im Labor verifiziert werden können. Von Supercomputern ausgerechnet, kann die in der Wellenfunktion enthaltene Information auf unterschiedliche Weise dargestellt werden, etwa als sukzessive stroboskopische Ansichten vom Aufenthaltsort der Kerne, doch in allen Fällen bleiben die Elektronen nebulös.

Wenn wir uns anschicken, das seltsame Gebiet zwischen klassischer Mechanik und Quantenmechanik zu kartieren, erfahren wir etwas über die Beschränkungen beider. Die klassischen Bewegungen haben den Vorteil, daß die Intuition, geschult und vervollkommnet, den Theoretiker bei der Analyse der komplexen Molekularsysteme leiten kann. Die quantenmechanische Bewegung dagegen ist genauer, der Intuition jedoch weniger zugänglich. Am Ende verspricht der Zusammenschluß beider in einer vereinheitlichten Beschreibung den größten Nutzen. Im Dezember 1990 ging Ahmed Zewail in einem Artikel näher auf diesen Nutzen ein, als er in höchsten Tönen vom «Durchbruch zu maßgeschneiderten laserchemischen Produkten» schwärmte, der es ermöglichen werde, nach Belieben die Bewegung einzelner Moleküle zu dirigieren und chemische Reaktionen zu steuern.

Bei einer Beschreibung seiner eigenen Person in dem Roman *‹Der Ringschlüssel›* beschwört Primo Levi beredt den Traum von einer totalen Kontrolle über die Atome. «Ich aber bin immer Monteur-Chemiker gewesen, einer von denen, die Synthesen herstellen, oder anders gesagt, die Strukturen nach Maß aufbauen», schreibt er und führt als Beispiel für eine solche Struktur die chemische Formel für ein riesiges Molekül an, das aus ungefähr siebzig Atomen besteht. Dann fährt er fort:

Aber blind sind wir allemal ... und jene Pinzetten, von denen wir des öfteren nachts träumen, so wie ein Durstender von Quellen träumt, Pinzetten, mit denen wir ein Segment fassen, es schön fest und gerade halten und an der richtigen Stelle an das schon montierte Teil anfügen könnten, die besitzen wir nicht. Hätten wir solche Pinzetten (und es ist nicht auszuschließen, daß wir sie eines Tages haben werden), dann wäre es uns schon gelungen, einige hübsche Sächelchen herzustellen ... Doch vorläufig haben wir sie nicht, und deshalb sind wir nicht mehr als primitive Monteure.

Während Chemiker Atome manipulieren möchten und nach vollkommener Kontrolle streben, ist Physikern daran gelegen, sie zu verstehen. Zwar sollte man die Dinge bis zu einem gewissen Grade verstehen, wenn man sie kontrollieren will, doch muß es sich dabei nicht unbedingt um ein Verständnis auf der fundamentalsten Ebene handeln. Und darum geht es der Physik. Der Unterschied zwischen den beiden Ansätzen wird in einer Bemerkung von Arnold Sommerfeld, Heisenbergs Doktorvater in München, deutlich. In der ersten Hälfte unseres Jahrhunderts stand Sommerfeld, dessen besonderes Kennzeichen ein stets makellos gezwirbelter Schnauzbart war, der deutschen Physik als gestrenge, aber geliebte Vaterfigur vor. Seine wissenschaftliche Karriere erreichte ihren Höhepunkt in dem Interregnum zwischen der Demontage der klassischen Physik durch Rutherford und Bohr um 1913 und der Geburt der Quantenmechanik zwölf Jahre später. Sommerfeld hoffte, eine vollständige Teilchentheorie der Materie in der Tradition von Demokrit und Newton zu entwickeln, als ihm sein glänzendster Schüler mit der Revision der Atomtheorie den Teppich unter den Füßen fortzog. Es spricht für Sommerfeld, daß er sich sofort und vollständig bekehren ließ und zu einem überzeugten Fürsprecher der Quantenmechanik wurde.

Im Mai 1928 wurde Sommerfeld eingeladen, die Eröffnungsrede beim Treffen der Deutschen Gesellschaft für angewandte physikalische Chemie in München zu halten. Der Titel seiner Rede lautete: «Zur Frage nach der Bedeutung der Atommodelle». Er fühlte sich ein bißchen wie ein philosophischer Daniel in einer Grube von ungeheuer praktischen Löwen, als er mit der Formulierung «die verwegene Idee, das Atom durch ein Modell darzustellen» begann, um dann seine Wortwahl zu erklären: «Ich nannte die Idee des Atommodelles verwegen. So schien sie den meisten Physikern und Chemikern bis weit über das Jahr 1900 hinaus. Stellen Sie sich zum Beispiel vor, wie unser ehrwürdiger und gestrenger Adolf von Baeyer jemanden behandelt hätte, der ihm die Vorzüge eines Atommodelles hätte auseinandersetzen wollen.»

An der Universität München war die autokratische Art meines Urgroßvaters, der dort zweiundvierzig Jahre lang Chemieprofessor gewesen ist, berüchtigt. Seine Kollegen wußten auch, daß er als erfolgreicher Molekülmonteur keinen Sinn für Spekulationen über das innerste Wesen der Materie hatte.

Ich nehme an, moderne Femtochemiker haben genausowenig Geduld mit metaphysischen Fragen über die Wirklichkeit von Atomen, wie mein Urgroßvater sie für Sommerfelds Suche nach intuitiv einleuchtenden Atommodellen gehabt hätte. Andererseits ist eine neue, stärker an der Praxis orientierte Ausweitung der Technik, die in der Physik entwickelt wird, von beträchtlichem Interesse für Chemiker – die Vervollkommnung der Pinzette zur Manipulation einzelner Atome. Doch bevor wir die Wechselwirkungen einzelner Atome in Zeit und Raum beobachten können, müssen wir zunächst lernen, sie zu lokalisieren und zu zählen.

9 Atome zählen

Die Stadt Oak Ridge in Tennessee verdankt ihre Entstehung dem Atom. Vor zwei Generationen war der Ort ein einsamer Wald in einem Tal zwischen den Great Smoky Mountains und dem Cumberland Range. 1942 wurde er dann zum Zentrum des Manhattan Project erkoren, der amerikanischen Bemühungen, eine Atombombe zu entwickeln. Man errichtete einen Sicherheitszaun, stampfte dahinter eine Stadt mit 75000 Einwohnern, den Arbeitern in der geheimen Fabrik für Spaltmaterial, aus dem Boden. Als im Sommer 1945 die erste Atombombe in der Wüste von New Mexico explodierte, hatte die Stadt ihren Zweck erfüllt.

Bald nach dem Krieg wurden die Zäune abgerissen, und die Einkaufszentren, Wohnviertel, Imbißketten und vierspurigen Ausfallstraßen der amerikanischen Gegenwart hielten dort ihren Einzug. Heute hat die Stadt kaum noch Ähnlichkeiten mit ihren Anfängen während des Krieges, doch noch immer ist ihre Wirtschaft eng mit dem Atom verbunden. Die Bombenfabrik setzte ihre Produktion während des Kalten Krieges fort, und ihre Forschungsabteilung, das Oak Ridge National Laboratory, wurde auf dem Gebiet der friedlichen Nutzung der Atomenergie führend in der Welt. Die Wörter «nuklear» und «Strahlung» versetzen die Menschen von Oak Ridge nicht in Schrecken, weil die meisten von ihnen in Unternehmen beschäftigt sind, die neben den Bestandteilen von Waffen auch radioaktive Arzneimittel, Instrumente zur Umweltkontrolle, Sicherheitsausrüstungen für Kernkraftwerke und eine Vielzahl anderer wissenschaftlicher, ökologischer und medizinischer Produkte der Kerntechnik herstellen. In Oak Ridge befindet sich das Atomenergiemuseum und der Hauptsitz eines Konsortiums für Kernforschung, dem dreiundsechzig führende amerikanische Universitäten angehören. Für Physiker bedeutet der Name Oak Ridge ein willkommenes Gegengewicht zu den Schrecken, die durch die Wörter Hiroshima und Tschernobyl heraufbeschworen werden.

Ich fuhr nach Oak Ridge, um Sam Hurst zu treffen, einen Unternehmer in Sachen Atomtechnik, der als Erfinder einer zuverlässigen und vielseitig nutzbaren Methode zum Zählen von Atomen bekannt ist. Sein Verfahren findet auf höchst unterschiedlichen Gebieten von Wissenschaft und Technik Anwendung. Ich wollte nicht nur diese Technik kennenlernen, sondern freute mich auch auf eine Atmosphäre, in der Atome alltägliche Objekte wie Tassen, Teller und Sandkörner sind. Ahmed Zewails Stroboskop, Daniel Kleppners Vakuum-Kavität, Hans Dehmelts Atomfalle und das Raster-Tunnelmikroskop von Gerd Binnig und Heinrich Rohrer sind wichtige Geräte zur Manipulation von Atomen, doch man trifft sie bislang nur in der exotischen Umgebung akademischer Forschungslabors an. Praktische Wissenschaftler wie Sam Hurst dagegen haben ihre atomaren Apparate in die Arztpraxis, die Fabrik und die Küche eingeführt. Die Existenz der Atome selbst halten sie für erwiesen. Sie können die munteren Kerlchen, wie Ernest Rutherford sie nannte, fast sehen. In Oak Ridge sind die Atome manifester als irgendwo sonst auf der Welt.

Hurst hatte sich mit mir bei Atom Sciences, Inc., verabredet, dem kleinen Unternehmen, das er gegründete hat, um seine Ideen zu vermarkten. Er hat sich aus der Firma – sie liegt hinter dem Supermarkt im Ridgeway-Einkaufszentrum, neben dem Büro eines Bauunternehmers und einem Laden, der aus unerfindlichen Gründen «Family Tailor and Gifts» heißt – zurückgezogen. Doch nach dem Verhalten der Empfangsdame in der winzigen Eingangshalle und dem Absender auf seinen Briefen zu urteilen, ist er in dem Unternehmen so aktiv wie eh und je. Der untersetzte, drahtige Hurst stammt aus Pineville in Kentucky. Er spricht langsam und mit dem näselnden Dialekt seiner Heimat. Für seine präzisen und prägnanten Sätze läßt er sich Zeit und unterbricht sie häufig, um Denkpausen einzulegen. Er ist eine sympathische Mischung aus international angesehenem Wissenschaftler, schlichtem Philosophen und Burschen vom Lande, der es zu etwas gebracht hat.

Hursts beruflicher Werdegang entfaltete sich in vier verschiedenen Bereichen wissenschaftlicher Forschung: dem staatlichen Institut, der Universität, der Privatwirtschaft und der Denkfabrik. Nachdem er am Oak Ridge National Laboratory das universelle Atomzählungsverfahren entwickelt hatte, ging er an die University of Tennessee im nahegelegenen Knoxville, gründete die Atom Science, Inc., und beteiligte sich an der Gründung des der Universität angeschlossenen Forschungsinstituts, das die Technik ausbauen und weltweit verbreiten soll.

Während er mich in dem kleinen Reich herumführte, das er aufgebaut hat, erzählte er mir geduldig die Geschichte der Atomzählungsmethode. Wir schritten durch ein Labyrinth von kleinen Räumen, die alle gesonderten Aufgaben zugedacht waren. In jedem saßen ein paar junge Techniker hinter Computerkonsolen oder werkelten mit Vakuumpumpen und Lasern herum. Für die meisten hatte Hurst ein Scherzwort oder eine technische Anmerkung parat. Überall standen Materialproben, die zur Analyse eingeschickt worden waren: eine Dose mit Luft, entnommen aus den Blasen eines Gletschers in Alberta, eine Flasche mit Wasser aus Tunesien, eine Schachtel Halbleiterchips aus Rußland. Der Ort beherbergte eine bunte internationale Mischung aus Atomen.

Wie viele Erfindungen wurde das universelle Atomzählungsverfahren aus der Not geboren. 1970 stieß Sam Hurst am Oak Ridge National Laboratory als Leiter einer Arbeitsgruppe, die bestimmte Kernreaktionen untersuchen sollte, auf ein Problem. Er glaubte, daß eine Anomalie in seinen Daten von Verunreinigungen in den Materialien herrührte, aber die Kontamination war so gering, daß sie sich mit bekannten Methoden nicht erfassen ließ. Chemiker sind zwar daran gewöhnt, Mengen in ppm – *parts per Million*, also Teile pro Million – zu messen, doch angesichts der riesigen Zahl von Atomen in einem Wassertropfen ist ein ppm keine wirklich kleine Menge. Hurst glaubte, die Verunreinigungen, mit denen er es zu tun hatte, lägen deutlich unter dem ppm-Niveau, und beschloß, nach einer Methode zu suchen, mit der solche Spuren zu entdecken waren.

Da er wußte, daß die moderne Elektronik kleine Zahlen von Elektronen bis hin zu einem einzigen Teilchen zuverlässig bestimmen kann, war ihm auch klar, daß sich auf die Zahl der Atome schließen ließe, wenn man ein Elektron von der äußeren Schale jedes Atoms abstreifen und dann die Elektronen zählen würde. Darüber hinaus lassen sich Laser flexibel und wirksam dazu verwenden, Elektronen aus Atomen herauszuschlagen. Leider ist die Methode nicht im mindesten selektiv und erfaßt unterschiedslos alle Atomarten gleichermaßen. Ein hinreichend leistungsfähiger Laser entfernt Elektronen aus jedem Atom, das er illuminiert, was der Sache natürlich nicht dienlich ist. Es geht darum, nur Atome einer bestimmten Art zu entdecken, um winzige Verunreinigungen in einem Stoff zu messen.

Dann hatte Hurst eine zündende Idee. Nehmen wir an, dachte er, der Laser ist so eingestellt, daß er das Elektron nicht ganz aus dem Atom herausschlägt, sondern nur ein bißchen über die Hälfte der Energietreppe hinaufbefördert. Da die Höhe der Energiestufen bei jedem Atom anders ist und sich moderne Laser in ihrer Energie (oder auch, was das gleiche bedeutet, in ihrer Frequenz, Wellenlänge und Farbe) auf das feinste abstimmen lassen, kann man ausgewählte Atome mit hoher Unterscheidungsgenauigkeit anregen. Mithin bleibt ein Laser, der so eingestellt ist, daß er ein Elektron in, sagen wir, einem Aluminiumatom anregt, ohne Wirkung auf ein in der Nähe befindliches Sauerstoffatom.

Der letzte Schritt ergibt sich ohne Schwierigkeiten. Der Laser strahlt mit jedem Puls eine so gewaltige Zahl von Photonen ab, daß viele von ihnen übrigbleiben, nachdem alle Atome eines bestimmten Typs erregt worden sind. Jedes Atom, dessen Energie erhöht worden ist, wird dann ein zweites Photon der gleichen Art absorbieren, welches das Elektron den Rest der Energietreppe hinauf- und ganz aus dem Atom hinausstoßen wird, wo es dann schließlich gezählt werden kann.

Entscheidend für das Verfahren ist der erste Schritt, der eine Resonanz zwischen dem Laserlicht und einer bestimmten Atomart herstellt. Einen Laser so einzustellen, daß er nur ausgewählte Atome anregt, hat große Ähnlichkeit mit der Wahl eines Radioprogramms, bei der man eine Resonanz zwischen dem Rundfunkempfänger und einem Sender herstellt. Wie ein gutes Radio zwischen einer Vielzahl nahe beieinanderliegender Sender unterscheiden kann, vermag ein guter Laser seine Wahl unter einer Vielzahl verschiedener Atome zu treffen. Als Hurst und sein Team 1974 erkannten, daß die Methode nach kleinen Abwandlungen in der Lage war, Konzentrationen bis zu einzelnen Atomen jedes beliebigen Elements zu zählen, meldeten sie sie zum Patent an, das zwei Jahre später erteilt wurde. Weitere Patente für verschiedene Verfeinerungen der Methode folgten. 1975 gelang es Hurst und seinen Mitarbeitern, ein einzelnes Cäsiumatom vor einem Hintergrund von 10^{19} oder zehn Milliarden Milliarden Argonatomen zu entdecken. Heute gelten Hurst und Atom Sciences in Oak Ridge als führend auf dem Gebiet der Atomzählung.

Die Nachricht von der neuen Erfindung, mit der es so zuverlässig gelang, ein paar Atome unter Billionen anderer aufzufinden, verbreitete sich wie ein Lauffeuer, und Hursts Methode wurde bald von Laboratorien in der ganzen Welt übernommen, wo sie half, eine Vielzahl praktischer Probleme zu lösen. Ein zufriedener Kunde ist die Computerindustrie. Da die integrierten Schaltkreise auf Computerchips immer kleiner werden, wächst die Wahrscheinlichkeit, daß schon winzige Materialfehler die empfindlichen elektrischen Prozesse beeinträchtigen. Einige moderne elektronische Bausteine sind so klein, daß ein einziges fremdes Atom ihre Funktion stören kann. Diese sogenannte Ein-Atom-Fehlstelle könnte eines Tages zu einem verbreiteten Alltagsärgernis werden und sich nur durch sehr ungewöhnliche neue Methoden der chemischen Analyse verhindern lassen, als deren Vorläufer Hursts Resonanztechnik gelten darf.

Prinzipiell ist das Problem geometrischer Natur. Ein einzelnes Atom gleicht einem Punkt, den Mathematiker nulldimensional nennen. Entsprechend hat ein Atomstrahl, wie ein Wasserstrahl aus einem Schlauch, das Aussehen einer Linie und ist eindimensional, während eine Oberfläche, die man unter einem Raster-Tunnelmikroskop untersucht, eine zweidimensionale Struktur besitzt. Eine Stichprobe dagegen, die eine Verunreinigung enthält, muß naturgemäß als dreidimensional angesehen werden. Mit jeder Dimension steigt die Zahl der Atome und damit die Schwierigkeit, sie durchzumustern, steil an.

Betrachten wir einen Metallwürfel mit einer Seitenlänge von einem Mikron, einem millionstel Meter; er ist damit ungefähr so groß wie manche gegenwärtig handelsüblichen Mikrochips. An jeder Kante gibt es ungefähr zehntausend Atome, eine Zahl, die groß, aber noch zu bewältigen ist. Auf jeder Fläche beträgt die Zahl der Atome zehntausend im Quadrat oder hundert Millionen – eine weit eindrucksvollere Menge. Der ganze Block nun besteht aus zehntausend hoch drei – oder einer Billion – Atomen. Ein Atom unter einer Billion anderer zu finden, ist ein Problem jener Größenordnung, in deren Rahmen sich die Atomzähler bewegen. Die Schwierigkeit liegt weniger darin, einzelne Atome zu manipulieren, als vielmehr die Vielzahl anderer außer acht zu lassen. Die Schlüsselwörter sind Unterscheidbarkeit, Selektivität, Empfindlichkeit und Spezifität – nicht aber Vergrößerung, die in der Mikroskopie eine Rolle spielt, oder Stabilität, die für Atomfallen wesentlich ist. Bei seiner Suche nach der Nadel im Heuhaufen hat Hurst den üblichen Weg, die einzelnen Heuhalme zu durchmustern, umgangen und sich statt dessen mit einem Magneten bewaffnet, der auf das Heu nicht reagiert.

Die Atome, die man mit Hilfe von Hursts Methode findet, sind nicht immer so unwillkommen wie Verunreinigungen. Nehmen wir die folgende Szene: In einem abgelegenen Tal in Nordchina klettern zwei fröhliche junge Männer in bunter westlicher Wanderkluft, jeder mit einem kleinen Nylonrucksack versehen, einen Abhang zum Ufer eines sprudelnden Bergbaches hinab. Der erste schiebt seine Sonnenbrille ins schwarze Haar empor und kniet nieder, um etwas Sand in ein Fläschchen zu füllen, während der andere eine Identifikationsnummer in sein Notizbuch einträgt. Sie beraten kurz, verstauen ihre Ausrüstung und setzten ihren Weg stromaufwärts fort. Trotz ihres sportlichen Aussehens sind sie Goldsucher und betreiben die raffinierteste Goldwäsche der Welt.

Später, in einem kleinen Dorf, ein Stück weiter unten im Tal gelegen, untersuchen sie den Sand in einem Lieferwagen, der zu einem fahrbaren Labor umgerüstet ist, auf das Vorkommen des Edelmetalls. Allerdings forschen sie nicht nach Klümpchen oder auch nur Körnchen – sie zählen einzelne Atome. Dem liegt die Erkenntnis zugrunde, daß Gold zwar gegen Korrosion und die meisten normalen chemischen Einwirkungen beständig, jedoch auf der atomaren Ebene keineswegs unzerstörbar ist. Wenn es irgendwo stromaufwärts einen Goldklumpen gibt, werden unter dem pausenlosen Einwirken des Wassers, der benachbarten Steine und des Sandes fortwährend einzelne Atome abgerieben. Auf diese Weise lösen sich Milliarden Atome, so daß sich unterhalb des Klumpens gewöhnlich kilometerweit eine Fahne von Goldatomen ausbreitet. Die High-tech-Goldsucher kartieren die Ausdehnung dieser Fahne, indem sie Goldkonzentrationen messen, die viel zu winzig sind, um von irgendwelchem Nutzen zu sein. Da es Spuren von Gold überall auf der Erde gibt, hat auch die absolute Dichte der Fahne keinen besonderen Aussagewert für sie. Viel informativer sind Veränderungen in der Konzentration der Goldatome: Zunahmen zeigen die Richtung, in der lohnende Vorkommen liegen, Konzentrationsabnahmen lassen darauf schließen, daß man sich von ihnen entfernt.

Eine Gruppe von Physikern an der Tsinghua-Universität in Peking hatte die Technik von Hurst gelernt, als er sie vor einigen Jahren besuchte. Sie hat daraus jetzt ein außerordentlich empfindliches Analysesystem zur Entdeckung von Gold und anderen Metallen in Mineralien entwickelt. In den veröffentlichten Artikeln berichten sie von ihren Funden in der Größenordnung ppt (*parts per trillion*, also Teile pro Billion) – eine ziemlich enttäuschende Menge für Goldsucher der herkömmlichen Art. Doch der chinesischen Arbeitsgruppe ist es gelungen, die Leistungsfähigkeit ihrer neuen Technik unter Beweis zu stellen, so daß sie bald in der Lage sein wird, mit ihrer Hilfe die dringend erforderliche wirtschaftliche Entwicklung ihres Landes voranzutreiben.

In den Vereinigten Staaten, wo die Goldgewinnung einen geringeren Stellenwert hat, macht man die Atomzählung zur Lösung anderer Probleme nutzbar. Eine faszinierende Möglichkeit ist der Anfang einer Technik, die man als «Ein-Atom-Medizin» bezeichnet. Man weiß seit vielen Jahrzehnten, daß der Kern des Boratoms, wenn er von einem Neutron aus einem Kernreaktor getroffen wird, ein Alphateilchen emittiert – das Projektil, das Ernest Rutherford in seinem historischen Experiment verwendete. Wenn man dieses Alphateilchen in lebendem Gewebe freisetzt, würde es nur bis zum Rand der Zelle gelangen, in der es sich zufällig aufhielte, dort seine Energie verbrauchen und zum Stillstand kommen. Dann finge es zwei freie Elektronen ein und verwandelte sich in ein harmloses, wirkungsloses Heliumatom. Doch die Energie, die es beim Abbremsen an die Zelle abgäbe, würde diese töten. Die Neutronenbestrahlung von Boratomen ist also ein vielversprechender Kandidat für die Krebsbehandlung.

Die Idee ist überzeugend: Statt ein Krebsgeschwür in einer Flut schädlicher Chemikalien zu ertränken oder es mit einer Breitseite starker Strahlung zu beschießen, könnte der Arzt den Tumor Zelle für Zelle beseitigen, ohne andere Teile des Körpers in Mitleidenschaft zu ziehen. Diese Art mikroskopischer Steuerung organischer Prozesse ist ein Zukunftstraum der heutigen Medizin.

Am Idaho National Engineering Laboratory in Idaho Falls plant man, einen Kernreaktor so umzurüsten, daß man mit seiner Hilfe dieses vielversprechende Behandlungsverfahren entwickeln kann. Doch bevor der erste Patient von ihr profitieren kann, bleibt noch viel zu tun. Beispielsweise muß man eine zuverlässige Methode finden, um die Boratome in die Krebszellen einzuführen. Es ist nicht erforderlich, die Zahl der Boratome auf eins pro Zelle zu beschränken, doch sie muß so gering sein, daß nicht ein zu großer Energiebetrag in einer einzigen Krebszelle freigesetzt wird. Man muß also dazu in der Lage sein, die Bewegung kleinster Mengen von Boratomen durch den menschlichen Körper genau zu kontrollieren und zu steuern. Als Sam Hurst von dem Problem hörte, wußte er, daß seine Zählmethode ein weiteres wichtiges Anwendungsfeld gefunden hatte.

Es gibt noch weitere Möglichkeiten, die Atomzählung medizinisch zu nutzen: Man kann die Auswirkungen sehr spärlich vorkommender Spurenelemente auf den menschlichen Körper untersuchen und außerdem die Größe der Proben reduzieren, die für verschiedene Labortests genommen werden müssen. Beide Anwendungsbereiche vereinigen sich in einer Entdeckung, die kürzlich auf dem Gebiet der Neonatologie gemacht wurde. Da Neugeborene anfällig sind, müssen Blutproben natürlich so gering wie möglich gehalten werden. Nun lassen sich aber kleine Konzentrationen von Elementen in winzigen Proben mit herkömmlichen Methoden nicht entdecken. Dieses Problem hat Atom Sciences in Zusammenarbeit mit einem Team von Kinderärzten und einem chemischen Labor in Maryland untersucht. Dabei hat man festgestellt, daß Spurenelemente wie Chrom, Eisen, Kupfer und Nickel, die für eine normale Entwicklung erforderlich sind, in einer ziemlich späten Phase der Schwangerschaft von der Mutter auf den Fötus übertragen werden und daß somit sehr frühgeborenen Kindern diese Elemente fehlen, was zu verschiedenen Krankheiten und Geburtsfehlern führt. Deshalb versuchen die Forscher herauszufinden, wie sie Frühgeborene mit der richtigen Menge der notwendigen Spurenelemente versorgen können. Die zu diesem Zweck erforderliche Blutmenge ist klein – sie wird in winzigen Tröpfchen gemessen – und doch in der atomaren Größenordnung ein weites Meer.

Noch eine andere Anwendungsmöglichkeit der Atomzählung, so wichtig wie die Kontrolle der Reinheit elektronischer Materialien und die Bestimmung des Weges, den Spurenelemente im menschlichen Körper zurücklegen, hat man auf dem Gebiet des Umweltschutzes entdeckt. Während unsere Erkenntnisse in Hinblick auf die Atomsphäre und die Ozeane einerseits immer globaler werden, nehmen sie andererseits auch einen immer mikroskopischeren Charakter an. Das Große und das Kleine begegnen sich nicht nur auf dem Feld der Kosmologie, wo man Quarks und Leptonen für den Stoff des Urknalls hält, sondern auch bei uns zu Hause, wo die Details der atomaren Wechselwirkung letztlich über die Zukunft des Planeten entscheiden.

Atom Sciences, Inc., hat maßgeblich zum Gelingen des Bemühens beigetragen, die Geschichte der Wasservorkommen in aller Welt zu entschlüsseln. Im Prinzip ist die Methode einfach und ähnelt der seit langem praktizierten Kohlenstoffdatierung. Wenn man weiß, wie viele radioaktive Atome einer bestimmten Art zu einem gegebenen Anfangszeitpunkt in einer Probe Wasser vorhanden waren, und wenn bekannt ist, wie rasch sie zerfallen, kann man messen, wie viele von ihnen übriggeblieben sind, und daraus die Zeit ableiten, die seit dem Ursprungsmoment vergangen ist. Bestimmte Atomarten, zum Beispiel Krypton-81, werden durch die Wirkung kosmischer Strahlen ständig ergänzt, so daß man annehmen darf, daß die Konzentration von Krypton-81 in der Luft konstant ist und sich seit Jahrmillionen nicht verändert hat. Weiterhin ist bekannt, daß Wasser, solange es mit der Atmosphäre in Kontakt ist, eine bestimmte geringe Konzentration von Krypton-81 enthält.

Nehmen wir nun an, vor langer Zeit sei eine bestimmte Wassermenge irgendwie abgesondert und von der Atmosphäre abgeschlossen worden – etwa indem sie in ein unterirdisches Reservoir sickerte oder von Eis umhüllt wurde. Von diesem Augenblick an begann sich die Zahl der Krypton-81-Atome in der Probe mit gleichmäßigem Tempo zu vermindern, so daß ihre heutige Konzentration als Uhr dienen kann, die uns den Zeitpunkt des Einschlusses anzeigt. Die Zahlen sind zu Beginn und am Ende des Prozesses klein: Ein Liter Wasser enthält anfangs tausend Krypton-81-Atome und nach zweihunderttausend Jahren die Hälfte davon. Wenn man mit solchen Konzentrationen umgeht, nimmt man keine chemischen Analysen vor – man zählt Atome.

Auf diese Weise hat man das Alter von Grundwasser und Polareis gemessen – genauer: die Zeit, seit sie zum letztenmal der Atmosphäre ausgesetzt waren. Solche Informationen sind erforderlich, wenn wir die Geschichte der Erdoberfläche und ihre Entwicklungstendenzen, zum Beispiel die globale Erwärmung, verstehen wollen. Bei Prozessen, die sich rascher entwickeln, empfehlen sich andere Spurenelemente als Krypton-81. Beispielsweise prüft man mit Hilfe von Argon-39, das eine Halbwertzeit von 270 Jahren hat, wie rasch Meereswasser aus der Tiefe aufsteigt und dann wieder absinkt und wie lange es her ist, daß sich unter der Sahara Wasser angesammelt hat.

Die Liste der gegenwärtigen und zukünftigen Anwendungsmöglichkeiten von Sam Hursts Erfindung ist endlos. Doch abgesehen davon hat die Technik auch eine feinsinnige philosophische Bedeutung. Die Chemie hat eine Welt porträtiert, die in verschiedene, klar zu unterscheidende Stoffe unterteilt ist – die Tinte auf dieser Seite besteht in erster Linie aus Kohlenstoff, die Luft, die wir atmen, setzt sich aus Sauerstoff und Stickstoff zusammen, mein Ehering ist aus Gold. Obwohl die Chemiker seit jeher wissen, daß alle Stoffe mit Verunreinigungen durchsetzt sind, kamen die meisten Bestandteile in so winzigen Mengen vor, daß sie sich nicht messen ließen und ohne Bedenken außer acht gelassen werden konnten. Infolgedessen wurde die Zusammensetzung jeder Substanz, zumindest im Prinzip, wie die Zutaten einer Zuckerstange beschrieben – durch knappe Angaben ihrer wichtigsten Bestandteile und einen Anhang zusätzlicher Spurenelemente, die kaum noch zu entdecken waren.

Doch seit 1970, als Hurst sein Verfahren das erste Mal ins Auge faßte, hat sich dieses Verständnis der Welt verändert. Die Grenze für die Bestimmbarkeit jedes Elementes hat sich bis zu ihrem theoretischen Minimalwert abgesenkt – dem einzelnen Atom. Jetzt gibt es keine Konzentration mehr, die zu klein wäre, um gemessen werden zu können: Entweder ist ein Element vorhanden oder nicht. Eine chemische Analyse unterscheidet sich heute von der biologischen Untersuchung einer Bodenprobe, die stets mit einer Formulierung enden muß wie «Hinzu kommt eine nicht näher zu bestimmende Zahl unsichtbarer Mikroorganismen». Die chemische Zusammensetzung der Materie ist heute, zumindest im Prinzip, absolut bekannt.

Angesichts einer so enorm gesteigerten Leistungsfähigkeit der analytischen Chemie ist bei den meisten natürlich vorkommenden Stoffen davon auszugehen, daß sie Atome jedes Elements enthalten. Ein Sandkorn beispielsweise, von dem man einst meinte, es bestehe fast ausschließlich aus Quarz, einer Verbindung von Silizium und Sauerstoff mit einem winzigen Zusatz von Spurenelementen, enthält, wie man nun herausgefunden hat, ein paar Atome von praktisch allen Elementen des Periodensystems. Die qualitative Einteilung der Welt in verschiedene Stoffe wird heute zu einer quantitativen Klassifizierung, in der der Punkt am Ende dieses Satzes sich im Prinzip nicht von dem Ring an meinem Finger unterscheidet – beide enthalten Kohlenstoff- und Goldatome, nur die Anteile sind verschieden.

Eine weitere Konsequenz dieser verbesserten Analysetechnik ist die Vervollständigung des Inventars der Welt, das von Demokrit begonnen wurde. Solange die Ingredienzien der gewöhnlichen Dinge so spärlich waren, daß man sie mit keiner bekannten Methode bestimmen konnte, blieb die Vorstellung von einem Universum, das sich aus Atomen zusammensetzt, eine Abstraktion. Doch heute ist es prinzipiell möglich, jedes einzelne Atom in jedem gegebenen Objekt zu identifizieren und aufzulisten. Woraus besteht die Welt? Aus Atomen, erwidert Demokrit, und Atom Sciences, Inc., kann uns sagen, aus welchen.

Am Ende meines Besuches, nach einem langen Tag der Erklärungen und Vorführungen, nahm mich Sam Hurst mit zu sich nach Hause. Er wohnt in einem einsam gelegenen Haus, auf einem Hügel in dem Wald, der dort schon lange wuchs, bevor das Atom für Oak Ridges Erscheinen auf der Landkarte sorgte. Als wir unser Gespräch bei einem Bier fortsetzten, zeigte er mir eine der dicken Mappen mit Folien für Overhead-Projektoren, die er auf seine Reisen mitnimmt, um seine Methoden Kollegen in aller Welt vorzustellen. Zu meiner Überraschung waren die Folien Seite um Seite mit Poesie gefüllt:

Vor'm Andrange der Fische, behaupten sie, weiche das Wasser,
Öffne die flüssige Bahn, weil beim Fortschwimmen dieselben
Hinter sich lassen den Raum, wo die Flut sich wieder vereinigt.
Ähnlich gescheh' auch sonst jedwede Bewegung der Dinge,
Jeglicher Wechsel des Orts, sei durchaus Alles gefüllt auch ...

und so fort über hundert Seiten und mehr. Es war Lukrez. Hurst ist, wie sich herausstellte, ein glühender Bewunderer des römischen Dichters und hat eine vorzügliche Sammlung von Zitaten zusammengetragen, um jeden denkbaren fachlichen Aspekt zu illustrieren, der in einer Diskussion über die Atomzählung zur Sprache kommen könnte. Wenn Lukrez ein Prophet war, dann ist Sam Hurst sein Apostel.

Mir machte es große Freude, daß Hurst seine eigene Arbeit in diesen weiten historischen Kontext einordnet. An Lukrez fasziniert nicht nur, daß er so viele Einzelheiten der modernen Wissenschaft antizipiert hat, sondern auch, daß er leidenschaftlich bemüht war, die Wissenschaft seinen Zeitgenossen nahezubringen, wie gleichgültig auch immer sie diesen Aspekten und Wissensfragen überhaupt gegenüberzustehen schienen. Sam Hurst ist klar, daß ein gleiches Bemühen in der heutigen Welt dringend erforderlich ist, und ich bestärkte ihn in seinem Bestreben, Lukrez als Propagandisten der Atomlehre nachzueifern.

Gleichwohl störte mich seine Festlegung auf den römischen Dichter unter Ausschluß jener Vertreter der Lehre, die später kamen. Die Theorie des Leukipp und Demokrit, die Lukrez propagierte, ist nur die Einleitung zur Geschichte des Atoms. Die Welt besteht aus Atomen, gewiß, doch was sind sie? Warum ist Sam Hurst nicht gleichermaßen fasziniert von dem asketischen Werner Heisenberg, der glaubte, er könne kein der Intuition zugängliches Bild vom Innern des Atoms entwerfen, oder dem zielstrebigen Erwin Schrödinger, der alle materiellen Erscheinungen auf Wellen reduzieren wollte, oder dem radikalen Max Born, der die atomare Wirklichkeit in Form von Wahrscheinlichkeiten interpretierte? Vielleicht hat Hurst klug gehandelt, als er an einem Punkt der Gewißheit innehielt und sich mit der Tatsache zufriedengab, daß wir aus Atomen bestehen, ohne sich in den Morast von Unbegreiflichkeit und Zweifeln vorzuwagen, in den wir unvermeidlich geraten, wenn wir uns auf die Bedeutung der Quantenmechanik einlassen. Doch ich befürchtete, es könnte ihm dadurch, daß er den eifrigen Lukrez zu seinem Vorbild wählte, allzugut gelingen, gebildeten Laien die beflügelnden Erfahrungen seiner eigenen Entdeckungen zu vermitteln und darüber hinwegzusehen, daß die meisten wichtigen Fragen noch unbeantwortet sind.

Seine ganze berufliche Tätigkeit hindurch hat Hurst mit Hilfe der Quantenmechanik die Entstehung von Laserlicht und dessen Wechselwirkungen mit Atomen beschrieben, so daß ihm die Leistungsfähigkeit und die Grenzen der Theorie vollkommen vertraut sind. In dieser Hinsicht ist er typisch für die meisten modernen Physiker, für die Quantenmechanik auf der praktischen Ebene nicht geheimnisvoller ist als die Mechanik eines Autos. Die Paradoxa ihrer Interpretationen bekümmern ihn nicht sonderlich. Für ihn zählt, daß er die Regeln kennt und daß sie funktionieren.

Während meines Besuches bei Hurst wich er nur einmal von dieser pragmatischen Position ab. Bei einem Mittagessen in einem gepflegten Fischrestaurant in einem Tal, von dem aus man die sich ausdehnende moderne Stadt Oak Ridge nicht mehr sehen konnte, sprachen wir über neuere Experimente zur Teilcheninterferenz. Als das Gespräch auf Youngs Doppelspaltexperiment kam, durchgeführt mit einem so schwachen Strahl, daß jeweils nur ein Teilchen durch den Apparat gelangt, murmelte Hurst: «Das verstehe ich nicht!» Und dann: «Das ist ein Punkt, der mich wirklich stört.» Selbst höchste Vertrautheit mit der Natur von Atomen kann ihre Aura des Geheimnisses nicht zerstreuen.

Für das 21. Jahrhundert wird Lukrez als Prophet nicht ausreichen. Eine neue Generation von Physikern wird sich an den Grundlagen orientieren, die von den Architekten der Quantentheorie angelegt worden sind, und wird uns über die bloße Erkenntnis, daß es Atome gibt, hinausführen, hinein in die unwegsame Zone ihrer Kerne.

VERGANGENHEIT

GEGENWART

ZUKUNFT

10 Atomare Einheiten

Um ein Atom zu erforschen, muß man es messen. Wenn man seine Eigenschaften wie Größe, Gewicht und charakteristische Frequenzen nicht quantifiziert, kann man seine Natur nicht verstehen. Messen ist jedoch in Wirklichkeit nichts anderes als ein Vergleich mit akzeptierten Eichmaßen, die genau für diesen Zweck festgelegt worden sind. Bevor man also ein Atom zähmen kann, muß man die Eichmaße wählen. Wie kann man das Unsichtbare messen? Wie lassen sich Eichmaße in einer Welt am Rande der Wahrnehmung festsetzen?

Solange der Mensch unbezweifelt im Zentrum philosophischer Untersuchung stand, richteten sich auch die Eichmaße selbstverständlich nach dem Menschen. Der griechische Philosoph Protagoras, der wie sein jüngerer Kollege Demokrit aus Abdera kam, faßte den Umstand prägnant in dem Satz zusammen: «Der Mensch ist das Maß aller Dinge.» Während der nächsten zweieinhalb Jahrtausende wurden die physikalischen Maße nach diesem Kriterium ausgewählt. So wurde in einem Buch über Maßeinheiten, das 1522, zwei Generationen vor den Anfängen der modernen Wissenschaft, in Deutschland veröffentlicht wurde, die Längeneinheit Fuß beispielsweise folgendermaßen festgelegt: «Man stelle sich am Sonntag am Portal einer Kirche auf und lasse sechzehn Männer, große und kleine, anhalten, wenn sie nach Ende des Gottesdienstes herauskommen. Dann fordere man sie auf, ihren linken Fuß einen hinter den anderen zu stellen, und die dergestalt erhaltene Länge soll eine rechte und gesetzmäßige Rute zum Vermessen des Landes sein, und der sechzehnte Teil davon soll ein rechter und gesetzmäßiger Fuß sein.» Obwohl sich diese pittoreske Beschreibung leicht verstehen läßt und zweifellos amtlich klingt, ist sie kaum eine hinreichend genaue Norm zur Vermessung des Atoms.

In der Physik bilden Zeit, Länge und Masse die grundlegende Triade der Dimensionen, mit deren Hilfe man Dinge und Prozesse, auch atomare Frequenzen, Größen und Gewichte, vermißt. Die Zeit selbst ist so schwer zu definieren, wie sie intuitiv einleuchtend erscheint. Anno Domini 400 hat Augustinus das Problem zusammengefaßt, indem er schrieb: «Was also ist die Zeit? Wenn niemand mich danach fragt, weiß ich's, will ich's aber einem Fragenden erklären, weiß ich's nicht.» Doch die *Einheiten* der Zeit – Sekunden, Minuten, Stunden, Tage – sind einfach und werden in der ganzen Welt akzeptiert.

Ironischerweise gibt es in den Maßen für Länge, die ein weit konkreteres Konzept ist als die Zeit, keine solche universelle Übereinstimmung. In den Vereinigten Staaten benutzt man noch allgemein *feet* und *inches*, obwohl sich dort die Wissenschaftler, wie die meisten Staaten der Welt, an das metrische System halten. Aus Gründen der Einfachheit hat das *inch* seine unabhängige Stellung verloren und wird mit genau 2,54 Zentimetern definiert. Durch diese mathematische Verknüpfung der beiden Einheiten erspart man den Ländern, die sich schwer tun, von ihrem archaischen System der Maßeinheiten zu lassen, zumindest die Unbequemlichkeit, einen eigenen offiziellen Längenprototypen aufzubewahren, der ihnen als Eichmaß dient.

Die Masse steht in enger Beziehung zum Gewicht, ist aber als Maß für die Materiemenge in einem Objekt besser geeignet, weil sie ortsunabhängig ist. Die Masse eines Kilogramms Zucker ist in New York, auf dem Mond und im Weltall gleich, obwohl ihr Gewicht an den genannten Orten zwei Pfund, ein gutes Drittelpfund beziehungsweise null betragen würde. Die Masse mißt die Trägheit, das Bestreben materieller Objekte, sich dem Einfluß äußerer Kräfte zu widersetzen, und dieser Widerstand hängt nicht von der Schwerkraft oder dem Ort ab: Selbst in der Schwerelosigkeit des

Alls ist ein Raumschiff weit schwieriger zu drehen als ein Schraubenzieher, weil die Masse des Raumschiffs sehr viel größer ist. Zwar ist die Definition der Masse intuitiv einleuchtend, doch sie zu messen ist ebenso problematisch wie die Bestimmung von Zeit und Länge. Wie bei der Länge gibt es mehrere unterschiedliche Masseeinheiten, so das amerikanische *slug* im Foot-Pound-Second-System – aber auch diese Einheiten werden anhand eines universellen metrischen Maßes definiert, des Kilogramms.

Um gerechte internationale Handelsbedingungen zu schaffen und den Vergleich wissenschaftlicher Messungen in den Labors der ganzen Welt zu ermöglichen, kam man 1875 überein, die Sekunde, das Meter und das Kilogramm zu internationalen Einheitsmaßen zu erklären. Im Geiste der Reform, der die Gründung der Dritten Republik begleitete, beschloß die französische Regierung in jenem Jahr, die führende Rolle, die französische Wissenschaftler bei der Entwicklung des metrischen Systems gespielt hatten, zu nutzen, und berief eine internationale Konferenz über Maßeinheiten in Paris ein. Der Vertrag, den die Teilnehmer ausarbeiteten, ist die sogenannte Meterkonvention, die am 20. Mai 1875 feierlich von diplomatischen Vertretern aus siebzehn Nationen unterzeichnet wurde. Ferner gründete man das Internationale Büro für Maße und Gewichte mit Sitz im Pariser Vorort Sèvres als internationalen Hüter der Eichmaße.

Die Büros der internationalen Behörde befinden sich im Pavillon de Breteuil, einem malerischen Schlößchen in der Nähe der berühmten Porzellanmanufaktur von Sèvres. Die vollkommene Symmetrie des Pavillons und der gepflegte Park ringsum vermitteln einen Eindruck heiterer Klarheit, die gut zur Aufgabe des Anwesens als Wächter über einen internationalen Vertrag paßt. Die ruhige Eleganz der Anlage, die den extraterritorialen Status einer Gesandtschaft genießt, unterscheidet sich deutlich von dem robusten nüchternen Erscheinungsbild des National Institute of Standards and Technology in Boulder, wo es weniger darum geht, alte Eichmaße zu erhalten, als neue zu entwickeln.

Der gegenwärtige Meterprototyp, ein robuster Stab aus einer Platin-Iridium-Legierung, und das Kilogramm, ein faustgroßer Zylinder aus dem gleichen Material, sind in einem Gewölbe unter dem Pavillon de Breteuil eingeschlossen. Nach der Meterkonvention läßt sich die Stahlkammer nur öffnen, wenn sie gleichzeitig mit drei verschiedenen Schlüsseln aufgeschlossen wird, die sich in der Obhut von drei Beamten des Büros befinden. In der Kammer liegt das internationale Meter in einem schwarzen Schutzgehäuse, das einem großen Kartonrohr ähnelt, im oberen Regal einer schweren Stahlkiste. Auf dem unteren Regal zwischen Instrumenten zur Kontrolle der Lufttemperatur und -feuchtigkeit ruht das internationale Kilogramm auf einem Quarzsockel und ist von drei Glasglocken bedeckt, die einander wie russische Puppen einschließen. Daneben stehen sechs sekundäre Eichmaße, die exakte Kopien des ersten sind und sich unter kleineren Glasglocken befinden. Den wenigen Wissenschaftlern, die das Vorrecht genießen, diese Kiste in Augenschein zu nehmen, muß sie wie ein Reliquienschrein erscheinen.

Sowohl das internationale Meter als auch das internationale Kilogramm wurden 1889 aufgestellt. (Da von der Sekunde bereits eine allgemeingültige Definition existierte, wurde ein neues Eichmaß für sie nicht als notwendig erachtet.) Seither bezog man sich, wie indirekt auch immer, auf diese Eichmaße, gleichgültig ob ein Londoner Barkeeper die Zeit ausrief, ein Pariser Modeschöpfer einen halben Meter Seide ausmaß oder eine ukrainische Bäuerin um ein Kilo Kartoffeln feilschte. Der große Zeiger einer Uhr richtete sich nach einem astronomischen Zyklus, wobei jeder Schritt 1/60 von 1/60 von 1/24 eines Tages entsprach, der von Mittag zu Mittag, dem höchsten Sonnenstand, gemessen wurde. Die hölzerne Elle und die Waage des Krämers wurden, wenn sicherlich auch nur grob, nach den Längen- und Massenprototypen in jenem Gewölbe in Sèvres geeicht. Vor dem Hintergrund von Kriegen und blutigen Revolutionen, verletzten Abkommen und leeren Versprechungen, in einer Welt, deren Gang häufiger von Leidenschaft und

Zwietracht als von Vernunft und Harmonie bestimmt wird, hat die Meterkonvention unbeschadet überdauert, am Leben und in Kraft gehalten durch die internationale Gemeinschaft der Wissenschaftler, deren gemeinsame Grundüberzeugungen nationale Grenzen und politische Unterschiede überwinden. Die Prototypen der Eichmaße sind Zepter und Reichsapfel in der internationalen Domäne von Industrie und Handel. Sie stellen Symbole der Ordnung und der Stabilität dar und gehören zu den seltenen Beweisen dafür, daß auch in menschlichen Angelegenheiten Vernunft und Zusammenarbeit den Ton angeben können.

In der Praxis läßt sich der verschlungene Pfad, der von den gewöhnlichen Maßen, die wir täglich benutzen, zu den internationalen Urmaßen führt, kaum noch zurückverfolgen. Die Hersteller von Uhren, Zollstöcken und Waagen verlassen sich auf ihre eigenen Eichmaße, die ihrerseits nach genaueren lokalen oder nationalen Normmaßen geeicht sind, ein Vorgang, der unter Aufsicht von staatlichen Behörden vollzogen wird, die Fehler und Betrug verhindern sollen. So durchläuft die Eichung immer genauere und technisch perfektere Stufen.

Auf allen diesen Stufen müssen äußere Einflüsse ausgeschlossen oder zumindest ausgeglichen werden. Pendeluhren verändern ihren Gang mit der Höhe über dem Meeresspiegel, Metermaße dehnen sich bei Wärme aus, und Waagen reagieren auf die Schwingungen, die durch vorüberfahrende Lastwagen hervorgerufen werden. Solche Erscheinungen beeinflussen alle Meßvorgänge, und es ist die Aufgabe von professionellen Metrologen wie David Wineland und seinen Mitarbeitern in Boulder, entsprechende Einflüsse auszuschließen und dafür zu sorgen, daß sieben Meter in Tokio gleich sieben Meter in New York sind.

Trotz solcher technischen Komplikationen blieb der Meßvorgang im Prinzip ziemlich einfach: Um Ihre Größe herauszufinden, müssen Sie ein Metermaß neben Ihren Körper stellen und das Ergebnis ablesen. Um Bohnen zu wiegen, müssen Sie sie in die eine Schale einer Waage schütten und in die andere Kilogramm-

und Grammgewichte stellen. Um Ihren Puls zu messen, müssen Sie Ihre Herzschläge zählen, während Sie den Sekundenzeiger einer Uhr beobachten. Während der ersten Hälfte dieses Jahrhunderts war die Metrologie damit beschäftigt, verfeinerte Versionen solcher Verfahren zu entwickeln.

Doch der wissenschaftliche Fortschritt führte darüber hinaus. Als die Meßinstrumente immer empfindlicher wurden und als die theoretischen und experimentellen Arbeiten ein unvorstellbares Maß an Genauigkeit erreichten, wurden die alten Eichmaße unzulänglich. Man mußte die Grundeinheiten präzisieren, ein Prozeß, in dessen Verlauf exotische neue Eichmaße eingeführt wurden und der die Metrologie immer unverständlicher für Nichtwissenschaftler gemacht hat. Setzt sich das augenblickliche Entwicklungstempo fort, wird die Metrologie bald von ihren alten Wurzeln in Handel und Alltag abgeschnitten sein.

Eine der ersten Einheiten, die aus dem Bereich der Allgemeinverständlichkeit herausfiel, war die Sekunde. Jahrtausendelang war die genaueste Uhr die Erde selbst gewesen. Man ermittelte ihre Rotation gegenüber der Sonne, legte so den Tag fest und bestimmte dann durch Teilung des Tages in gleiche Teile – 24 Stunden, sechzig Minuten und sechzig Sekunden – die Sekunde. Aber auch Atome erfassen die Zeit. Licht- und Radiowellen, die sie emittieren, haben festliegende, unveränderliche Frequenzen oder Schwingungen pro Zeiteinheit. In den fünfziger Jahren hat man Atomuhren entwickelt, die auf dieser Beständigkeit beruhten.

Die moderne Atomuhr geht auf die Bemühungen vieler Menschen zurück, doch tonangebend auf diesem Gebiet ist zweifellos Norman Ramsey von der Harvard University. Ramsey ist ein hochgewachsener, eleganter Gentleman mit einer überdimensionalen runden Brille und einem freundlichen Lächeln. Er gilt in der Zunft als einer der ansprechbarsten Starphysiker. Stets meldet er sich selbst am Telefon, und nie scheint er zu beschäftigt zu sein, um nicht eine Unterhaltung mit einer Anekdote oder einem Bonmot zu beleben. Von seiner Arbeit sagt er, er sei auf dieses Gebiet gestoßen, als er 1937 an der Columbia University nach einem Dissertationsthema suchte. Damals meinte sein Professor, die Untersuchung von Atomstrahlen habe wenig Zukunft. Da er von unabhängiger Denkungsart ist, schlug er den Rat in den Wind und bewies zweiundfünzig Jahre später, wie recht er daran getan hatte.

1989 erhielt Ramsey einen halben Nobelpreis für seine Arbeit über Atomstrahlen und seinen Beitrag zur Entwicklung der Atomuhr. Unter anderem hat er zusammen mit Daniel Kleppner vom Massachusetts Institute of Technology den Wasserstoff-Maser entwickelt, ein Gerät, mit dem sich präzise Radiowellen auf die gleiche Weise erzeugen lassen, wie der Laser reines Licht hervorbringt. Die Präzision des Wasserstoff-Masers ermöglichte es, die *Voyager*-Sonde, die die Welt mit ihren Farbfotografien des Sonnensystems faszinierte, mit äußerster Zuverlässigkeit zu verfolgen. Die andere Hälfte des Nobelpreises ging übrigens zu gleichen Teilen an Hans Dehmelt und Wolfgang Paul, die Pioniere der Atomfalle. Die enge Verbindung zwischen den Beiträgen der drei Preisträger ist in David Wineland verkörpert, Dehmelts einstigem Assistenten, der versucht, mit Hilfe von Pauls Falle Ramseys Atomuhr zu verbessern.

Das Kernstück einer Atomuhr ist ein Atomstrahl. Die Uhr Nummer NBS-6 in Boulder besteht beispielsweise aus einer glänzenden Edelstahl-Vakuumröhre, ungefähr zehn Zentimeter im Durchmesser und drei Meter lang, die auf einen stabilen Labortisch montiert ist. An dem einen Ende dient ein kleines Kästchen als elektrischer Ofen, der ein Stück glänzendes Cäsiummetall erhitzt, das gleiche Element, das Kleppner bei dem Experiment benutzte, in dem er die Formbarkeit des Vakuums nachwies. Bei der Temperatur kochenden Wassers ist Cäsium zwar noch ein fester Körper, doch einige Atome an seiner Oberfläche verdunsten und fliegen die Röhre entlang. Teils sind diese Atome in ihrem niedrigsten Energiezustand, teils haben sie etwas mehr Energie, weil ihr äußerstes Elektron in eine höhere Umlaufbahn befördert worden ist. Beide Atomzustände verhalten sich wie winzige Magnete, allerdings von unterschiedlicher Stärke. Ein leistungsfähiger äußerer Magnet in der Nähe des Eingangs zur Vakuumröhre lenkt unter Ausnutzung dieses Unterschiedes die energiereicheren Atome aus der Bahn, so daß nur ein reiner Strahl von energiearmen Cäsiumatomen seinen Weg die Röhre entlang fortsetzt.

Die Mitte der Röhre ist für die tatsächliche Zeitnahme zuständig. Ein Sender, der so genau wie möglich auf die Mikrowellenfrequenz von 9 192 631 770 Schwingungen pro Sekunde eingestellt ist, füllt die Röhre mit Photonen. Ihre Energie, mit Hilfe der Planckschen Konstante aus ihrer Frequenz abgeleitet, entspricht genau dem Betrag, der erforderlich ist, um ein Cäsiumelektron in einen höheren Energiezustand zu versetzen. Photonen, deren Frequenz von diesem Wert auch nur um Haaresbreite abweichen, decken sich nicht mit der entsprechenden Stufenhöhe auf der Energietreppe des Atoms und fliegen deshalb an dem Atom vorbei, ohne im geringsten auf dieses einzuwirken.

Am anderen Ende der Strahlröhre sortiert ein Magnet derselben Art wie der erste wiederum die energiereicheren Atome aus. Doch statt sie aus dem Verkehr zu ziehen, schickt er sie zu einem elektronischen Zähler, der ihr Eintreffen registriert. Immer wenn dieser Zähler feststellt, daß die Zahl der eintreffenden Atome ein wenig zurückgeht, weil der Sender von der vorgegebenen Mikrowellenfrequenz abweicht, wird die Frequenz automatisch korrigiert, bis der Zähler wieder den Maximalwert verzeichnet. Durch diesen Rückkopplungsmechanismus sorgen die Atome dafür, daß der Sender ständig auf einer bestimmten, unveränderlichen Frequenz bleibt. Der Sender hat seinerseits die gleiche Aufgabe wie der Quarzkristall in einer Armbanduhr und steuert eine Uhr, die mit einer maximalen Abweichung von einer Sekunde in dreitausend Jahren genau geht.

In der Abteilung für Zeit und Frequenz in Boulder und in vielen anderen Labors der Erde bemüht man sich gegenwärtig um die nächste Generation von Atomuhren, die diese Genauigkeit um einen Faktor von tausend oder mehr übertreffen soll. David Wineland erklärte mir, daß die unsteten Bewegungen der Atome entlang der Strahlröhre einer konventionellen Atomuhr kleine, aber unvermeidliche Veränderungen in der Frequenz der von ihnen absorbierten Radiowellen verursachen. Diese Schwankungen ähneln dem scharfen Abfall in der Tonhöhe des Geräusches, das die Reifen eines Wagens machen, wenn sie an einem unbewegten Beobachter vorbeirollen. Eine sich nähernde Quelle quetscht die emittierten Schallwellen in der Regel zusammen wie eine Ziehharmonika, wodurch der wahrgenommene Ton höher als normal klingt, während eine sich entfernende Quelle den Ton auseinanderzieht, so daß er tiefer als normal klingt. Die Frequenz einer Radiowelle entspricht der Tonhöhe einer Schallwelle, so daß die unvermeidlichen leichten Veränderungen in der Geschwindigkeit von Cäsiumatomen, sowohl entlang der Röhre als auch zur Seite hin, ihre Frequenzen auf eine unkontrollierbare Weise verändern. Eine Uhr, deren Mittelpunkt ein einzelnes bewegungsloses Atom in einer Falle bildet, vermeidet diese Schwierigkeit und wäre deshalb viel genauer. Doch werden, so Wineland, noch viele Jahre vergehen, bevor ein solches Gerät zur praktikablen Realität wird. Sobald die erste Atomuhr ein hinreichendes Maß an Zuverlässigkeit erreicht hatte, stellte man sie eiligst in den Dienst der Metrologie. 1967 legte die Allgemeine Konferenz für Gewichte und Maße, die zum dreizehntenmal in Sèvres stattfand, die Sekunde neu fest: als das 9 192 631 770fache der Periodendauer der Strahlung, die dem Übergang zwischen den beiden niedrigsten Energieniveaus des Cäsiums entspricht. So wurde die Sekunde von einer astronomischen in eine atomare Einheit verwandelt und ihre Definition dem Verständnis von Schulkindern entrückt. Nicht einmal von Physikern darf man erwarten, daß sie die Ziffernfolge, die zur Charakterisierung der Sekunde dient, aus dem Kopf hersagen können, und die meisten von ihnen würden wohl auch in Schwierigkeiten geraten, wenn sie die inneren Abläufe einer Atomuhr schildern sollten.

Im Vergleich zur neuen Sekunde erwies sich die Erdrotation, die man einst für so stetig wie den Schlag eines Pendels gehalten hatte, als überaus unregelmäßig. Die Ursachen für dieses Phänomen waren rasch gefunden: Große Materialmassen, etwa Polareis und feuchte Luftströmungen, die sich zu den Polen und damit zur Erdachse hin bewegen, beschleunigen die Rotation des Planeten auf die gleiche Weise wie eine Eiskunstläuferin ihre Drehung rascher werden läßt, indem sie ihre Arme an den Körper zieht. Moderne Cäsiumuhren sind so genau, daß sie selbst die infinitesimale Verkürzung des Tages feststellen würden, zu der es käme, wenn alle Amerikaner gleichzeitig mit ihrem Auto achthundert Kilometer nördlich führen. Mit einer Atomuhr gemessen, zeigt die Erdrotation jahreszeitliche Schwankungen und offenbart darüber hinaus auch eine außerordentlich kleine, aber durchaus vorhandene langfristige Verlangsamung. Dieser interessante Effekt, der gegenwärtig eingehend untersucht wird, macht es erforderlich, daß gelegentlich zwischen dem Ende des einen Jahres und dem Beginn des nächsten eine Schaltsekunde ein winziges Intervall der Zeitlosigkeit, eingeschoben werden muß. Auf diese Weise gelingt es den Metrologen, ihre präzisen Uhren im Gleichklang mit dem unregelmäßigen Herzschlag des Planeten Erde zu halten.

Obwohl die Sekunde durch die neue Bedeutung, die man ihr zuschrieb, der alltäglichen Erfahrung enthoben war, läßt sich diese Veränderung doch als Verbesserung einer alten Idee verstehen. Der Wandel in der Definition des Meters ist dagegen von radikalerer Art. Am 20. Oktober 1983 wurde das Meter auf der Grundlage eines internationalen Abkommens neu definiert als die Entfernung, die das Licht in einem Vakuum in einer 1/299 792 458 Sekunde zurücklegt. Damit wird jetzt das Meter, das einst eine unabhängige Einheit war, von der Normaleinheit der Zeit abgeleitet. Jede Veränderung in der experimentellen Bestimmung der Dauer einer Sekunde zieht automatisch eine Veränderung des Meters nach sich. Im übrigen ist jetzt auch die Lichtgeschwindigkeit, die seit Jahrhunderten von Astronomen und Laborphysikern mit zunehmender Genauigkeit gemessen wird, keine experimentell bestimmte Größe mehr. Die neue Definition des Meters setzt voraus, daß diese Geschwindigkeit genau 299 792 458 Meter pro Sekunde beträgt, und zwar nicht als Ergebnis einer Beobachtung, sondern als mathematische Gewißheit. Sie ist ein Verhältnis von Einheiten wie das Verhältnis zwischen der Länge eines *inch* und eines Zentimeters. Wenn man die moderne Definition des Meters und der Sekunde verwendet, ist es so sinnlos, die Lichtgeschwindigkeit zu messen, als wollte man die Pfennige in einer Mark zählen.

Die revolutionärste Folge der Neudefinition des Meters ist die Auswirkung auf den Meßvorgang. Seit unvordenklichen Zeiten werden Entfernungen durch Meßlatten bestimmt. Jetzt werden sie mit Uhren gemessen. Wenn Sie Ihre Größe richtig ermitteln wollen, müssen Sie den Puls eines Laserlichts von Ihrem Kopf zu Ihren Füßen schicken, die Zeit, die er braucht, mit einer Atomuhr aufzeichnen und diese Zeit mit Hilfe der Definition des Meters in eine Entfernung umwandeln. Indirekt hat sich damit also das Meter der Sekunde auf ihrer Reise aus dem makroskopischen in den atomaren Bereich angeschlossen.

Auch andere Einheiten lassen diesen Trend zu Atommaßen erkennen. Am ersten Tag des Jahres 1990 wurden das Volt und das Ohm, die Maße für elektrische Spannung und elektrischen Widerstand, in Übereinstimmung mit atomaren Standards neu definiert. Der Vergangenheit gehörten damit die Frankensteinschen Elektrogeräte an, die seit dem 19. Jahrhundert als elektrische Eichmaße dienten – Säurefässer mit Kupferspulen zur Definition des Volts, lange starre Platinstäbe, die mit Federn an Gerüsten von Zimmergröße befestigt waren, um das Ampère festzusetzen. Die Elektrizität wird heute durch den quantenmechanischen Tanz von Elektronen in ausgeklügelt konstruierten Halbleitern gemessen, die kleiner als Erbsen sind.

Obwohl die neuen Volt und Ohm weit genauer sind als die alten, sind sie widersinnigerweise noch nicht als gesetzmäßige, grundlegende Einheiten offiziell eingeführt worden. Die internationale Eichmaß-Szene ist zutiefst konservativ. Eine gewisse Starrheit ist der Preis für Stabilität – in menschlichen Institutionen nicht anders als in Großbauten –, und jede Übereinkunft, die der Zeit so erfolgreich standgehalten hat wie das metrische System, sollte erst verbessert werden, nachdem alle Beteiligten alle denkbaren Argumente gründlich erwogen haben.

Die fundamentalen Einheiten der physikalischen Wissenschaft sind so unauflöslich zu einem gordischen Knoten geschürzt, daß die Veränderung einer Einheit Veränderungen in vielen anderen nach sich zieht. Die Abhängigkeit des Meters von der Sekunde ist ein einfaches Beispiel, und es gibt eine Fülle anderer. So stehen Einheiten aus scheinbar völlig getrennten Disziplinen miteinander in Beziehung: Ein Volt zum Quadrat geteilt durch ein Ohm ist ein Watt, und diese Einheit der mechanischen Leistung läßt sich ihrerseits durch Sekunden, Meter und Kilogramm ausdrücken. Deshalb können die neuen elektrischen Einheiten nicht zusammen mit der Sekunde, dem Meter und dem Kilogramm als legale Einheiten übernommen werden: Das Watt auf zwei verschiedene Weisen zu definieren wäre ein Vorgang, der einen logischen Widerspruch festschriebe. Gegenwärtig bezeichnet man das neue Volt und das neue Ohm als «praktische» Einheiten, um sie von den grundlegenden zu unterscheiden, und sie dienen als nützliche Zwischenlösungen, bis die internationale wissenschaftliche Gemeinschaft bereit ist, das ganze Gebäude des Einheitensystems umzugestalten.

Von den drei grundlegenden mechanischen Einheiten bleibt nur das Kilogramm an seinen ursprünglichen Prototyp, das internationale Kilogramm von 1889, gebunden. Daß die höchst präzisen Messungen der Massen des Elektrons und anderer Elementarteilchen – von jedem Pfund Mehl, das irgendwo auf der Welt gekauft oder verkauft wird, ganz zu schweigen – noch immer an einem kleinen Metallzylinder in einem französischen Stahlgewölbe orientiert sind, erscheint kurios, unbequem und fast unglaublich in unserer Hightech-Zeit.

Dank der neuen Definition der Sekunde und des Meters kann jedes vernünftig ausgerüstete Labor diese Einheiten ohne Rückgriff auf eine zentrale Behörde für Eichmaße festsetzen. Doch um eine Masse mit Hilfe des Urmaßes zu eichen, muß man die Probe noch immer in das Gewölbe in Sèvres schaffen – ein riskantes, kostspieliges und umständliches Verfahren. Das amerikanische Eichmaß beispielsweise, das als zwanzigstes von vierzig nahezu identischen Gewichten durch die Londoner Firma Johnson, Matthey, and Company im Jahre 1884 angefertigt wurde, ist nur viermal nach Paris gebracht worden. Das letztemal wurde es 1984 mit einer Spezialzange, deren Backen auf besondere Weise gesäubert und gepolstert waren, aus seinem Schutzbehälter in Washington gehoben, in eine eigens für diesen Zweck konstruierte Reisekiste gelegt und im Passagierraum eines Transatlantikflugzeugs befördert. Auf der Fahrt wachten zwei Begleiter über die Kiste: Der eine hielt sie, und der andere hatte den Auftrag, sie aufzufangen, falls der erste stolperte.

Warum kann man das Kilogramm nicht auch in atomaren Größen definieren? Da man davon ausgeht, daß alle Atome der gleichen Art exakt die gleiche Masse besitzen, bietet es sich an, eines von ihnen als Eichmaß zu benutzen. Warum nimmt man nicht als Prototyp anstelle jenes Platinzylinders in Paris das Kohlenstoff-12-Atom, von dem es unzählige Exemplare im Universum gibt?

Der Vorschlag, daß alle Eichmaße, nicht nur das der Masse, in atomaren Größen angegeben werden sollten, wurde erstmals 1870 von dem schottischen Physiker James Clark Maxwell unterbreitet. Maxwells Idee ging auf die von Melissos von Samos umrissene Lehre zurück, der zufolge nur Atome wahrhaft identisch sind, während alle makroskopischen Objekte und Artefakte notwendig verschieden sein müssen, wenn man sie auf atomarer Größenordnung mißt. Maxwells Anregung ließ sich erst ein Jahrhundert später umsetzen, als Wissenschaftler endlich gelernt hatten, Atome einzeln zu manipulieren. Jetzt, da Atome in die Welt der alltäglichen Objekte vorzudringen beginnen, treten sie plötzlich wie selbstverständlich an die Stelle der unvollkommenen, vergänglichen Artefakte, die solange als Prototypen gedient haben.

Das praktische Hindernis, das der Übernahme eines Atommaßes der Masse im Wege steht, liegt im Zählen. Wenn beispielsweise ein Juwelier in Erfahrung bringen möchte, wieviel Masse ein Goldring hat, dann müßte er wissen, wieviel ein Goldatom im Verhältnis zu einem Kohlenstoffatom wiegt und wie viele Goldatome in dem Ring sind. Die erste Größe, die relativen Massen der beiden Atome, läßt sich mit Hilfe von Instrumenten – etwa dem Massenspektrometer – genau bestimmen, deren Wirkungsweise auf einem Vergleich zwischen den Bahnen verschiedener Teilchen bei ihrer Ablenkung durch einen Magneten beruht. (Sir J.J. Thomsons Apparat zur Massenbestimmung des Elektrons war ein Vorläufer jenes Geräts, das seine heutige Vervollkommnung Wolfgang Paul, Nobelpreisträger des Jahres 1989, verdankt.) Doch die Zahl der Goldatome ist selbst in einem Gegenstand, der so klein ist wie ein Ring, fast unvorstellbar groß und deshalb schwer zu messen.

Glücklicherweise gibt es ein merkwürdiges Naturgesetz, das die Lösung des Problems ermöglicht. 1811 hat der Italiener Amedeo Avogadro, ein zarter, schmächtiger Adliger mit einem dreieckigen Gesicht und hervortretenden Augen, der zunächst Jurist war und dann Chemiker wurde, jenes Gesetz formuliert, das heute seinen Namen trägt. Doch Avogadro war außerordentlich bescheiden und neigte dazu, selbst seine originellsten Ideen anderen zuzuschreiben. Der Vater des chemischen Atoms, John Dalton, hatte eine ähnliche Hypothese erwogen, sie dann aber fallengelassen, was Avogadro in seiner Bescheidenheit allerdings nicht daran hinderte, Dalton das Hauptverdienst an seiner Entdeckung zuzuschreiben. Wie dem auch sei, die Schwierigkeit der Sprache, in der Avogadro seine Überlegungen darlegte, und seine Schüchternheit sorgten dafür, daß der Wert seiner bemerkenswerten Einsicht erst nach einem halben Jahrhundert von den Wissenschaftlern erkannt wurde. In der Wissenschaft ist es wie im alltäglichen Leben: Es genügt nicht, recht zu haben, man muß es auch laut und deutlich kundtun.

Nach dem Avogadroschen Gesetz enthalten zwei gleich große

Gefäße, die mit verschiedenen Gasen von gleicher Temperatur und gleichem Druck gefüllt sind, die gleiche Anzahl von Atomen. Daraus folgt, daß man nur ein Gefäß mit Gas zu füllen und die Atome einmal zu zählen braucht, um ein Eichmaß zu erhalten. Unterschiede in Volumen, Temperatur und Druck lassen sich durch einfache Verhältnisgleichungen erklären und erfordern keine gesonderten Zählungen. So enthält beispielsweise ein zweites, identisches Gefäß bei gleicher Temperatur, aber doppeltem Druck genau doppelt so viele Atome wie das erste. Nach dem Avogadroschen Gesetz lassen sich sogar Atome in festen und flüssigen Körpern zählen, weil sich, wenn ein solcher Stoff einen gasförmigen Zustand annimmt, die Zahl seiner Atome nicht verändert.

Auf diese Weise verwandelte Avogadro das Problem, wie man Atome zählen soll, in das Problem, die Zahl der Atome in einem einzigen Normvolumen zu bestimmen, für das man zwei Gramm des leichtesten Gases, des Wasserstoffs, auswählte. (Das Gramm nahm man, weil es eine bequeme Einheit ist, und für zwei Gramm entschied man sich, weil Wasserstoffatome stets Paare bilden.) Die Avogadro-Konstante beträgt ungefähr 6×10^{23} und übersteigt damit die menschliche Vorstellungskraft bei weitem. Die ungeheure Größe dieser Zahl steht in direkter Beziehung zu den winzigen Ausmaßen und dem minimalen Gewicht von Atomen und erklärt die praktischen Schwierigkeiten, die der Versuch bereitet, Atome als Eichmaß für Massen zu benutzen. Würde der Juwelier, der die Masse eines Rings durch Zählen einzelner Atome bestimmen möchte, ein Atom pro Sekunde zählen, brächte er zehntausendmal das Alter des Universums damit zu, seine Aufgabe zu beenden. Natürlich ließe sich diese Herkulesarbeit mit Hilfe von technischen Mitteln beschleunigen, doch das ändert nichts daran, daß die enorme Größe der Avogadro-Konstante für das Bestreben, das Kohlenstoffatom als internationales Eichmaß der Masse zu übernehmen, hinderlich ist.

Doch die Wechselbeziehungen der Einheiten eröffnen viele andere Möglichkeiten, das Kilogramm neu zu definieren, unter anderem diejenige, den neuen «praktischen» quantenmechanischen Einheiten der Elektrizität den Status fundamentaler Einheiten zuzuerkennen und das Kilogramm aus ihnen abzuleiten. Dieser Weg bietet sich an, weil er sehr genau ist, und er wird deshalb auch nachdrücklich von vielen Wissenschaftlern empfohlen. Doch beschlösse man durch ein internationales Abkommen, ihn zu wählen, würde der Massebegriff seine Verbindung zu den Balkenwaagen der Urbauern einbüßen, von denen er sich herleitet. Verliehe man der Sekunde, dem Meter, dem Volt und dem Ohm den Status von primären Eichmaßen, würde das Kilogramm zu einer Hilfseinheit. Genauer: Es wäre gleich einer Sekunde hoch drei mal Volt zum Quadrat pro Quadratmeter Ohm – mit anderen Worten, wirres Zeug für alle, die nicht zum engen Kreis der Eingeweihten gehören. Als praktisches Rezept zur Masseeichung wäre diese Definition ebenso unanschaulich: Ein Kilogramm ist die Masse, die eine Geschwindigkeit von einem Meter pro Sekunde in genau einer halben Sekunde annimmt, wenn sie von einem Motor vorwärtsgetrieben wird, der eine Energiequelle von einem Volt und einen Widerstand von einem Ohm hat.

Wie auch immer wir vorgehen, wenn wir die Sekunde, das Meter und das Kilogramm in atomaren Begriffen definieren, wir erreichen die Genauigkeit, die möglich ist, ohne daß wir den Kontakt mit allgemeinverständlichen Vorstellungen von Meßvorgängen verlieren. Betrachten wir die Dimensionen dieser Buchseite. Mit Hilfe eines Lineals können wir ausmessen, wie viele Zentimeter sie lang ist. Doch unter einem Mikroskop sehen ihre Ränder so zerklüftet aus wie die Küstenlinie von Maine. Wo sollen wir das Lineal anlegen? Selbst die vollkommenste Facette eines Kristalls sieht unter einem Raster-Tunnelmikroskop wie die Oberfläche einer Käsereibe aus, und jeder Höcker ist ein einzelnes Atom. Beginnt die Länge des Kristalls an den Höckern oder an den Tälern zwischen ihnen? Die Frage erinnert an die Schwierigkeiten, die wir hatten, die Bedeutung einer Berührung unter einem Kraftmikroskop zu verstehen.

Die Definition der Masse auf der makroskopischen Ebene leidet unter einem anderen Problem. Wir müssen davon ausgehen, daß die Masse eines Gegenstands weitgehend konstant ist, weil sonst das Massekonzept seinen Sinn verliert. Doch jedesmal, wenn ein Finger ein Stück Metall berührt, verändern Tausende von Atomen ihren Ort. Wird das Metall der Atmosphäre ausgesetzt, wie es bei dem Nickel-Target im Experiment von Davisson und Germer der Fall war, so bedeckt sich seine Oberfläche allmählich mit einem Film von Luftmolekülen und Wasser. (Deshalb hat das Internationale Komitee für Gewichte und Maße 1989 eine Verlautbarung herausgegeben, in der es erklärt, daß Vergleiche von unbekannten Massen mit dem primären Eichmaß erst stattfinden dürften, nachdem unmittelbar zuvor beide Objekte «gesäubert und gewaschen» worden seien, um gleich darauf fortzufahren, daß dieses Verfahren keine neue Definition des Kilogramms bedeute. Internationale Verträge ändert man nämlich nicht leichtfertig ab.) Natürlich könnte man ein Stück Metall in einem Vakuumgefäß versiegeln und es niemals herausnehmen, doch dann könnte man es auch nicht messen, und als Eichmaß hätte es seinen Sinn verfehlt.

Ein Problem von noch fundamentalerer Art ist der Umstand, daß auf der subatomaren Ebene die Masse nach der Formel $E=mc^2$ ständig in Energie verwandelt wird und umgekehrt. Daraus folgt, daß ein Objekt, wenn es eine feste Masse haben soll, nicht nur gegen den Verlust oder die Aufnahme von Atomen geschützt werden muß, sondern auch gegen den Energieaustausch mit seiner Umgebung. Ein verirrter Lichtstrahl, eine unbemerkte Wärmequelle, ein radioaktives Staubteilchen aus Tschernobyl, das sich im Glas des Behälters verfängt, und sogar das Hupsignal eines vorbeifahrenden Autos – alle diese Einflüsse können eine bestimmte Masse um einen winzigen Betrag verändern. Von einer gewissen Genauigkeit an verliert der Begriff der Masse als festes Attribut eines Objekts seine Bedeutung.

Doch lange bevor diese Ebene erreicht ist, wird man das Kilogramm unter Rückgriff auf die Atome neu definiert haben. Das metrische System, dieses wunderbare Instrument weltweiter Kommunikation und Verständigung, wird dann den Bereich intuitiver Anschaulichkeit hinter sich gelassen haben. Die Sekunde wird durch Milliarden Mikrowellenschwingungen definiert. Das Meter ist die Entfernung, die das Licht in einigen Milliardstel Sekunden zurücklegt. Das Kilogramm läßt sich als die Masse von Milliarden von Milliarden von Milliarden Kohlenstoffatomen definieren. (Die Eskalation von einer Milliarde zu einer Milliarde hoch drei spiegelt die enorme Größenordnung der Avogadro-Konstante wider und ist letztlich durch die dreidimensionale Natur von Objekten mit einer Masse bedingt – im Gegensatz zur Eindimensionalität der Länge und der Zeit.) Während eine Million gerade noch vorstellbar ist, ist eine Milliarde nur noch ein leeres Wort. Schlimmer noch, die Geräte, die die Messungen vornehmen – Cäsiumuhren, Laser und Massenspektrometer –, sind unendlich viel komplizierter als Taschenuhren, Meßlatten und Balkenwaagen.

So gesehen erscheint das internationale Kilogramm in Paris keineswegs so schrecklich obsolet. Es ist ein wichtiges wissenschaftliches Instrument und gleichzeitig ein vollkommen normaler und greifbarer Gegenstand – eine der letzten Verbindungen zwischen der modernen Physik und der alltäglichen Welt. Es stimmt ein wenig melancholisch, daß in naher Zukunft dieser kleine Zylinder aus blankem Metall unter seinen glänzenden Glasglocken seine besondere Aufgabe verlieren und wie der Meterprototyp nur noch ein kurioses Museumsstück sein wird. Der Verlust eines treuen Assistenten, der uns mehr als ein Jahrhundert hindurch tadellose, wenn auch passive Dienste geleistet hat, ist betrüblich, auch wenn es sich nur um einen unbelebten Gegenstand handelt. Der Gedanke an all die menschliche Energie und Fürsorge, von der internationalen Zusammenarbeit ganz zu schweigen, die für die Herstellung und jahrelange Erhaltung dieses Objekts aufgewandt wurde, ruft das Gefühl eines schmerzlichen Verlustes hervor.

Wenn die Wissenschaft diesen nach menschlichem Maß gefertigten Prototyp aufgibt, wird sie einen Schritt weiter in die Unanschaulichkeit vordringen. Sollte die Wissenschaft, wie Einstein meinte, nur eine Verfeinerung des alltäglichen Denkens sein, dann ist es eine gefährliche Tendenz, den Kontakt mit diesem Denken zu verlieren. Werden so fundamentale Konzepte wie die Einheiten der Zeit, der Entfernung und der Masse durch Atome statt durch alltägliche Dinge definiert, wie sollen wir dann jemals die Atome verstehen, ohne in die Falle abstrakter Zirkelschlüsse zu tappen?

Fortschritt können wir nur von der Zähmung des Atoms erhoffen. Atome sind uns nicht mehr so fern, wie es noch vor hundert Jahren schien, als das internationale Kilogramm gegossen wurde. Doch gleichzeitig sind die subnuklearen Teilchen, mit denen sich die moderne Physik beschäftigt, so weit unterhalb der atomaren Ebene angesiedelt wie das Atom unterhalb der Ebene unserer alltäglichen Erfahrung. Wenn wir die Wissenschaft der Zukunft in den Griff bekommen wollen, müssen die Atome noch alltäglicher für uns werden, denn es gilt, den Satz des Protagoras zu verändern: Im 21. Jahrhundert wird das Atom den Menschen als das Maß aller Dinge ersetzen.

11 Großräumige Quantenmechanik

Das tiefste Geheimnis, dem sich die Physik am Ende des 20. Jahrhunderts gegenübersieht, ist wunderbar in einem Cartoon von Charles Addams eingefangen, der 1940 in der Zeitschrift *The New Yorker* erschien. Die Kulisse ist eine Winterlandschaft. Ein unheimliches Licht wirft lange Schatten auf den jungfräulichen Schnee. Im Vordergrund schießt in geduckter Haltung ein Skifahrer den Hügel hinab und hinterläßt eine Doppelspur, die den Abhang hinter ihm hinaufläuft, sich teilt, zu beiden Seiten um einen riesigen Fichtenstamm herumführt und sich dahinter wieder zu einer normalen parallelen Skispur vereinigt. Ein anderer Skiläufer schaut sich das verblüfft an.

Die Zeichnung gewinnt ihre Wirkung aus dem Gegensatz zwischen dem, was unsere Augen deutlich sehen, und dem, was unser Gehirn als unmöglich erkennt. Hätte Addams statt eines Skiläufers etwas ganz anderes gezeichnet – eine Lawine oder, besser noch, einen Bergbach –, niemand hätte das Bild eines zweiten Blickes gewürdigt. An einem Wasserstrom, der sich an einem Baum teilt und auf der anderen Seite wieder vereinigt, ist nichts Merkwürdiges. Doch es ist einfach unmöglich, daß ein fester Körper ein ebenso festes Hindernis durchdringt.

Unmöglich ist es in unserer makroskopischen, alltäglichen Welt, doch im Reich der Atome, wo die Quantenmechanik regiert, sind die Regeln anders. Für ein Atomteilchen ist es normal, an zwei Orten gleichzeitig zu sein, eine Barriere zu durchtunneln oder, in Abwandlung des Youngschen Doppelspalt-Experiments, ein Hindernis zu beiden Seiten gleichzeitig zu umgehen. Aus diesem Grund spricht Addams' Zeichnung Physiker so unmittelbar an.

Man sieht das Bild hin und wieder auf Folien, die zu Beginn einer schwierigen Vorlesung über Quanteninterferenz auf die Leinwand projiziert werden, um die Stimmung ein wenig zu lockern, und am Ende zusammenfassender Diskussionen über moderne Entwicklungen in der Atomphysik, wo sie den Zuhörern helfen sollen, wieder Zugang zur wirklichen Welt zu finden. Der Cartoon ist sogar in einer wissenschaftlichen Zeitung abgedruckt worden, und zwar als Illustration zu einem Artikel über experimentelle Untersuchungen zur Welle-Teilchen-Dualität. Ein wissenschaftliches Publikum reagiert augenblicklich auf die nachtwandlerische Sicherheit, mit der Addams unbeabsichtigt das Dilemma der Quantentheorie eingefangen hat: Wenn Atome gespenstischen Regeln gehorchen und wir aus Atomen bestehen, warum richten wir uns nicht nach den gleichen Regeln?

Die Lösung dieses Rätsels muß sich irgendwo auf der theoretischen Leiter finden, die vom Labor in die Welt der Atome hinabführt, genauer: auf der fehlenden Sprosse zwischen den beiden Bereichen, wo die klassische Physik ihre Gültigkeit verliert und die Quantenmechanik die Führung übernimmt. Seit 1925 haben Generationen von Physikern die Lücke entweder nicht zur Kenntnis genommen, indem sie sie einfach übergingen, oder sie mit zusammengestoppelten Konstruktionen überbrückt. Die experimentellen Bemühungen, das Problem zu erforschen, richteten sich vor allem darauf, die menschlichen Sinne so zu verstärken, daß die Atome sichtbar und greifbar werden und wir zu einem vollständigeren Verständnis ihrer inneren Abläufe gelangen. Ein entgegengesetzter Ansatz ist die Verlagerung der Quanteneffekte auf die Ebene der normalen Sinneswahrnehmungen, so daß ihre Fremdartigkeit deutlich vor Augen tritt. Wenn dies gelingt, werden wir zu Beginn des 21. Jahrhunderts vielleicht wirklich eine kleinere Spielart des von Charles Addams gezeichneten Wunders im Labor beobachten können.

Die meisten atomaren Phänomene, die spezifisch quantenmechanischer Art sind, leiten sich von der Wellennatur der Teilchen her. Nach herkömmlicher Auffassung können sich Wellen frei im Raum ausbreiten, während Teilchen dazu nicht in der Lage sind, sondern auf einen bestimmten Ort festgelegt bleiben. Doch in der atomaren Welt können Teilchen über- und durcheinander fließen, scheinbar unüberwindliche Lücken durchqueren (wie das Raster-Tunnelmikroskop beweist) und einander durch destruktive Interferenz vernichten. Wenn man in Youngs Doppelspalt-Experiment das Licht durch Elektronen ersetzt, tritt dieser Effekt auf höchst überzeugende Weise zutage. Was Richard Feynman dazu veranlaßte, ihn für das grundlegende Paradigma, das lebendige Herz, der Quantenmechanik zu halten.

Als Davisson und Germer 1925 die Elektroneninterferenz entdeckten, leiteten sie damit die Untersuchung der Materiewellen, mit anderen Worten: die Quantentheorie ein. Bald wurden Interferenzexperimente mit Atomen anstelle von Elektronen durchgeführt, und schließlich gab es keinen Zweifel daran, daß alle Atomteilchen tatsächlich Welleneigenschaften besitzen. Doch Experimente wie das von Davisson und Germer weisen Wellen nur indirekt nach. Sie unterscheiden sich von Youngs Experiment dadurch, daß die Öffnungen, durch die die Teilchen gelangen, nicht gesehen oder gefühlt werden können. Die Spalte sind Zwischenräume von Atomen, keine Löcher in tatsächlichen Schirmen. Selbst wenn sich Atomteilchen wie Wellen in mikroskopischen Umgebungen verhalten, bleibt die Frage, ob sie Wellen im üblichen Sinne sind. Zeigen sie Interferenzeffekte, wenn die Spalte makroskopisch sind, sichtbare Lücken in echten Wänden?

Für Elektronen lautet die Antwort ja. Auf genau die gleiche Weise wie Lichtwellen umlaufen Elektronenwellen Hindernisse und interferieren miteinander. Eine praktische Anwendung dieser Ähnlichkeit ist das Elektronenmikroskop, das Lichtstrahlen durch Elektronenstrahlen ersetzt, um winzige Proben zu vergrößern. Doch Elektronenwellen sind keine echten Materiewellen, da Elektronen keine echten Materieteilchen sind. Ihr Gewicht liefert einen so geringen Beitrag zum Gewicht eines Körpers, daß man ihn fast vernachlässigen kann, und von der Größe eines Elektrons kann man wahrscheinlich gar nicht sprechen. Sie sind punktartige Teilchen mit einer unbedeutenden Masse und einem winzigen Quantum Magnetismus; sie als Objekte zu bezeichnen wäre eine Übertreibung.

Atome dagegen nähern sich rasch dem Status von *Dingen*. Obwohl sie nicht zur makroskopischen Welt gehören, sind sie eindeutig materieller Natur, besitzen Gewicht und Größe und sind in vielerlei Hinsicht als Objekte zu betrachten. Die bemerkenswerten quantitativen Erfolge der Quantentheorie sind ein überzeugender indirekter Beweis für die Wellennatur von Atomen, doch bis in jüngste Zeit konnte sie nicht direkt belegt werden. Die praktische Schwierigkeit, das Doppelspalt-Experiment mit Atomen durchzuführen, liegt in der außerordentlichen Kürze ihrer Wellenlänge, die sich aus ihrer relativ großen Masse ergibt: Die typische Wellenlänge eines Atoms ist mehrere tausendmal kleiner als die Wellenlänge des sichtbaren Lichts. Deshalb müssen die Spalte und ihr Zwischenraum viel kleiner sein, so klein, daß sie sich erst mit modernster Nanotechnik herstellen ließen.

Im Frühjahr 1991 haben vier verschiedene Institute unabhängig voneinander die Interferenz von Atomen nachgewiesen. Der erste Bericht stammt von Professor Jürgen Mlynek, der mit seinem Assistenten Oliver Carnal an der Universität Konstanz ein Doppelspalt-Experiment mit Heliumatomen durchführte. Mlynek wählte Helium, weil es das zweitleichteste Element ist, also eine relativ große Wellenlänge hat, und weil Helium als Edelgas keine Probleme durch Korrosion oder andere chemische Wechselwirkungen mit der Versuchsapparatur hervorruft. Wenige Wochen nach Veröffentlichung dieser Arbeit berichteten Mlynek und andere Forscher zu beiden Seiten des Atlantiks von ähnlichen Experimenten mit schwereren, aktiveren Atomen wie Natrium und Calcium.

Mlyneks Versuchsanordnung hätte Youngs Schriften entnommen sein können: Das Experiment selbst war eine Wiederholung der ursprünglichen Version aus dem Jahr 1803, mit dem entscheidenden Unterschied, daß die Spalte nicht mit Sonnenlicht, sondern mit einem Strahl materieller Teilchen beschossen wurden. Ein Strahl von Heliumatomen trifft auf einen kleinen Goldschirm, in den zwei Spalte geschnitten sind, und gelangt dann, einen guten halben Meter weiter, zu einem Detektor, der die eintreffenden Atome einzeln registriert. Die beiden Spalte sind nicht, wie bei Young, durch einen Millimeter getrennt, sondern durch ein Tausendstel dieses Abstands. Das Bild des Doppelspalts, das in Mlyneks und Carnals Artikel abgedruckt ist, wurde mit Hilfe eines Elektronenmikroskops angefertigt. Elektronenwellen, einst eine grundlegende wissenschaftliche Entdeckung, werden heute in ganz normalen Laborgeräten verwendet.

Das Ergebnis des Heliumatom-Experiments, eine Tabelle der Zahl von Atomen, die an verschiedenen Orten am Ende der Versuchsanordnung eintreffen, zeigt das typische Interferenzmuster, welches das besondere Merkmal von Wellen ist: eine Reihe regelmäßig angeordneter Maxima, wo sich Wellen aus beiden Spalten gegenseitig verstärken, getrennt durch Minima, wo die Wellen sich aufheben. Immer wenn Physiker ein solches Muster sehen – auf der Wand von Thomas Youngs Arbeitszimmer, in Davissons und Germers Experiment zur Elektronenstreuung, zwischen den Knöcheln ihrer Finger, wissen sie, daß sie es mit Wellen irgendeiner Art zu tun haben. Die Eindeutigkeit des durch Heliumatome hervorgerufenen Interferenzmusters läßt keinen Zweifel daran, daß diese Atome ebenfalls Wellen sind.

Die rätselhafteste Eigenschaft des Experiments, die sogar den schwer zu beeindruckenden Atomzähler Sam Hurst in Erstaunen versetzte, als er davon las, ist der Umstand, daß jedes Atom den Apparat allein durchquerte, unbeeinflußt von dem Gedränge anderer Teilchen. Deshalb ist nur schwer zu verstehen, wie ein Atom bestimmte Orte am Ende des Versuchsgerätes vermeiden kann, nämlich jene, die Stunden später, wenn Tausende von Teilchen registriert worden sind, als Minima zutage treten. Welcher geheimnisvolle Einfluß leitet ein Atom an jene Stellen, wo sich seine Artgenossen später als Maxima häufen? Wie verschwören sich alle diese einzelnen, unabhängigen Heliumatome zur Hervorbringung dieses typischen Streifenmusters? Die einzige bislang denkbare Erklärung lautet, daß jedes einzelne Atom eine Welle ist, die gleichzeitig durch beide Spalte dringt und sich auf der anderen Seite wieder zusammenfindet, wo sie als Teilchen aufgezeichnet wird.

Ungefähr hundertzwanzig Jahre liegen zwischen Thomas Youngs Nachweis im Jahre 1803, daß Photonen Wellen sind, und dem Elektronenexperiment von Davisson und Germer im Jahre 1925. Sechsundsechzig Jahre danach, im Jahre 1991, umgingen Heliumatome eine undurchdringliche Goldbarriere gleichzeitig zu beiden Seiten. Wenn sich das Tempo der Entdeckungen weiterhin so rasch beschleunigt, wie nahe werden wir dann in dreißig Jahren, im frühen 21. Jahrhundert, der Möglichkeit sein, ein Doppelspalt-Experiment mit Molekülen, lebenden Zellen oder sogar einem Skiläufer durchzuführen?

Mit dieser Frage – allerdings nicht in Hinblick auf Skiläufer, sondern auf Autos – hat sich bereits George Gamow beschäftigt, einer der Begründer der Urknalltheorie vom Ursprung des Universums. Seine eleganten populärwissenschaftlichen Darstellungen schwieriger Themen wie der Quantentheorie und der speziellen Relativitätstheorie haben viele junge Menschen, auch mich, dazu bewogen, Physik zu studieren. Allerdings bezog sich Gamow mit seiner Frage nicht auf die Beugung am Doppelspalt, bei der es um die Umgehung eines Hindernisses geht, sondern auf das verwandte Phänomen der Durchtunnelung einer Barriere. Beide Prozesse sind normalen Gegenständen nicht möglich, beide hängen von der Beziehung zwischen der Wellenlänge des Objekts und der Größe des Hindernisses ab. Youngs Experiment gelingt nur, wenn die Spalte nicht viel größer als die Wellenlänge des illuminierenden Mediums sind, und ein RTM beruht auf dem Prinzip, daß die Lücke, die die Elektronen durchtunneln, nicht wesentlich breiter als die Elektronenwellenlänge ist.

In Gamows Geschichte ‹*Mr. Tompkins' seltsame Reisen durch Kosmos und Mikrokosmos*› macht sich der Held, ein kleiner Angestellter in einer großen Bank, Sorgen darüber, daß materielle Objekte Ziegelmauern durchtunneln könnten. Er malt sich aus, «wie ein in der Garage sicher abgestelltes Auto ganz wie ein klassisches, mittelalterliches Gespenst durch die Garagenmauer ‹hindurchsikkerte›». – «Wie lange muß ich warten?» fragt er den Professor. «So etwas würde ich gerne einmal erleben.»

Nach einer raschen Überschlagsrechnung im Kopf erwidert der Professor: «Es werden so an die 1 000 000 000 000 000 Jahre sein.» Die Antwort ist so gewaltig, daß sogar Mr. Tompkins, der von seiner Arbeit bei der Bank an große Zahlen gewöhnt ist, der Zahl der Nullen nicht mehr zu folgen vermag. Auch heute gibt es noch keinen Physiker, der zeigen könnte, daß makroskopische Objekte einander durchtunneln können. Doch die verwandte Erscheinung makroskopischer Welleninterferenz taucht am Horizont der Möglichkeiten auf.

Die größte Schwierigkeit bei dem Versuch, makroskopische Quanteneffekte zu beobachten, ist das Problem der Kohärenz, das ein größeres Hindernis darstellt als das beträchtliche Gewicht und die daraus resultierende geringe Wellenlänge makroskopischer Objekte. Interferenz und andere Wellenphänomene sind sehr gut im Wasser zu beobachten, doch nur, wenn die Zahl interferierender Wellen klein ist. Wenn viele unabhängige Wellen, die alle ihren eigenen Wegen folgen, miteinander interferieren, sind keine erkennbaren Muster festzustellen. Das gleiche gilt für die quantenmechanischen Wellen makroskopischer Objekte, mag es sich um Fußbälle, Autos oder Skiläufer handeln. Jedes Atom hat seine eigene unabhängige Wellenfunktion, und wenn sich große Mengen von ihnen zu makroskopischen Objekten vereinigen, ist das Ergebnis eine inkohärente Wahrscheinlichkeitskarte, deren wellenartige Charakteristika nicht mehr zu erkennen sind.

Die einzige Hoffnung, Quanteneffekte in großen zusammengesetzen Systemen zu entdecken, liegt darin, nach speziellen Situationen zu suchen, in denen die Wellen sich zufällig in einer geordneten, kohärenten Art verhalten, wie Soldaten, die im Gleichschritt marschieren; und solche Anordnungen gibt es tatsächlich. Die gleichen Teilchen, die einzeln durch die Öffnungen der Youngschen Versuchsanordnung geschickt worden sind – Photonen, Elektronen und Heliumatome –, können auch dazu gebracht werden, Quanteneffekte in immensen Aggregaten zu demonstrieren. Im Gegensatz zu den Interferenzeffekten, deren Ähnlichkeit die prinzipielle Einheit der Natur belegt, unterscheiden sich die Kollektiverscheinungen voneinander. Die beiden ersten macht man sich in praktischen Geräten zunutze – Lasern im Falle der Photonen und Supraleitern im Falle der Elektronen –, während die dritte Erscheinung, die Suprafluidität flüssigen Heliums, eine Besonderheit des Labors bleibt. Wie die Beugung von Atomen handelt es sich hier um makroskopische Quanteneffekte, die die Merkwürdigkeit subatomaren Verhaltens in den Bereich unserer normalen Sinneserfahrung verlagern.

Noch am unauffälligsten unter diesen drei Phänomenen ist die Photonenkooperation in einem Laser. Zwar ist die Erzeugung von Laserlicht aus individuellen Atomen oder Molekülen tatsächlich ein quantenmechanischer Prozeß, doch ist das Endergebnis aus diesen zahllosen Erzeugungsakten nicht besonders spektakulär: Es handelt sich um einen einfachen Lichtstrahl von allerdings beispielloser Reinheit und Kohärenz – eine glatte, ungebrochene Welle, gewissermaßen einen musikalischen Ton ohne Obertöne oder Zusätze von irgendwelchen anderen Tönen, wie er niemals von einem realen Klavier hervorgebracht werden könnte. Solch einen Lichtstrahl hat es vor der Erfindung des Lasers noch nie gegeben, aber er war leicht vorstellbar. Trotz seiner ausgefeilten Konstruktion zeigt das Lasergerät kein überraschendes Wellenverhalten und ist deshalb nicht geeignet, unser intuitives Verständnis des Quantenverhaltens zu fördern.

Die Suprafluidität von flüssigem Helium ist da schon weit spektakulärer und unerwarteter. Bei extrem niedrigen Temperaturen verliert flüssiges Helium seine innere Reibung, was bedeutet, daß sich ein Strudel, der in einer Tasse mit der Flüssigkeit hervorgerufen wird, endlos dreht. Leider ist die Verflüssigung von Helium so schwierig und teuer, daß es noch lange dauern wird, bevor die Suprafluidität eine so breite Anwendung findet wie Laser und Supraleitung. Doch viele der diesem mechanischen Effekt zugrundeliegenden Prinzipien treten auch bei seinem elektrischen Pendant, der Supraleitfähigkeit, auf.

Supraleitung wurde 1986 zu einem geläufigen Begriff, als die Temperatur, bei der der Effekt einsetzt, erheblich angehoben wurde, nämlich von der Temperatur flüssigen Heliums, die schwer zu erreichen ist, auf die Temperatur flüssigen Stickstoffs, die sich in jeder Zahnarztpraxis herstellen läßt. So gelangte das Phänomen aus den Forschungslabors in die Physikräume der Schulen, und die Presse verkündete, wir würden bald in Zügen reisen, die an supraleitenden Magneten schwebten, unsere Fernsehprogramme über supraleitende Satellitenschüsseln empfangen und unsere elektrische Energie aus supraleitenden Kabeln beziehen. Obwohl diese Vorhersagen durchaus eintreffen könnten, verschleiern sie eine eher philosophische und möglicherweise noch bedeutsamere Konsequenz der Supraleitungsrevolution: Sie wird großräumige Quantenmechanik in den Haushalt bringen.

Die Supraleitung wurde 1911 zufällig von dem holländischen Physiker Kammerling Onnes entdeckt, als er die Eigenschaften von Stoffen bei der Temperatur flüssigen Heliums untersuchte. Sie beruht auf dem Umstand, daß bei sehr niedrigen Temperaturen jeglicher elektrischer Widerstand verschwindet. Induziert man einen Strom in einem Ring, sagen wir, von der Größe eines Eherings, der aus supraleitendem Material wie etwa Blei besteht, so wird er endlos weiterfließen, ohne schwächer zu werden und ohne auf eine Batterie oder eine andere Energiequelle angewiesen zu sein. Experimentell hat man diesen Effekt über Zeiträume von mehr als einem Jahr beobachtet, und die Theorie sagt voraus, daß er noch weit länger andauert. Die vielversprechenden praktischen

Anwendungsmöglichkeiten dieses Prozesses erklären sich aus der Tatsache, daß elektrische Energie ohne Widerstand nicht in Wärme umgewandelt werden kann und daß deshalb keine Energie vergeudet wird. Grundsätzlich betrachtet grenzt der Vorgang an ein Wunder, weil alle natürlichen Prozesse von Reibung, Verlust, Vergeudung, Ineffizienz und Dissipation der Energie begleitet sind. Ein Strom, der auf keinen Widerstand trifft, ein sogenannter Suprastrom, hört sich verdächtig nach einem Perpetuum mobile an. Doch er ist kein Traum eines Alchimisten, er ist Wirklichkeit.

Im Gegensatz zu den hochempfindlichen Experimenten, in denen man einzelne Atome manipuliert, ist die Supraleitung ein robustes, großräumiges Phänomen, das in Fabriken ebenso zu Hause ist wie im Labor. Ein supraleitender Magnet kann ein zwanzig Zentner schweres Eisenstück unbegrenzt halten, oder zumindest so lange, bis sein Kühlmittel verdunstet ist und der Widerstand wieder einsetzt. Die Supraleitfähigkeit hat, von ihrer Erklärung abgesehen, keine mikroskopischen Züge.

Die Ursache dieses Phänomens, die erst vierzig Jahre nach ihrer ersten empirischen Beobachtung entdeckt wurde, ist eine Kombination aus zwei Faktoren: Der eine hat mit dem kollektiven Verhalten von Elektronen in Festkörpern zu tun, der andere mit den Regeln der Quantenmechanik. Man kann sich den Schwarm von Elektronen, der einen elektrischen Strom in einem Metall konstituiert, als eine Vielzahl von Kugeln vorstellen, die sich ihren Zickzackweg durch ein Gitter von Hindernissen in einem Flipperautomaten suchen. Die Hindernisse sind schwere, positiv geladene Metallatome, und im Gegensatz zu den feststehenden Kollisionselementen im Flipperautomaten können sich die Atome um einen Bruchteil ihres Durchmessers von ihrer Normalposition entfernen. Ein Elektron zieht die Atome in seiner Reichweite an und bewegt sie auf sich zu. Auf diese Weise umgibt sich das Elektron mit einem diffusen, positiven Halo. Wenn die Temperatur hinreichend niedrig ist, wird die zufällige Bewegung der Metallatome unterdrückt, und die Halos bilden sich um so besser aus. Ein Halo von positiver Ladung kann seinerseits ein anderes Elektron anziehen, mit dem Ergebnis, daß die meisten der Elektronen, die an dem elektrischen Strom beteiligt sind, Paare bilden, ohne sich wirklich zu berühren. Da niemand mit dieser Paarung rechnete – schließlich erwartet man von Elektronen, daß sie sich abstoßen und nicht anziehen –, war es so schwierig, die Erklärung der Supraleitfähigkeit zu formulieren.

Der zweite Teil der Theorie ergibt sich aus der quantenmechanischen Ununterscheidbarkeit von Elementarteilchen. Während sich Elektronen in einer Menge extrem individualistisch verhalten – jedes führt seine eigenen, besonderen Bewegungen aus, und jedes besetzt sein eigenes, besonderes Energieniveau –, tun Elektronenpaare genau das Gegenteil. Wie Photonen und Alphateilchen (die Rutherford als Kerne von Heliumatomen erkannte) ziehen Elektronenpaare es vor, eine gemeinsame Bewegung auszuführen, die sie alle nachahmen. Auch die Photonen in einem Laser zeigen dieses kollektive Verhalten, das sich als eine einzige Wellenbewegung von Billionen von Photonen manifestiert, und nicht anders verhalten sich Heliumatome in einem suprafluüssigen Zustand. Entsprechend kreisen alle Elektronenpaare in einem Ring aus supraleitendem Draht in der gleichen Richtung mit exakt der gleichen Geschwindigkeit und Energie, ohne je von ihrer Bahn abzuweichen. Das Ergebnis dieser perfekten Kooperation ist die vollkommene Unterdrückung der vielfältigen ungeordneten Stöße, die Widerstand verursachen, so daß das Elektronendurcheinander sich zu einem geordneten Strom entlang des Ringes zusammenschließt, in dem die Elektronen aufgereiht sind wie Kampfflugzeuge in einer Formation.

Da sie sich alle exakt gleich verhalten, lassen sich die Milliarden von Milliarden Elektronenpaare, die einen Suprastrom bilden, durch eine einzige Schrödingersche Wellengleichung beschreiben und als eine einfache quantenmechanische Einheit betrachten. Diese veränderte Perspektive – die Behandlung einer Vielzahl von

Elektronen als eine einzige Wellenfunktion – macht das Phänomen der Supraleitung aus quantenmechanischer Sicht verständlich. Erinnern wir uns, daß es in der Natur auch andere Systeme gibt, die keinen Energieverlust zeigen, etwa ein Elektron am Fuße der Energietreppe in einem Wasserstoffatom: Niels Bohr meinte, es könnte endlos kreisen, ohne an Geschwindigkeit oder Energie zu verlieren, und da es eine bewegte Ladung ist, stellt es auch einen ewigen Strom dar – genauso wie der Suprastrom. Also sind Supraströme exakte Analogien von Elektronen in Atomen, nur daß sie ihre Quanteneffekte makroskopisch offenbaren. Sie sind großräumige Beispiele für physikalische Systeme, die sich nicht an die Gesetze von Newton und Maxwell, sondern an die von Schrödinger und Heisenberg halten.

Auf seltsame Weise erinnert die Bedeutung der Beziehung zwischen einem Atom und einem Suprastrom an einen der großen Augenblicke in der Astronomie, die Entdeckung der Jupitermonde durch Galilei im Jahre 1610, im Aufbruch der modernen Wissenschaft. Das Ereignis war so bedeutsam, weil es das erste sichtbare Beispiel für ein rotierendes System lieferte – genau so, wie es Kopernikus aus rein theoretischen Gründen für die Planeten vorgeschlagen hatte. Die Jupitermonde, durch die einfachen Fernrohre der damaligen Zeit betrachtet, überzeugten die Welt von der Plausibilität der heliozentrischen Hypothese. Entsprechend liefern die Supraströme, deren Effekte für das bloße Auge erkennbar sind, ein manifestes Beispiel für das quantenmechanische Verhalten der Atome.

Doch trotz seiner quantenmechanischen Natur verhält sich ein Suprastrom nicht wie Charles Addams' Skiläufer, denn er zeigt nicht die Interferenz zweier unterschiedlicher Bewegungszustände eines makroskopischen Objekts, etwa eines Fußballs, der gleichzeitig durch zwei verschiedene Löcher in einem Zaun fliegt. Bislang ist in unserer alltäglichen Welt noch kein so gespenstisches Verhalten beobachtet worden.

Aber es gibt Hoffnung. Im Jahre 1980 hat der aus England

stammende und an der University of Illinois arbeitende theoretische Physiker Anthony Leggett, ein brillanter und sehr gründlicher Vertreter seiner Zunft, berühmt für die Mühelosigkeit, mit der er lange und komplizierte Rechnungen bewältigt, und angesehen wegen seiner wichtigen Beiträge zur modernen Entwicklung des Problems der Quantenmessung, eine Reihe von Bedingungen beschrieben, unter denen ein Suprastrom makroskopische Interferenz zeigen könnte. Er stellte sich einen Ring aus supraleitendem Material vor, nicht größer als die Spitze einer Stecknadel. An einem Punkt weist der Ring einen Einschnitt auf, und in diese Lücke ist ein Splitter aus normal leitendem Material eingefügt. In einem solchen Ring kann ein Suprastrom hin- und herfließen; er bildet also einen Strom von Elektrizität, der mit der Frequenz von Mikrowellen seine Richtung umkehrt.

Wie alle Ströme ist auch der Suprastrom von einem Magnetfeld begleitet, das durch den Ring führt, wie ein Finger in einem Ehering steckt, nur daß das Feld jedesmal die Richtung ändert, wenn sich der Strom umkehrt. Das magnetische Feld bezeichnet man als magnetischen Fluß. Er gehorcht den Regeln der Quantenmechanik, die festlegen, daß er nur bestimmte Werte annehmen kann, die sogenannten magnetischen Flußquanten, die, wie die Energien in einem Atom, auf eine begrenzte Zahl von diskreten Werten beschränkt sind. Dieser magnetische Fluß ist nach Leggett eine makroskopische Variable, weil er durch Messungen des Suprastroms bestimmt werden kann – und dieser ist sicherlich makroskopischer Natur: Er mag vielleicht nicht zwanzig Zentner tragen können, entspricht in seiner Stärke aber durchaus den elektrischen Strömen in den Schaltkreisen herkömmlicher Radios.

Leggett entwarf einen Ring mit Dimensionen, die so geschickt gewählt sind, daß der magnetische Fluß nur zwei Werte annehmen kann. Ein äußeres magnetisches Feld wird angelegt, um ein halbes magnetisches Flußquantum im Ring zu erzeugen, und da die Natur solche Beträge verabscheut, reagiert das System spontan, um die Situation zu korrigieren. Automatisch beginnt im Ring ein Suprastrom zu fließen, entweder im Uhrzeigersinn, um den Wert auf ein ganzes Flußquantum zu ergänzen, oder gegen den Uhrzeigersinn, um das skandalöse halbe Quantum aufzuheben. Leggett schlug also eine makroskopische Version eines Atoms mit nur zwei Energieniveaus vor und sagte vorher, der magnetische Fluß würde zwischen seinen beiden erlaubten Werten, null und eins, in quantenmechanischer Weise hin- und herspringen. Dieses großräumige Quantenverhalten sei, so Leggett, dem Anblick eines Autos, das durch die Wand einer Garage hin- und hertunnelt, so ähnlich wie nur möglich. Leider lagen die technischen Voraussetzungen, ein solches Gerät herzustellen, 1980 noch nicht vor, und das wird auch noch einige Jahre so bleiben.

Fünf Jahre später griffen Leggett und ein Kollege das Thema in der Zeitschrift *Physical Review Letters* in einem Artikel wieder auf, dessen faszinierender Titel lautete: «Quantum Mechanics versus Macroscopic Realism: Is the Flux There when Nobody Looks?» (Quantenmechanik oder makroskopischer Realismus: Gibt es den magnetischen Fluß, wenn niemand hinschaut?) Die Frage hebt auf das logische Problem jenes Baums ab, der in einem einsamen Wald, weitab von jeder menschlichen Behausung, umstürzt. Inwiefern kann man sagen, der Baum habe dabei ein Geräusch gemacht, obwohl niemand es gehört hat? Realisten haben keine Schwierigkeiten, die Frage zu beantworten. Doch für jene, die den menschlichen Wahrnehmungen eine gewichtigere Bedeutung für die Beschaffenheit der Welt zuweisen, liegen die Dinge nicht ganz so einfach. In ähnlicher Weise führt Leggetts Frage direkt zum Kernpunkt der Quantenmechanik.

Der makroskopische Realismus verlangt, daß der magnetische Fluß im supraleitenden Ring zu jedem bestimmten Zeitpunkt den einen oder den anderen Wert besitzt. Nach der Quantentheorie müßte er jedoch beide Werte gleichzeitig zeigen – unbestimmt sein. Natürlich findet man nur einen Wert, wenn man den magnetischen Fluß mißt. Doch zwischen den Messungen müßten beide Zustände gleichzeitig existieren. Das ist eine Parallele zu

Professor Mlyneks Experiment in Konstanz, wo die Wellenfunktion des Heliumatoms beiden Bahnen gleichzeitig folgte, obwohl das Atom selbst, wenn man es auf seinem Weg durch den Apparat erfaßt, nur an einem Ort zur Zeit sein kann.

Da die Quantenmechanik gegen die Regeln der alltäglichen Erfahrung verstößt, läßt sich keine exakte Analogie für Leggetts Vorschlag finden. Doch selbst ein ungefähres Bild kann hilfreich sein. Stellen wir uns zwei flache Pfannen vor, in der einen eine Kugel, die von einer Seite zur anderen rollt, in der anderen Wasser, das hin- und herschwappt. Abgesehen von dem Augenblick, da sich die Kugel genau im Mittelpunkt befindet, ist sie immer eindeutig auf der einen Seite der Pfanne oder auf der anderen. Das Wasser dagegen ist bis zu einem gewissen Grad stets an beiden Orten.

Betrachten wir jetzt ein Experiment, in dem das Gewicht der Kugel und des Wassers gleich ist; die beiden Pfannen sind bedeckt und so auf Hebelstützen montiert, daß sie wie Wippen hin- und herschaukeln. Man möchte in dem Experiment bestimmen, welche Pfanne das Wasser und welche die Kugel enthält. Doch das einzige Instrument des Forschers ist ein primitives Gerät, mit dem er lediglich entscheiden kann, ob eine Pfanne nach links oder nach rechts kippt.

Unter diesen Bedingungen führt eine einzelne Beobachtung der Pfannen nur zu dem Resultat «links» oder «rechts», sagt aber nichts über den Inhalt einer Pfanne aus. Entsprechend beweist eine Messung des magnetischen Flusses in Leggetts Ring nichts. Doch wenn der Beobachter der Pfannen mehrere Messungen in rascher Folge in gleichen Zeitabständen vornimmt, wird er entdecken, daß die Bewegungen der Pfannen leichte Unterschiede aufweisen – daß das Wasser, weil es sich gleichzeitig zu beiden Seiten der Pfanne aufhält, die Geschwindigkeit der Schwankungen seiner Pfanne anders beeinflußt als die Kugel die Schwingungen ihrer Pfanne. Ohne die Deckel zu lüften und hineinzublicken, kann der Forscher den verborgenen Inhalt der

Pfannen bestimmen. Nach Leggett wird eine ähnliche Folge von zeitlich gestaffelten Messungen des magnetischen Flusses in seinem Ring Spuren der Wellenfunktion offenbaren, die zwischen zwei unterschiedlichen makroskopischen Quantenzuständen hin- und hertunnelt, was dem Hin- und Herschwappen des Wassers in einer schaukelnden Pfanne entspricht.

Der fesselnde Untertitel des Artikels aus dem Jahre 1986 («Is the Flux There when Nobody Looks?») bezieht sich auch auf die konventionelle Interpretation der Quantentheorie, derzufolge sich physikalische Realität nur Beobachtungen und Messungen zuschreiben läßt, nicht aber abstrakten mathematischen Konstrukten wie der Wellenfunktion. Eine Aussage über das, was in einem Quantensystem zwischen Messungen geschieht, ist eine müßige Spekulation, weil eine Messung vorgenommen werden muß, um die Aussage zu überprüfen. Wir müssen nämlich annehmen, daß das Quantenobjekt – der magnetische Fluß durch einen Ring zum Beispiel – zwischen zwei Messungen nicht existiert, obwohl uns der gesunde Meschenverstand sagt, daß der Fluß in dem Maße, in dem er ein normales makroskopisches Ding wie ein Stuhl ist, auch dann existiert, wenn er nicht beobachtet wird. Leggetts Frage ist die fundamentale Frage nach der objektiven Realität, das «Sein oder Nichtsein» der Physik.

Leggetts Interpretation des vorgeschlagenen Experiments wurde bald von einer Reihe von Physikern in Frage gestellt. Der Haupteinwand betraf das Problem der Messung des Flusses, die seiner Meinung nach vorgenommen werden könnte, ohne den Wert zu beeinträchtigen. Zwar ist dies gewöhnlich bei makroskopischen Größen möglich, doch im Falle von Quantensystemen könnte Heisenbergs Unschärferelation wirksam werden. In bestimmten Fällen verändert eine Messung den gemessenen Wert und macht jede Vorhersage ungültig. Die besondere Weise, in der dies geschieht, hängt von der jeweiligen Versuchsanordnung ab. Die Kontroverse um Leggetts Vorschlag ließ sich deshalb nicht lösen, bis jemand eine konkrete Meßapparatur für den magnetischen Fluß beschrieb und ihre Arbeitsweise im Detail analysierte.

Drei Jahre später nahmen Claudia Denke Tesche und ihre Mitarbeiter in den Labors der IBM Research Division in Yorktown Heights, New York, diese Herausforderung an. Claudia Tesche ist eine sehr aufgeschlossene und pragmatische junge Frau. Als Studentin in Berkeley begann sie in der axiomatischen Feldtheorie zu arbeiten, einem Bereich der Teilchenphysik, der so abstrakt ist, daß man ihn manchmal als Freizeitmathematik verspottet. Sie gab ihn bald auf, um sich einem Gebiet zuzuwenden, das ihrer Einstellung besser entsprach: Sie beschäftigte sich fortan mit Geräten, die die Quantenmechanik praktisch nutzbar machen, und diese Interessenrichtung brachte sie zu IBM.

Als Tesche von Leggetts Experiment hörte, zeigte sie sich von den technischen Schwierigkeiten ebenso fasziniert wie von der grundlegenden Bedeutung. 1990, zehn Jahre nach der ersten Formulierung des Vorschlags, gelang ihr ein entscheidender Schritt nach vorn, als sie einen komplizierten elektronischen Schaltkreis erfand, der aus winzigen supraleitenden Schaltern und Magnetfelddetektoren besteht und der das durch die Unschärferelation bedingte Problem umgeht. Nach ihren theoretischen Berechnungen wird diese neue Versuchsanordnung in der Lage sein, den magnetischen Fluß in einem supraleitenden Ring zu messen, ohne die Möglichkeit weiterer Messungen zu unterbinden. Damit scheint Leggetts Experiment heute durchführbar zu sein. Und Tesche ist mit ersten Vorbereitungen zu seiner Ausführung beschäftigt.

Sie glaubt, daß die Apparatur noch vor der Jahrhundertwende funktionsfähig sein wird, kennt die Unwägbarkeiten wissenschaftlicher Forschung aber zu genau, um ein genaues Datum zu nennen. Das Experiment wird sicherlich nicht die geringste Ähnlichkeit mit Charles Addams' Winterbild aufweisen, sondern vermutlich aus einem plumpen Vakuumkolben bestehen, der in flüssiges Helium eingetaucht ist und, umgeben von seinem thermischen

Kokon, einige fast unsichtbare elektronische Schaltkreise verbirgt, die in einem Spinnengewebe von Drähten zusammengeschlossen sind. Ein Gewirr von Kabeln und Röhren wird von einem Gefäß in einen Raum voller summender Kühlgeräte, Vakuumpumpen, Aufzeichnungsapparaturen und IBM-Computer führen. Die Versuchsergebnisse wird man in Form scheinbar bedeutungsloser Zahlenketten aufzeichnen, die die Messungen unsichtbarer magnetischer Flüsse in vorher festgelegten Zeitintervallen betreffen. Das ganze Arrangement wird höchst langweilig aussehen.

Doch gelingt das Experiment, so wird sein Ergebnis, wie auch immer es ausfällt, von sensationeller Bedeutung sein. Wenn sich die Meßergebnisse des magnetischen Flusses nur durch eine quantenmechanische Rechnung erklären lassen, die davon ausgeht, daß der Fluß durch den Ring immer in *beide* Richtungen zeigt, dann hat man zum erstenmal ein makroskopisches System gefunden, das sich in einem unbestimmten Zustand befindet. Zeigen die Messungen hingegen, daß sich der Fluß klassisch verhält, das heißt, nur in die eine *oder* in die andere Richtung verläuft, dann hat die Quantenmechanik versagt und es müßte der Grund für dieses Versagen gefunden werden. (Ein denkbarer Grund dafür wäre die Annahme, daß der Suprastrom durch eine einfache Schrödinger-Gleichung beschrieben wird: Selbst eine winzige Wärmezufuhr in den supraleitenden Ring aus seiner Umgebung könnte diese Gleichung unkontrollierbar modifizieren und ihre Vorhersage ungültig machen.)

Es ist kein Zufall, daß diese neueste Entwicklung in der Quantenforschung nicht an einer Universität, sondern in einem Forschungsinstitut der Industrie vorangetrieben wird – wie ja auch Davisson und Germer ihr Experiment unter den Fittichen der Bell Telephone Company durchführten. Die Industrie beginnt sich zunehmend für dieses Gebiet zu interessieren. Das zentrale Forschungslabor der Hitachi-Gesellschaft in Tokio ist Schauplatz einer regelmäßigen Folge von Konferenzen über die Beziehung zwischen Fortschritten in der Mikroelektronik und den Grundlagen der Quantentheorie. Die Wissenschaftler, die an diesen Konferenzen teilnehmen, kommen aus Unternehmen wie IBM, AT&T und NT&T – der größten Telekommunikationsgesellschaft Japans –, um so verschiedene Aspekte wie Atomdiffraktion, Suprafluidität und Supraleitung zu erörtern. Bemerkenswert an diesen Tagungen ist nicht die Vorstellung, daß technische Innovation Licht auf Fragen der Grundlagenforschung werfen könnte – seit der Antike ist die Technik von entscheidender Bedeutung für den wissenschaftlichen Fortschritt –, sondern daß sie in einer so prosaischen Umgebung stattfinden. Wenn man ein Symposium über die Bedeutung der Quantentheorie in einem Industrielabor abhält, so wirkt das ein bißchen, als veranstalte man ein Kolloquium über das Wesen des Spiels in der Halbzeit eines Pokalfinales. Man sollte meinen, daß Großunternehmen, deren Sinn auf Produktionspläne und Gewinnspannen gerichtet ist, kein Interesse an der Interpretation von Wellenfunktionen hätten.

Tatsächlich aber wird das Thema, das einst Gegenstand einer philosophischen Debatte unter den Hohepriestern der Physik war, immer mehr zu einer praktischen Frage. Wissenschaftler in Industrielabors überall in der Welt beginnen sich mit der Bedeutung der Quantenmechanik auseinanderzusetzen. Erst wenn sie verstanden haben, ob der magnetische Fluß in einem bestimmten supraleitenden Gerät tatsächlich existiert, können sie Klarheit über seine praktischen Anwendungsmöglichkeiten gewinnen. Die technische Entwicklung, die weidlich von der gutgeölten Maschinerie der Quantentheorie profitiert hat, ist auf ein Hindernis gestoßen, das es erforderlich macht, sich mit dem Innern der Maschine zu beschäftigen, um festzustellen, auf welchem Prinzip sie beruht.

Wirtschaftliche Konkurrenz und der Zwang zur Innovation speisen das Bestreben, die Natur zu verstehen, mit frischen Energien und führen es zu neuen Höhen. Was die Physiker, von fünfzig Jahren beispielloser Erfolge der Quantenmechanik verwöhnt, tunlichst zu vermeiden trachteten – sich nämlich mit der geheimnisvollen Bedeutung ihres Tuns zu befassen –, wird ihnen jetzt vom technischen Fortschritt aufgezwungen. Vielleicht wird dieser Druck am Ende dazu führen, daß man Skiläufer, die durch Fichten tunneln, wenn nicht als alltägliche Ereignisse, so doch zumindest als bloße Erweiterungen des intuitiv hingenommenen Verhaltens gewöhnlicher Materie betrachtet.

Claudia Tesche ist zu pragmatisch, um sich an Spekulationen über die Natur und die Bedeutung der Wirklichkeit zu beteiligen. «*Bedeutung* ist ein philosophisches Wort», meint sie achselzukkend und wendet ihre Aufmerksamkeit wieder einer lecken Vakuumpumpe zu. Doch die Suche nach der Bedeutung der Quantenmechanik wird immer intensiver, und die junge Wissenschaftlerin steht im Mittelpunkt dieses Geschehens.

12 Auf der Suche nach der fehlenden Sprosse

An einem schönen Sommertag im August des Jahres 1834 glitt ein schwerbeladener Kahn, den mehrere von einem schmuddeligen Knecht angetriebene Pferde an einem Tau vorwärtszogen, den engen Union Canal in der Nähe von Edinburgh entlang. Nicht weit dahinter ritt ein junger Gentleman, dessen scharfe, fein gemeißelten Züge seinem Gesicht den Ausdruck falkenhafter Konzentration verliehen, die auf die heftigen Strudel der Wellen im Kielwasser des Bootes gerichtet zu sein schien. Plötzlich kam der Kahn zu einem Halt – ob er auf ein Hindernis gestoßen oder ob etwas gebrochen war, ließ sich nicht sofort erkennen –, aber der Reiter, ein sechsundzwanzigjähriger Wissenschaftler und künftiger Schiffsingenieur namens John Scott Russell, zollte dem Mißgeschick keinerlei Aufmerksamkeit. Ohne die Augen vom Wasser abzuwenden, galoppierte er zum Bug des Kahns und starrte auf die Wellen, die dort aufschäumten.

Später beschrieb er den erstaunlichen Anblick, der ihm dort zuteil wurde. Als der Kahn stoppte, hielten die von ihm hervorgerufenen Wellen nicht gleichfalls inne, sondern führten ihre Bewegung weiter, «wobei sie die Gestalt einer einzelnen Erhebung, eines runden, glatten und klar abgegrenzten Wasserhügels annahmen, der seinen Weg den Kanal entlang anscheinend ohne Veränderung der Form und Verringerung der Geschwindigkeit fortsetzte». Er folgte der Welle, die neun Meter lang und einen knappen halben Meter hoch war, mit einer Geschwindigkeit von «acht oder neun Meilen» pro Stunde einige Kilometer weit, bevor er sie schließlich in den Windungen des Kanals aus den Augen verlor.

«Die Große Welle» oder «Welle par excellence» nannte Russell das eindrucksvolle Phänomen in seinen späteren Schriften. Heute heißt sie etwas prosaischer Einzelwelle (auch solitäre Welle) und ist Gegenstand fortgesetzter theoretischer und experimenteller Untersuchungen durch Physiker, Mathematiker, Ingenieure und Computerwissenschaftler. So werden vielleicht schon bald transatlantische Telefonkabel durch Lichtleitfasern ersetzt, die Einzelwellen sichtbaren Lichts «ohne Veränderung der Form und Verringerung der Geschwindigkeit» über Tausende von Kilometern transportieren, und auch die Schwingungen von Supraströmen in bestimmten ringförmigen Elektronikgeräten sind Beispiele für Russells Welle.

Einzelwellen unterscheiden sich grundlegend von konventionellen Wellen. Wenn, sagen wir, durch einen fallenden Baumstamm auf der Oberfläche eines Sees eine plötzliche Störung hervorgerufen wird, bewegt sich eine normale Welle von dem Ursprung fort, wird rasch flacher, breitet sich aus und zerstreut sich. Nach kurzer Zeit ist keine Spur der Störung mehr zu sehen. Eine Einzelwelle dagegen bleibt über einen langen Zeitraum erhalten und bewegt sich über große Entfernungen, ohne ihre Form zu verändern. Ihre Gestalt und Geschwindigkeit hängen von den Einzelheiten ihrer Umgebung ab, etwa der Breite und Tiefe des Union Canal, und ihr Erscheinungsbild ist äußerst ungewöhnlich, wie der aufmerksame Russell bemerkte, als er sie sah. Seine Zufallsbeobachtung an jenem Augusttag führte ihn zu der Entdeckung eines neuen Wellentyps, der seine Form und Identität wie ein fester Körper bewahrt und sich insofern ganz und gar nicht wie ein flüssiger Körper verhält.

Dieses Phänomen birgt interessante Möglichkeiten für die Quantenmechanik. Als Louis de Broglie Elektronen mit Wellen in Zusammenhang brachte, wußte er nicht, woraus die Wellen sind oder welche Form sie annehmen. Schrödinger und Born zeigten bald, daß sie sich als Wahrscheinlichkeitswellen interpretieren lassen und daß ihr Erscheinungsbild, könnte man es mit dem Auge verfolgen, vollkommen anders als das eines Teilchens wäre. So ist ein Elektron, das wie eine Gewehrkugel frei durch den Raum schießt, mit einer Wellenfunktion verknüpft, die sich wie ein endlos über den Ozean ausgebreiteter Wellenzug durch den ganzen Raum erstreckt, während ein Elektron in einem Atom – in Bohrs überholter Theorie als Miniaturplanet dargestellt – von einer Welle beschrieben wird, die den konzentrischen, kreisförmigen Wellen auf der Oberfläche eines Wasserglases ähnelt. Die begriffliche Kluft zwischen dem Verständnis des Elektrons als Teilchen und seiner Interpretation als Welle ließe sich erheblich verringern, hätte diese Welle ein teilchenartigeres Erscheinungsbild, hätte sie einen bestimmten Ort, eine eindeutige Geschwindigkeit und eine kompakte Form wie Russells Große Welle.

Die Idee, daß nichtzerfließende (nichtdispergierende) Wellen einen intuitiv einleuchtenden Kompromiß zwischen den beiden widersprüchlichen Aspekten des Elektrons bieten, geht auf die allerersten Anfänge der Quantentheorie zurück und ist noch heute ein ständiges Thema in den theoretischen Spekulationen über das eigentliche Wesen von Teilchen. In jüngster Zeit zeigen sich solche Phänomene in experimentellen Untersuchungen des Atoms.

Als Erwin Schrödinger im Frühjahr 1926 in einem atemberaubenden Ausbruch wissenschaftlicher Kreativität, der unsere Wahrnehmung der Welt unwiderruflich verändert hat, seine Wellengleichung entwickelte, suchte er nach einem konkreteren Bild des Atoms, als es Heisenberg geliefert hatte. Dessen theoretische Maxime, die es ihm verbot, unbeobachtbare Größen zu benutzen, hatte ihn zu einer leistungsfähigen, aber außerordentlich abstrakten Formulierung der Quantenmechanik geführt. In der zweiten seiner sechs großen Schriften über die Wellenmechanik bezog sich Schrödinger auf Heisenbergs Ansatz. Es sei daran gezweifelt worden, schreibt er, «ob das Geschehen sich überhaupt der räumlich-zeitlichen Form des Denkens werde eingliedern lassen. Vom philosophischen Standpunkt aus würde ich eine endgültige Entscheidung in diesem Sinne einer vollständigen Waffenstreckung gleich erachten. Denn wir können die Denkformen nicht wirklich ändern, und was wir innerhalb derselben nicht verstehen können, das können wir überhaupt nicht verstehen. Es gibt solche Dinge – aber ich glaube nicht, daß die Atomstruktur zu ihnen gehört.»

Er erklärte nicht, was er mit «solche Dinge» meinte, die sich nicht in räumlichen und zeitlichen Begriffen erklären lassen, aber möglicherweise dachte er an abstrakte physikalische Konzepte wie die elektrische Ladung und das Magnetfeld. Auf jeden Fall ließ er keinen Zweifel daran, daß sich Atome seiner Meinung nach auf anschaulichere Weise beschreiben lassen als durch Matrizen.

In einem Brief an einen Kollegen brachte er diesen Punkt noch deutlicher zum Ausdruck:

> *Daß eine raumzeitliche Beschreibung unmöglich sei, weise ich entschieden zurück. Physik besteht nicht nur aus Atomforschung, Wissenschaft besteht nicht nur aus Physik, und Leben besteht nicht nur aus Wissenschaft. Das Ziel der Atomforschung ist es, unser empirisches Wissen von ihr in unser übriges Denken einzupassen. All dieses übrige Denken entfaltet sich, soweit es die äußere Welt betrifft, in Raum und Zeit. Läßt es sich nicht in Raum und Zeit fügen, dann scheitert es an seinem ganzen Ziel, und man fragt sich, welchem Zweck es wirklich dient.*

Atome müßten sich also so beschreiben lassen, daß wir sie mit unseren alltäglichen Wahrnehmungen vereinbaren können.

Leider sind die Wellen, mit denen Schrödinger das Innere des Atoms zu beschreiben vermochte und deren logische Äquivalenz mit Heisenbergs endlos langen Zahlenlisten er selbst bewies, unseren Erfahrungen mit Elektronen nicht im geringsten ähnlich. Sie zeigen keine Spur der punktförmigen Teilchennatur des Elektrons, die J. J. Thomson entdeckt hatte und die in elektronischen und fotografischen Aufzeichnungsgeräten zutage tritt. Bedenkt man, daß Schrödinger sich ursprünglich gegen die Behauptung gewehrt hatte, Elektronen seien Wellen, so liegt zweifellos eine gewisse Ironie darin, daß er selbst für dieses Paradoxon verantwortlich war.

Das Problem, die beiden Aspekte des Elektrons miteinander zu vereinbaren, ist ein Teil der allgemeineren Aufgabe, die Quantenmechanik mit der klassischen Mechanik zu versöhnen. Wenn zwei Theorien für dasselbe Objekt gültig sind, müssen sie klar definierte Anwendungsbereiche haben, und die Grenze zwischen ihnen muß verständlich sein. So gilt beispielsweise Einsteins spezielle Relativitätstheorie – ebenso wie Newtons klassische Mechanik – für Objekte wie Fußbälle und Raumschiffe. Die Verbindung zwischen den beiden Theorien ist eindeutig und durch eine einzige Größe gegeben: die Geschwindigkeit des Objekts. Wenn sich ein Körper langsam bewegt, ist Newton zuständig, wenn sich die Geschwindigkeit der des Lichts annähert, übernimmt Einstein das Ruder. Die Formeln der beiden Theorien gehen nahtlos ineinander über, und zwar dergestalt, daß sie mit der Veränderung der Geschwindigkeitsvariablen automatisch von der einen mathematischen Form zur anderen wechseln, während für Zwischengeschwindigkeiten, bei denen beide Theorien mit einem gewissen Maß an Näherung anwendbar sind, die Formeln übereinstimmen.

Der Übergang von der klassischen Mechanik zur Quantenmechanik ist weit weniger klar. Obwohl die Physik seit 1925 große Anstrengungen unternommen hat, ist es ihr nicht gelungen, eine allgemeine Beziehung zu entdecken, die so einfach ist wie die Verbindung zwischen der Mechanik und der Relativität. Die Grenze zwischen Quantenmechanik und klassischer Mechanik ist ein Niemandsland, in dem sich Physiker mehr auf ihre aus der Erfahrung erwachsene Intuition als auf die Logik verlassen, indem sie quantenmechanische Resultate verwenden, wenn sie ins Bild passen, und die klassische Mechanik, wenn sie angebrachter erscheint. Es gibt nur einige wenige besondere Umstände, unter denen sich die Demarkationslinie zwischen den beiden Naturbeschreibungen systematisch untersuchen läßt.

Ein solches Beispiel ist ein Wasserstoffatom, das man zu einem sehr hohen Energieniveau anregt. Nach Bohrs alter Theorie würde sich das Elektron in großem Abstand langsam um den Kern bewegen und dort wie ein ferner Planet einer genau definierten elliptischen Bahn folgen. Auf dieser Bahn würde man seine Bewegung, wie die der Elektronen in J. J. Thomsons Röhre und Hans Dehmelts Falle – mit Hilfe der klassischen Newtonschen Mechanik beschreiben. Doch quantenmechanisch betrachtet, gewinnt das Atom ein ganz anderes Aussehen. Die Wellenfunktion für das Elektron auf diesem hohen Energieniveau ist sehr genau bekannt – ein Studienanfänger kann sie berechnen und grafisch darstellen. Sie bildet eine Wahrscheinlichkeitskarte, die über das ganze Atom ausgebreitet ist, und eine Abbildung ihrer Größe ähnelt einem Wellenmuster, das ein fallender Regentropfen in einem Teich hervorruft, mit dem Unterschied, daß die höchsten Wellenkämme in der Nähe des äußeren Randes des Atoms auftreten und nicht im Mittelpunkt. Schrödinger hoffte, die Versöhnung dieser Auffassung mit Bohrs Teilchenkonzeption würde zur Klärung der Beziehung zwischen Quantenmechanik und klassischer Mechanik beitragen.

Um eine solche Annäherung herbeizuführen, suchte er nach einem Kompromiß, nach einem Phänomen, das grundsätzlich Wellencharakter besitzt, aber auch einige Eigenschaften eines Teilchens aufweist. Russells Einzelwelle wäre dazu hervorragend geeignet, doch leider läßt sie sich in diesem Falle nicht anwenden. Die mathematische Form einer Einzelwelle ist mit Schrödingers Gleichung unvereinbar. Doch es gibt eine andere Wellenform, das sogenannte Wellenpaket, das eine täuschende Ähnlichkeit mit einer Einzelwelle aufweist, darüber hinaus aber nahtlos in die Theorie paßt. Schrödinger glaubte, daß es am Rand des Atoms zur Interferenz zahlreicher Quantenwellen käme, die ein einziges dichtes Wellenpaket bilden, und daß dieses sich auf einer Newtonschen elliptischen Bahn um den Kern bewegen würde. Ein solches Paket, gebildet aus den Wellen, die durch seine Gleichung beschrieben werden, wäre eine Verbindung der alten und der neuen Mechanik: Der Wellencharakter wäre in der grundlegenden Beschreibung des Atoms zu finden und der Teilchencharakter in den isolierten Wellenpaketen, die den Kern wie Planeten umkreisen.

Sobald Schrödinger im Juni 1926 mit seiner gewaltigen Aufgabe fertig war, also seine Version der Quantentheorie entwickelt hatte, teilte er seine Wellenpaket-Hypothese dem holländischen Professor Hendrik Lorentz brieflich mit, der 1902 den Nobelpreis für Physik erhalten hatte, weil er erklärt hatte, wie Magnete auf Atome einwirken, und mit dreiundsiebzig Jahren als Doyen der theoretischen Physik galt. Schrödinger betonte die dringende Notwendigkeit eines theoretischen Entwurfs der «Wellengruppen (oder Wellenpakete), welche ... den Übergang zur makroskopischen Mechanik vermitteln». Doch angesichts der «großen rechnerischen Schwierigkeiten», denen er begegnete, glaubte er nicht, sie jemals zu Papier bringen zu können. Wäre es nicht schön, so fügte er wehmütig hinzu, wenn man eine solche Rechnung nicht nur für das Wasserstoffatom, sondern für alle Quantenwellen im allgemeinen durchführen könnte? Doch er wußte, daß das, zumindest in jener Zeit, ein unerfüllbarer Wunsch war.

Das Problem sei, so antwortete Lorentz postwendend, daß nach der mathematischen Form der Schrödinger-Gleichung alle denkbaren Wellenpakete mit der Zeit unvermeidlich auseinanderlaufen müssen. Sie mochten vorübergehend einer bestimmten Bahn folgen, würden aber bald zerfließen und ihre Form sowie ihren Zusammenhang verlieren. Wenn sie erst einmal zerflossen wären, fuhr Lorentz fort, könne man kaum erwarten, daß sie sich wieder zu dichten Bündeln zusammenfügen. Wellenpakete verhalten sich also nach Lorentz wie normale Wellen und nicht wie Russells Große Welle oder wie Teilchen. Lorentz erkannte, daß eine nichtzerfließende Welle trotz ihres einfachen Erscheinungsbildes ein komplexes Phänomen ist, das von dem empfindlichen Zusammenspiel von Einflüssen abhängt, die sich nicht durch eine standardisierte Wellengleichung, wie sie Schrödinger entwickelt hatte, beschreiben lassen. In der Zeit zwischen den Briefen war Schrödinger selbst zur gleichen resignierenden Schlußfolgerung gelangt.

Diese Situation blieb bis zu Schrödingers Tod im Jahre 1961 und noch eine weitere Generation hindurch unverändert. Die meisten Physiker hielten die Wellenfunktion für ein magisches Rezept zur

Vorhersage von Wahrscheinlichkeiten, das zufällig geeignet war, die Konstruktion besserer Elektronikgeräte und schnellerer Laserapparate zu ermöglichen. Studenten lernten Borns Wahrscheinlichkeitsdeutung der Wellenfunktion – daß die Wellenfunktion bestimmt, mit welcher Wahrscheinlichkeit sich ein Elektron an einem bestimmten Ort aufhält – wie ein Evangelium und erfuhren darüber hinaus, daß der Übergang zur klassischen Physik zwar nicht völlig zu verstehen, jedoch ein technisches Detail ohne praktische Konsequenzen sei. Begriffe wie die Welle-Teilchen-Dualität wurden zu obsoleten Relikten aus vergangenen Tagen erklärt, und obwohl ein paar Unverzagte noch immer Schrödingers Traum nachhingen und versuchten, eine bildhafte Beschreibung des Atominneren zu finden, um Heisenbergs trockenen Zahlenkatalog ersetzen zu können, wurden kaum Fortschritte erzielt. Der Erfolg brachte die Physiker zu einer pragmatischen Akzeptanz der überkommenen Lehre.

Heute, im letzten Jahrzehnt des 20. Jahrhunderts, mehr als fünfundsechzig Jahre nach Schrödingers so wunderbar schöpferischem Frühling des Jahres 1926, haben zwei neue Techniken das Interesse an den Wellenpaketen und ihrer Bedeutung für Atome neu belebt. Die Theorie profitiert dabei von der Leistungsfähigkeit der Hochgeschwindigkeitsrechner, während schnelle Pulslaser eine neue Art von Experimenten ermöglichen. Es ist wie im Falle der mit organischen Farbstoffen arbeitenden Lasergeräte, die die Entstehung organischer Moleküle aufzeichnen, und der supraleitenden Ringe, die makroskopische Quanteneffekte registrieren: Die technische Nachkommenschaft der Quantentheorie wird dazu gebracht, die Bedeutung ihrer eigenen Wurzeln zu entdecken.

Die modernen Computer, die begonnen haben, Bilder von Wellenpaketen in Wasserstoffatomen zu erzeugen, hätten Schrödinger sicherlich begeistert. 1988 berichtete eine Arbeitsgruppe unter der Leitung von Carlos R. Stroud an der University of Rochester, sie habe Schrödingers eigene Lösungen der Wellengleichungen so kombiniert, daß sie eine Reihe von Computerbildern erzeugten.

Der Grund dafür, daß diesem Team gelungen ist, was Schrödinger vergeblich versucht hat, ist einfach: Rechenleistung. Für den Computer ist es ein Kinderspiel, Hunderte von komplizierten Termen zu addieren, den Prozeß immer aufs neue zu wiederholen und der hypothetischen Bewegung des Pakets um den Kern zu folgen. Die Ergebnisse grafisch darzustellen ist reine Routine. Selbst ein computergenerierter Film eines Wellenpakets in Bewegung ließe sich ohne Schwierigkeiten herstellen und würde unserer Phantasie auf die Sprünge helfen.

Den neuen Computerbildern zufolge war Schrödingers Hoffnung gerechtfertigt: In der Tat folgt das Wellenpaket einer Planetenbahn. Wie ein Wasserhügel beginnt der dichtgepackte Wahrscheinlichkeitsklumpen an irgendeinem Punkt weit ab vom Kern und folgt, ohne seine Form zu verlieren, einer elliptischen Bahn, wobei er sich mit der gleichen Geschwindigkeit bewegt, die ein normales Teilchen unter den gleichen Bedingungen aufweist. Wenn man untersucht, welche Bahn diese Welle um das Atom beschreibt, so gewinnt man seinen Glauben an die Einheit der Physik zurück: Newtons Himmelsmechanik, Bohrs altmodische, aber anschauliche Theorie des Wasserstoffatoms und Schrödingers revolutionäre Quantenmechanik vereinigen sich und stimmen auf höchst befriedigende Weise überein.

Die Wahl zwischen den beiden Bildern – der verwischten Wolke von Wellen oder dem Mini-Sonnensystem – hängt einfach davon ab, wie man dem System begegnet. Behandelt man ein Elektron wie ein Teilchen, wird es einen Punkt auf einer fotografischen Platte hinterlassen. Behandelt man es wie eine Welle, wird es die aufschlußreichen Markierungen der Interferenz hinterlassen. Wie das Innere eines Atoms erscheint, hängt davon ab, wie man es betrachtet.

Bis in jüngste Zeit sind die Werkzeuge, die den Weg ins Atom eröffneten – etwa Winelands ultraviolette Lichtstrahlen, die Quantensprünge hervorrufen, oder Rutherfords Alphateilchen, die bis zum Kern vordringen –, plumpe Instrumente gewesen, die entweder kaum Einzelheiten enthüllten oder die empfindliche Struktur im Atominnern bis zur Unkenntlichkeit entstellten. Dabei bestand das Problem in erster Linie nicht in übermäßiger Kraftentfaltung – die Intensität einer Lampe läßt sich auf ganz schwache Stufen dämpfen –, sondern in unzureichender Geschwindigkeit. Elektronen bewegen sich im Innern des Atoms mit Geschwindigkeiten, die der Lichtgeschwindigkeit nahekommen, so daß jedes Gerät, das uns Bilder von Elektronen vermitteln soll, ähnliche Geschwindigkeiten entwickeln muß. Der Uhrmacher, der seinen Schraubenzieher in das Uhrwerk steckt, kann sicher sein, daß er den Mechanismus zerstört, doch wenn er vorsichtig hier ein Rad und dort eine Feder für Sekundenbruchteile berührt, wird sich ihm unter Umständen das Innenleben der Uhr offenbaren, ohne daß er sie ruiniert. Laserpulse von Pikosekundenlänge sind offenbar die flinken Sonden, die es uns ermöglichen, das Innere des Atoms zu erkunden.

Sie waren die Untersuchungswerkzeuge, mit deren Hilfe Carlos Stroud die gleichen Wellenpakete in realen Atomen erforschte, die er in einem Computer simuliert hatte. Zunächst versetzten sein Team und er ein Natriumatom mit einem fein abgestimmten Mikrowellenpuls in einen sehr hohen Erregungszustand. Das am weitesten außen befindliche Elektron wurde dadurch in eine Umlaufbahn befördert, die tausendmal größer als die normale ist. In diesem Abstand ist die elektrische Anziehungskraft zwischen dem Elektron und dem Kern sehr schwach, deshalb bewegt sich das Elektron sehr viel langsamer als gewöhnlich – so wie der äußerste Planet Pluto sich in seiner Umlaufbahn nur ein Sechstel so schnell wie die Erde bewegt.

Im zweiten Schritt des Experiments schoß Strouds Arbeitsgruppe einen schnellen Laserpuls auf das Atom ab. Der Puls fixierte den Aufenthaltsort des Elektrons an einer bestimmten Stelle seiner fernen Kreisbahn und reorganisierte seine enorme, komplizierte Wellenfunktion zu einem kleinen Wellenpaket, das auf diesen Fleck konzentriert war. Der Prozeß ähnelte einem Meßakt:

Wenn ein Elektron, sagen wir, an einem bestimmten Punkt eines Fernsehschirms entdeckt wird, dann kollabiert die Wellenfunktion und mit ihr die Wahrscheinlichkeit, das Elektron zu finden, zu diesem Punkt. Das Wellenpaket, das Stroud mit Hilfe des Lasers konkret erzeugte, entsprach einem der Wellenpakete, die sein Computer zuvor durch Addition einer großen Zahl normaler atomarer Wellenfunktionen generiert hatte.

Nachdem die Forscher das Atom auf diese Weise präpariert hatten, blieb es sich für den Bruchteil einer Mikrosekunde selbst überlassen. Während dieses Intervalls läßt es sich auf zwei gleichwertige Weisen beschreiben: In der Sprache der klassischen Mechanik umläuft das Elektron auf einer riesigen elliptischen Bahn den Kern im Schneckentempo, und zwar in einer Bewegung, die von Isaac Newton hätte bestimmt werden können. Bei der zweiten Version braucht man einen Digitalrechner, um jeder der konstituierenden Quantenwellen zu folgen, die sich alle über das gesamte Mini-Sonnensystem des Natriumatoms ausbreiten. Zu Anfang addieren sie sich alle zu einem einzigen kleinen Wellenpaket am Ort des Elektrons. Dann entwickelt sich nach Schrödingers Gleichung jede für sich. Einen winzigen Schritt um den anderen folgt der Computer den Windungen und Zuckungen jeder Wellenbewegung in einer Folge von komplizierten mathematischen Operationen, die man niemals von Hand ausführen könnte. Wenn der Rechner schließlich wieder alle Wellen zusammenfaßt, heben sich die meisten Täler und Kämme wie durch ein Wunder gegenseitig auf, so daß nur ein kleines Paket übrigbleibt, und zwar an dem Ort, bis zu dem das Elektron auf seiner Kreisbahn vorangekommen wäre.

In dem letzten Schritt des Experiments löste Stroud das Elektron mit Hilfe eines externen elektrischen Feldes aus dem Atom heraus. Da es durch die Anziehungskraft zwischen ihm und dem Kern an seinem Platz gehalten wird, kann es durch eine entgegengesetzte elektrische Kraft entfernt werden, die man erzeugen kann, indem man das Atom an einer positiv geladenen Metallplatte vorbeiführt. Die Leichtigkeit, mit der sich dies bewerkstelligen ließ, offenbarte die ungefähre Position des Elektrons in seiner Kreisbahn zum Zeitpunkt der Ejektion: Im Perigäum, wenn das Elektron dem Kern am nächsten ist, ist es fester gebunden als im Apogäum, dem Punkt, an dem es am weitesten vom Kern entfernt ist. Da Stroud kein Mikroskop hatte, mit dem er dem Wellenpaket direkt folgen konnte, verfiel er auf diesen Trick, um die Endposition indirekt zu bestimmen.

Die Übereinstimmung der Daten mit den Vorhersagen sowohl der mechanischen Theorie Newtons als auch der Quantenmechanik bestätigte Schrödingers Ahnung und verhalf gleichzeitig Bohrs Bild des Atoms zu neuen Ehren, fünfundsechzig Jahre nachdem es für überholt erklärt worden war. In Strouds Experiment ist das klassische Bild des Elektrons, das den Kern umkreist, mathematisch äquivalent mit der verschwommenen Wolke der Quantenmechanik. Doch in der Praxis ist es weitaus brauchbarer. Wie Schrödinger vorhergesagt hatte, kann ein einzelnes Wellenpaket, das sich wie ein Planet bewegt, tatsächlich die kombinierte Entwicklung einer großen Zahl von Quantenwellen ersetzen. Der von Schrödinger vermutete Kompromiß zwischen klassischer und quantenmechanischer Physik hat zu guter Letzt eine experimentelle Bestätigung gefunden.

Doch diese verspätete Bestätigung der tiefen physikalischen Einsicht Schrödingers kann das Welle-Teilchen-Paradoxon nicht lösen. Bohrs Modell ist nur als ein hilfreiches rechnerisches Abkürzungsverfahren unter einer speziellen Bedingung in die Physik zurückgekehrt, nicht als allgemeine Theorie des Atoms. Gleich zu Beginn seiner Berechnungen war Schrödinger zu der Überzeugung gelangt – und Lorentz hatte ihm darin zugestimmt –, daß Wellenpakete in Atomen ihren Zusammenhalt nicht unbegrenzt bewahren können, sondern zwangsläufig zerfließen müssen – und er hatte recht damit. In Strouds Laserexperiment folgte das Wellenpaket seiner elliptischen Bahn nur für den Bruchteil eines Umlaufs, doch in seinen Computersimulationen beobachtete er das gleiche Wellenpaket während mehrerer aufeinanderfolgender Umkreisungen des Kerns. Und tatsächlich beginnt es nach einigen Umläufen zu zerfallen. Ein Dutzend Umläufe später hat es seine ursprüngliche Form verloren, und die Wahrscheinlichkeit, das Elektron zu finden, ist gleichmäßig über die gesamte Bahn verteilt. Das Atom ist spontan zu seinem wellenartigen Erscheinungsbild zurückgekehrt, und es ist fast so, als hätten wir vor unseren Augen die Verwandlung eines Teilchens in eine Welle miterlebt.

Für eine realistische raumzeitliche Beschreibung des Atoms sind diese Ergebnisse höchst unerquicklich, weil sie erneut deutlich machen, daß eine Welle oder auch ein dichtes Wellenpaket nicht *tatsächlich* das Elektron sein kann, wie Schrödinger gehofft hatte. Doch der Zerfall des Pakets ist noch nicht das Ende der Geschichte. Der Computer, der dem Prozeß folgte, fuhr Stunde um Stunde in den Berechnungen fort, deren bloßer Umfang die menschlichen Fähigkeiten bei weitem übersteigt. Die Bilderfolgen, die Strouds Team veröffentlichte, sehen aus wie Fotografien von Wasserwellen in einem ringförmigen Kanal. Das erste Bild zeigt ein hohes schmales Wellenpaket, das seinen Weg beginnt wie Russells Einzelwelle, doch nach einem Dutzend Umläufen sind von ihm nur noch ein paar gleichmäßig zerstreute kleine Wellen übrig. Nachdem das Teilchen eine große Anzahl weiterer Umläufe absolviert hat, werden die Bewegungen der Welle heftiger. Plötzlich treten geheimnisvolle Gipfel auf und absolvieren ihre Umläufe mit der ursprünglichen Geschwindigkeit des Pakets, um ebenso rasch wieder abzuklingen. Nach einem Zeitraum, der gut hundert Umläufen entspricht, wird die Welle wieder kompakter und beginnt sich erneut an einem Ort aufzubauen. Abermals taucht das ursprüngliche Wellenpaket auf, zwar etwas verbreitert, aber am richtigen Ort und mit der richtigen Geschwindigkeit, als sei in der Zwischenzeit nichts geschehen. In direktem Gegensatz zu Lorentz' intuitiver Erwartung ist das Wellenpaket zerfallen und zu neuem Leben auferstanden, wie die Autoren es ausdrücken.

Obwohl die ursprüngliche Form des Wellenpakets nicht ganz wiederhergestellt wird und es bei jeder nachfolgenden Auferstehung in seinen Umrissen etwas unschärfer ist als sein Vorgänger, bis schließlich keine Spur eines Wellenpakets mehr zurückbleibt, ist die regelmäßige Folge von Zerfällen und Auferstehungen doch eine aufregende Entdeckung. Daß das Elektron wie das Schnabeltier dualer Natur ist, weiß man seit der Geburt der Quantentheorie, doch bislang hat man immer nur eines seiner beiden Gesichter zur Zeit gesehen. Strouds Elektron dagegen springt zwischen seinen beiden Persönlichkeiten hin und her, offenbart mal die eine, mal die andere, bis es sich schließlich entscheidet. Es ist ein Signal und zeigt uns, daß wir die Schwelle zwischen Teilchen und Welle erreicht haben.

Im Herbst 1989 hat Professor Strouds Arbeitsgruppe diese Schwelle überschritten. In einem Artikel mit dem Titel «Observation of the Collapse and Revival of an … Electronic Wave Packet» berichtet sie von einer Verbesserung ihres ersten Experiments. Dabei gelang es ihr, einem Elektron während einer großen Zahl von Umläufen zu folgen und eindeutige Spuren seiner Doppelnatur zu entdecken. Das ursprüngliche Wellenpaket verschwindet, so daß sich der Physiker, der versucht, der Entwicklung des Atoms zu folgen, zu einer quantenmechanischen Beschreibung veranlaßt sieht, doch dann ordnet es sich wieder so an, daß die klassische Mechanik erneut greift.

Diese Arbeit wirft nicht nur ein erhellendes Licht auf die fehlende Sprosse zwischen Quantentheorie und klassischer Mechanik. Sie stellt den Übergang von der Beobachtung zum Experiment, von der Anatomie zur Chirurgie dar. Wenn ultraviolettes Licht ein Quecksilberatom in David Winelands Magnetfalle illuminiert, befördert es innere Elektronen auf höhere Energieniveaus. Ihre Wellenfunktionen nehmen andere Gestalten an, die von der Natur und nicht vom Versuchsleiter bestimmt werden, so daß das Experiment auf eine passive Beobachtung hinausläuft. In Strouds Experimenten dagegen geben Lichtpulse nicht nur dem Atom, sondern auch dem Erscheinungsbild der Wellenfunktion selbst eine neue Gestalt. Es ist, als hätten wir gelernt, Wellenfunktionen wie Ton zu formen und ihre schlingernden Kreisbewegungen zu beobachten. In dieser Nötigung von Naturerscheinungen liegt der Unterschied zwischen der modernen Physik und der mittelalterlichen Philosophie. Als Sir Francis Bacon die Leistungsfähigkeit der gerade entstehenden wissenschaftlichen Methode zu Beginn des 17. Jahrhunderts pries, definierte er ihr Ziel als «Visitation der Natur», womit er meinte, daß man sie der Folter unterziehen müsse, damit sie ihr Geheimnis preisgebe. Die Bildung von Wellenpaketen mit Hilfe von Laserpulsen bedeutet die Ausweitung dieser Methode auf die verborgene Welt im Innern des Atoms und verspricht eine reiche Ernte an neuen Einsichten.

Strouds Experimente haben eine neue Phase der atomaren Forschung eröffnet. Auf Pikosekunden-Pulse werden mit Sicherheit Femtosekunden-Pulse folgen, und auf Supercomputer Hypercomputer. Die Manipulation von Atomen wird durch die Manipulation von atomaren Bestandteilen ersetzt werden – und zwar nicht isoliert wie bislang, sondern gewissermaßen *in vivo*. Schließlich wird man das Innere des Atoms genauso zähmen, wie uns das Atom als Ganzes durch Paul-Fallen und Raster-Tunnelmikroskope vertraut geworden ist.

Ganz gleich, welche Fragen man dem Atom stellen wird, wir können davon ausgehen, daß die Schrödinger-Gleichung, mit Hilfe übermenschlicher Computer gelöst, in der Lage sein wird, sie zu beantworten, so daß John Scott Russells nichtzerfließende Welle in solchen Untersuchungen wahrscheinlich keine Rolle spielen wird. Dennoch ist sie eine zu eindrucksvolle Erscheinung, um in Schiffahrtskanälen und transatlantischen Telefonkabeln ein Mauerblümchendasein zu fristen. Für den theoretischen Physiker, der sich mit einem bestimmten Problem auseinandersetzt, ist sie eine hochelegante Lösung, und immer wieder werden Spekulationen über ihre Rolle in der physikalischen Grundlagenforschung angestellt.

In jüngster Zeit war der Beweggrund für diese Bemühungen weniger der Wunsch, das Atom selbst zu verstehen als vielmehr die von Einstein bereits 1940 formulierte Erkenntnis, daß ein Teilchen und das es umgebende Kraftfeld – die Erde und ihre Schwerkraft, ein Elektron und das von ihm hervorgerufene elektrische Feld, ein Kernbestandteil und die starke Kraft, die es ausübt – als eine einzige Einheit beschrieben werden müssen. Diese Forderung ist noch nicht eingelöst worden, doch wenn es geschehen sollte, so ist (angesichts der Tatsache, daß der Einwand von Schrödinger und Lorentz nicht für die komplizierten Gleichungen gilt, die Felder bestimmen) die Einzelwelle eine vielversprechende Kandidatin zur Erklärung des grundlegenden Mechanismus. In solchen Entwürfen kann man sich das Feld als einen riesigen glatten Ozean vorstellen und das Teilchen als eine Einzelwelle, eine Verwerfung, die ihre Form und Geschwindigkeit beibehält, während sie sich über die Fläche bewegt. Wenn es einem anderen Teilchen begegnet, treten die beiden kurzfristig in Wechselwirkung, wie es auch Wasserwellen tun, und setzen dann beide ihren Weg fort. In diesem verlockenden Bild ist die Dichotomie zwischen Teilchen und Feldern aufgehoben – ein weiterer Riesenschritt in dem Programm zur Vereinheitlichung der physikalischen Grundlagen, das mit der Atomlehre von Leukipp und Demokrit seinen Anfang nahm. Wie Einstein festgestellt hat, würde in dieser Theorie ein Raum bar aller Teilchen keine Felder enthalten, so daß auch das Vakuum vereinfacht würde. Von seiner mathematischen Kompliziertheit abgesehen, eröffnet dieses Weltmodell faszinierende Aussichten für Theoretiker.

Leider stößt das Bild des Elektrons als massige Ausbuchtung im elektrischen Feld, die sich wie ein riesiges, dünnes Halo daraus erhebt, von Anfang an auf einen vernichtenden Einwand. Während Russells Welle eine bestimmte Form und Größe hatte, hält man das Elektron für einen Punkt ohne Ausdehnung. Noch nie hat man experimentelle Anhaltspunkte für einen Elektronenradius gefunden. Andererseits ist eine punktförmige Einzelwelle mathematisch so unmöglich wie intuitiv absurd. Natürlich könnte sich herausstellen, daß das Elektron doch eine endliche Größe besitzt, nur zu klein ist, um mit heutigen Instrumenten entdeckt zu werden.

Wenn das so wäre, wie einige Physiker hoffen, dann wäre eine Einzelwellen-Theorie des Elektrons ein bedenkenswerter Vorschlag. Inzwischen gibt es jedoch viele andere Teilchen, die weit eher für solche Spekulationen in Frage kommen.

Ein wegweisender Beitrag zur Verwirklichung von Einsteins Vision stammt von Ed Witten von der Princeton University, der in der Öffentlichkeit kaum bekannt ist, aber unter Kollegen wegen seiner außerordentlichen Kreativität und seiner unvergleichlichen mathematischen Hexenkunst als der wohl brillanteste theoretische Physiker gilt. 1983 hat Witten die Hypothese geäußert, daß eine Einzelwelle die schwierige Frage nach der Natur des Protons beantworten könnte. Das Proton – der Kern eines Wasserstoffatoms – hat einen Durchmesser von ungefähr einem Fermi (Femtometer). Die Quarks, aus denen es besteht, werden durch eine Kernkraft zusammengehalten, die sehr viel stärker als die Schwerkraft, die Elektrizität oder der Magnetismus ist. Unklar ist, warum man ein Proton nicht zerlegen kann wie ein Atom, so daß seine Bestandteile isoliert sind wie die Kerne und Elektronen, aus denen sich Atome zusammensetzen. Als eine mögliche Erklärung entwarf Witten die Umrisse eines mathematischen Modells, in dem das Proton eine Einzelwelle in einem nicht zu beobachtenden Meer von Quarks ist. Es entgeht dem Zerfall durch ein kompliziertes Wechselspiel von Kräften, ähnlich dem Mechanismus, der im Union Canal drei Kilometer lang für den Zusammenhalt von Russells Welle sorgte. Für den gegenwärtigen Zeitpunkt und die nahe Zukunft muß Wittens Idee eine bloße Vermutung bleiben, weil die Quantenchromodynamik, die gegenwärtig akzeptierte Theorie der Quarks und ihrer Wechselwirkungen, noch nicht so weit gediehen ist, daß man mit ihrer Hilfe die Gültigkeit von Wittens Überlegungen prüfen könnte. Vielleicht werden die Protonen-Einzelwellen das Schicksal der Elektronen-Wellenpakete teilen, die erst mehr als ein halbes Jahrhundert, nachdem Schrödinger sie vorgeschlagen hatte, konstruiert wurden, dann aber weit merkwürdigere Eigenschaften offenbarten, als er es sich vorgestellt hatte.

In seinem ersten Brief an Schrödinger vom 27. Mai 1926 schrieb Hendrik Lorentz, Wellenpakete brächten zwar nicht die endgültige Lösung für das Rätsel der Materie, doch könnten sie, wie er hoffe, entscheidend dazu beitragen, «tiefer in diese geheimnisvollen Dinge einzudringen». Jüngste Fortschritte haben diese Hoffnung gerechtfertigt, denn Wellenpakete und vor allem Einzelwellen scheinen in der Tat Konzepte zu sein, die einen befriedigenden Übergang zwischen Wellen und Teilchen darstellen. Doch selbst wenn das Elektron, das Proton und das Atom als Ganzes durch mathematische Funktionen beschrieben werden sollten, die Wasserhügeln gleichen, welche sich einen Kanal entlangbewegen, ohne zu zerfließen, würde das grundlegende Geheimnis des Atoms dennoch bestehen bleiben: Sind diese Einzelwellen real, oder tut die Natur nur so, als wären sie es?

13 Quantenrealität

Zum Collegeabschluß schenkte mir mein Vater zwei historische Fotografien, die er von seinem Onkel Otto von Baeyer geerbt hatte, einem bekannten Experimentalphysiker, an den ich mich kaum noch erinnere, weil er starb, als ich acht war. Sie hängen heute in Holzrahmen untereinander über meinem Schreibtisch. Beide sind Sepiadrucke aus den Blütejahren der Physik in meiner Geburtsstadt Berlin – Anfang der zwanziger Jahre. Blickfang des oberen Fotos ist Albert Einstein, der seitlich auf der Lehne eines Sofas ganz links im Bild sitzt und sich einer imponierenden Versammlung von Kollegen gegenübersieht, darunter Otto Hahn und Lise Meitner, die später durch ihre Entdeckungen auf dem Gebiet der Kernspaltung berühmt wurden. Mit seiner wilden, damals noch schwarzen Mähne, dem buschigen Schnurrbart und diesen runden Augen, mit denen er zugleich traurig und amüsiert in die Welt zu blicken vermochte, beherrscht Einstein das Zimmer. Das untere Bild zeigt eine Reihe junger Leute, die in die Kamera blikken, während sie sich um einen schüchternen Niels Bohr scharen, der die Hände hinterm Rücken hält und mit seinem verlegenen Lächeln eher an einen jungen Studenten als an einen namhaften Theoretiker erinnert.

Zufällig nimmt mein Großonkel auf beiden Bildern in der hinteren Reihe einen auffälligen Platz ein, wahrscheinlich wegen seiner außergewöhnlichen Körpergröße, doch die Aufmerksamkeit gilt ganz offensichtlich Einstein und Bohr, die 1921 beziehungsweise 1922 mit dem Nobelpreis ausgezeichnet wurden. (Die Urkunden wurden ihnen – ein angemessener Akt – 1922 gemeinsam überreicht.) Da die Relativitätstheorie und die Quantenmechanik die

Grundlagen der modernen Physik bilden, stehen die Namen der beiden Männer bei theoretischen Physikern für das geistige Rüstzeug ihrer Zunft.

Zu der Zeit, als die Fotografien aufgenommen wurden, zeichnete sich die Quantentheorie von Schrödinger, Heisenberg und Born gerade am Horizont ab. Sie sollte einen tiefen philosophischen Keil zwischen Einstein und Bohr treiben. Obwohl sich die beiden Männer auch weiterhin sehr schätzten, sollte zwei Jahrzehnte später eine Zeit kommen, da Einstein über seine Beziehung zu Bohrs Schülern schrieb: «In unserer wissenschaftlichen Erwartung haben wir uns zu Antipoden entwickelt», womit er den riesigen Abstand meinte, der sich zwischen Bohrs probabilistischer Interpretation der Quantenmechanik und seinem eigenen deterministischen Weltbild auftat. Nach Jahren der Ruhe beginnt heute die unterirdische Verwerfungslinie zwischen den beiden Positionen wieder unheimlich zu grollen, wenn auch die meisten Physiker dies nicht zur Kenntnis nehmen oder leugnen.

In der Rückschau kann man auf meinen beiden Fotos Anzeichen für die kommende Entwicklung entdecken. Die Gruppe von Wissenschaftlern, die sich mit Einstein dem Fotografen stellte, bietet ein Bild deutscher akademischer Solidität. Sie steht vor einem Fenster mit zugezogenen Vorhängen und einem riesigen Ledersofa, in dem die zierliche Lise Meitner fast versinkt und den Blicken nahezu entzogen ist. Die Gruppe vermittelt den Eindruck von Gesetztheit, von Vertrauen in die herrschende Autorität und Tradition – von Orthodoxie. Die andere Gruppe dagegen steht im Freien, auf einem Rasen vor einem Gebäude. Ein Fenster mit heruntergelassenen Rolläden im Hintergrund könnte jenes sein, das auf der oberen Fotografie von innen zu sehen ist. Die jungen Wissenschaftler, die Bohr umringen, sehen aus, als erwarteten sie von ihm, daß er sie in eine aufregende Zukunft führe. Eine Inschrift auf der Rückseite des Fotos bezeichnet die Gruppe als «Kolloquium ohne Bonzen», junge Radikale gewissermaßen, die für eine Gelegenheit gesorgt haben, sich ohne Bevormundung durch ihre vorgesetzten

Professoren mit ihrem berühmten Gast zu unterhalten. Für mich symbolisiert das Bild die damals bevorstehende Revolution.

Die Frage, über die sich Einstein und Bohr nicht einigen konnten, war das philosophische Problem des Realismus. Beide Männer verstanden und akzeptierten die praktischen Erfolge der Quantentheorie, und keiner von ihnen hatte die geringsten Schwierigkeiten mit ihren mathematischen Grundlagen, aber Einstein und Bohr vertraten unterschiedliche Interpretationen. Der Hauptpunkt ihres Zwistes läßt sich einfach beschreiben. Bohr meinte, da Wellenfunktionen gewöhnlich über das gesamte Atom ausgebreitet seien, hätten Elektronen in Atomen, im Gegensatz zu Planeten, keine klar abgegrenzten Bahnen in Raum und Zeit. Einstein war der Überzeugung, sie müßten solche Bahnen besitzen, obwohl er nicht in der Lage war, seine intuitive Auffassung mit den Prinzipien der Quantentheorie in Einklang zu bringen.

Youngs Doppelspalt-Experiment mit Elektronen, in den Augen Feymans paradigmatisches Beispiel für Quantenverhalten, illustriert das Dilemma. Die Fakten sind bekannt: Wenn Elektronen oder auch andere Teilchen einzeln auf zwei Spalte abgefeuert werden, durchqueren sie diese und bilden auf einem in einiger Entfernung angebrachten Schirm langsam ein streifiges Interferenzmuster. Die Quantenmechanik beschreibt das Muster in allen mathematischen Einzelheiten. Wenn einer der Spalte geschlossen wird, verschwindet die Interferenz, und das Muster wird zu einem normalen Bild des offenen Spalts. Überdies kann jedes Elektron, das auf den Schirm trifft, als Teilchen entdeckt werden – indem es eine winzige Szintillation, das Klicken eines elektrischen Zählers oder einen Silberfleck auf einer fotografischen Platte hervorruft.

Nach der Standardbeschreibung des Phänomens, der Kopenhagener Deutung – zu Ehren der Stadt benannt, in der Bohr den größten Teil seiner Arbeit leistete –, ist jedes Elektron mit einer Welle verknüpft, die mühelos durch beide Spalte fließt und sich wie alle Wellen zu Maxima und Minima bündelt. Soweit ist alles klar und eindeutig. Doch im letzten Stadium geschieht ein Wunder.

Wenn das Teilchen auf dem Schirm entdeckt wird, hört die Wellenfunktion plötzlich auf zu existieren – sie «kollabiert», wie es im Jargon der Zunft heißt. Das Elektron wechselt von einem potentiellen zu einem tatsächlichen Ort. Dieser kann von jeder Stelle aus einer großen Zahl erlaubter Aufenthaltsorte entsprechen, die von der Wellenfunktion bestimmt werden, und dort manifestiert sich das Elektron dann als gewöhnliches, winziges Teilchen. Nach Max Born wird die Wahrscheinlichkeit, daß man das Elektron an einem gegebenen Ort auf dem Schirm findet, exakt durch den numerischen Wert der Wellenfunktion an dieser Stelle gemessen.

Die Wellenfunktion selbst gehorcht der Schrödingerschen Gleichung, während sich die Arbeitsweise eines Elektronenzählers oder eines anderen Mechanismus, der den Aufenthaltsort des Elektrons mißt, nach den klassischen Gesetzen der Physik richtet. Doch der Augenblick, in dem die Welle verschwindet und das Teilchen sich materialisiert, der Zeitpunkt, da die Wellenfunktion kollabiert, der Moment, in dem die Quantenmechanik von der klassischen Mechanik abgelöst wird – dieser gewaltsame Sprung aus der Potentialität in die Aktualität –, wird durch keine Theorie erfaßt. Euphemistisch nennt man ihn den Meßakt, hat aber, im Gegensatz zu den vorhergehenden und nachfolgenden Schritten keine mathematische Beschreibung für ihn. Obwohl er zu Bänden voller schwerverständlicher Theorie und endlosen, verwickelten Debatten geführt hat, bleibt dieser entscheidende Augenblick ein Rätsel.

Das Meßproblem verweist auf Lücken im Bau der Quantentheorie, aber es war nicht der eigentliche Grund für die Meinungsverschiedenheit zwischen Einstein und Bohr. Ihr Streit betraf die Bedeutung der Wellenfunktion: deren gleichmäßige Entwicklung von der Quelle durch die Spalte bis zum Schirm. Bohr behauptete, ein einzelnes Teilchen könne sich nicht durch beide Spalte gleichzeitig bewegen. Deshalb sei die Vorstellung einer Teilchenbahn zwischen konkreten Meßvorgängen sinnlos. Das Elektron sei potentiell entweder ein Teilchen oder eine Welle, und die Versuchsapparatur entscheide über den jeweiligen Charakter. Wenn es sich durch die

Spalte bewege, sei es eine Welle, wenn es gemessen werde, ein Teilchen. Ebenso verhalte sich ein Elektron in einem Atom. Es sei weder ein Teilchen noch eine Welle. Es besitze weder einen Ort noch eine Geschwindigkeit, bis eine der beiden Möglichkeiten mit Hilfe eines bestimmten makroskopischen Apparates fixiert werde. Ein Atom repräsentiert nach Bohr eine andere Wirklichkeit, als sie die gewohnte Welt unserer Sinneswahrnehmungen darstellt. Mithin sei es unvernünftig, die Sprache der uns vertrauten makroskopischen Welt gewaltsam auf diese fremde Existenzweise anzuwenden.

Einstein wandte sich gegen die grundsätzliche Unverständlichkeit der Kopenhagener Deutung. Sein Instinkt veranlaßte ihn zu der Auffassung, der Unbestimmtheit der Quantenmechanik müsse eine objektive Wirklichkeit zugrunde liegen, eine vollständigere Beschreibung der Ereignisse in Zeit und Raum, die noch nicht entdeckt worden sei. Von den Anfängen der Quantentheorie bis zu seinem Tode bemühte er sich vergeblich, Bohr zu seinem Standpunkt zu bekehren. Jahrzehntelang rangen die beiden Riesen miteinander: in Diskussionen, auf wissenschaftlichen Tagungen, in privaten Briefen, in gelegentlichen Veröffentlichungen, wie etwa dem Artikel, den Einstein 1935 mit verfaßte und der den Titel trug: «Can Quantum-Mechanical Description of Physical Reality Be Considered Complete?» – «Beschreibt die Quantenmechanik die physikalische Realität vollständig?» (Einstein meinte nein und Bohrs veröffentlichte Antwort ja.)

In Hinblick auf Youngs Experiment wollte Einstein glauben, das Elektron gehe entweder durch den einen Spalt oder durch den anderen. Bohr entgegnete, sobald man dies überprüfe, zerstöre man die Wellennatur des Teilchens. Im einfachsten Falle liegt dies offen zutage: Wenn man den einen Spalt bedeckt, geht die Bahn des Elektrons mit Sicherheit durch den anderen Spalt, doch wenn das geschieht, verschwindet das Interferenzmuster, das Charakteristikum der Wellennatur – was sich mit Bohrs Behauptung exakt deckt. Einstein versuchte es mit einem komplizierteren Ansatz.

1927, auf einem inzwischen als historisches Ereignis geltenden internationalen Kongreß in Brüssel, den der allseits hochgeachtete Hendrik Lorentz leitete und der von sechzehn anderen ehemaligen oder zukünftigen Nobelpreisträgern besucht wurde (darunter Planck, de Broglie, Bohr, Heisenberg, Schrödinger und Born), beschrieb Einstein ein Gedankenexperiment, mit dem er Bohr widerlegen wollte. Er stellte sich vor, die Spalte seien in einen beweglichen Schirm geschnitten, der von jedem durch einen der Spalte dringenden Elektron einen kleinen Stoß erhielte – nach links, wenn das Elektron durch den linken Spalt, nach rechts, wenn es durch den rechten ginge. Die Bewegung des Schirms zeige dabei, durch die Richtung ihres Rückstoßes, welcher Spalt durchquert worden sei (in seinem Beispiel ging es um Photonen und nicht um Elektronen, doch das bleibt sich im Prinzip gleich). Das Ergebnis, so behauptete Einstein, liefere ein Gegenbeispiel zur Kopenhagener Deutung: Obwohl der Wellencharakter des Elektrons zu Beugungsmustern führe, müsse das Teilchen selbst eine eindeutige Bahn durch einen der Spalte behalten. Natürlich war die Technik, die zur Durchführung eines solchen Experiments erforderlich wäre, damals völlig unvorstellbar; die Manipulation einzelner Teilchen lag noch in ferner Zukunft.

Bohr widerlegte das Argument umgehend, indem er bewies, daß Einsteins leichtgewichtiger Schirm zu empfindlich wäre. Er würde durch ein Elektron so weit abgelenkt werden, daß die Interferenzstreifen wie auf einem verwackelten Foto bis zur Unkenntlichkeit verwischt wären. Im Falle des beweglichen Spalts konnte Bohr sich also auf einen bestimmten physikalischen Mechanismus berufen, der die Kopenhagener Deutung rettet. Doch charakteristischerweise ging er noch darüber hinaus, indem er die Auffassung vertrat, das mathematische System der Quantenmechanik habe einen eingebauten Wächter – die Heisenbergsche Unschärferelation –, der das Elektron, oder irgendein anderes Teilchen, auf immer daran hindere, gleichzeitig seine Teilchen- und seine Wellennatur zu offenbaren.

Vierzig Jahre später unterstrich Richard Feynman diesen Punkt noch einmal: «Wenn ein Apparat in der Lage ist festzustellen, durch welches Loch das Elektron geht, dann kann er *nicht* [Hervorhebung von Feynman] so feinfühlig sein, daß er das Beugungsbild nicht wesentlich stört. Niemand hat jemals einen Weg gefunden (oder erdacht), der um das Unbestimmtheitsprinzip herumführt... Aber wenn jemals ein Weg gefunden würde, das Unbestimmtheitsprinzip zu ‹besiegen›, dann würde die Quantenmechanik widersprüchliche Ergebnisse liefern und müßte als gültiges Naturgesetz aufgegeben werden.» Kategorische Erklärungen dieser Art sind gefährlich in der Wissenschaft; sie haben die fatale Tendenz, sich als übertrieben zu erweisen.

Zwar gewann Bohr auf der Brüsseler Konferenz die Schlacht gegen Einstein, doch der Krieg ging weiter. Die beste Zusammenfassung dieser Debatte ist eine Allegorie, die Richard Feynmans Doktorvater John Wheeler erzählt: Drei Baseballschiedsrichter diskutieren über Punkte und Schlagfehler. Der erste sagt: «Ich geb sie, wenn ich sie seh.» Der zweite: «Ich geb sie, wie sie sind.» Und der dritte, nachdenklichste: «Sie sind nix, bis ich sie geb.» Die erste Einstellung entspricht einer Weltanschauung, die sich auf den Primat der Sinneserfahrungen beruft; die zweite entspricht Einsteins Glauben an die Existenz einer grundlegenden objektiven Wirklichkeit und die dritte Bohrs Naturauffassung.

So nahm die große Kontroverse einen relativ ruhigen Fortgang, bis 1952 Einsteins qualitative Kritik der Quantenmechanik von dem amerikanischen Physiker David Bohm, einem Studenten von Robert Oppenheimer, in eine quantitative Theorie übersetzt wurde. Der Freidenker und Bilderstürmer Bohm wurde 1949 vor den Ausschuß für «unamerikanische Umtriebe» zitiert und, nachdem er sich auf den vor dem Zwang zur Selbstbeschuldigung schützenden fünften Zusatzartikel der amerikanischen Verfassung berufen hatte, wegen Mißachtung des Kongresses angeklagt. Zwar wurde er freigesprochen, verlor aber dennoch seinen Posten an der Princeton University. Nach einer Odyssee, die ihn nach Brasilien und Israel führte, ließ er sich in England nieder, wo er noch heute nach seiner Emeritierung lebt. Seine Formulierung der Quantenmechanik, die sich von der Kopenhagener Deutung unterscheidet und Ähnlichkeit mit einer Idee aufweist, die de Broglie fünfundzwanzig Jahren zuvor aufgegeben hatte, heißt heute Bohm-de Broglie-Theorie oder, nach ihrem wichtigsten begrifflichen Bestandteil, die Theorie der Führungswelle. Am Ende einer seiner Artikel dankt Bohm Einstein für «etliche interessante und anregende Diskussionen», in denen vermutlich der Keim für den neuen Ansatz gelegt wurde.

Die Stellung der Theorie der Führungswelle in der modernen Physik ist merkwürdig. Die meisten Physiker glauben fälschlicherweise, sie sei widerlegt und somit könne man sie einfach umgehen. Tatsächlich ist sie in großem Umfang eine Neuformulierung konventioneller Quantentheorie und deshalb logisch äquivalent mit dieser, nur daß sich die beiden Versionen grundsätzlich in der Interpretation der Symbole unterscheiden, die sie gemeinsam haben. Wie die normale Quantenmechanik weist auch die Bohm-de Broglie-Theorie einige ernsthafte Mängel auf und ist deshalb sogar von ihren Verteidigern stets streng kritisiert worden. So meinte beispielsweise Einstein, sie sei «zu billig», soll heißen: nicht gründlich oder neu genug, um bestehen zu können, und allgemein sind sich Physiker darüber einig, daß sie lediglich ein Ansatz ist und kein fertiges Gebäude. Ihr Hauptvorteil besteht darin, daß die Teilchen die ganze Zeit über vollkommen real sind und daß sie das vertrackte Meßproblem der herkömmlichen Quantenmechanik vermeidet – zwei Leistungen, aufgrund derer der Entwurf weit mehr Aufmerksamkeit verdient, als er gegenwärtig genießt.

Die Theorie der Führungswelle löst das Problem der Welle-Teilchen-Dualität auf direktestem Wege: Sie gestattet dem Elektron, ein Teilchen zu sein, wann immer es eingefangen wird, und eine Welle, wann immer es sich durch zwei Spalte bewegt. Doch im Gegensatz zur Kopenhagener Deutung, die sich darauf versteift, das Elektron sei *entweder* ein Teilchen *oder* eine Welle, geht die Bohm-de Broglie-Theorie davon aus, daß es immer ein Teilchen *und* eine Welle ist.

Insbesondere Bohm stellte sich vor, das Elektron sei ein Teilchen, das auf seiner Welle reite wie ein Blatt im Bach. Diese Welle, eben die Führungswelle, ist real, aber unsichtbar, Teil eines jeden Teilchens. Sie fließt wie Wasser durch Youngs Spalte und steuert die Bewegung des Teilchens von der Quelle durch einen der Spalte bis zu einem Fleck auf dem Schirm. Da die Führungswelle, die so real ist wie das Gravitationsfeld der Erde und das eine Ladung umgebende elektrische Feld, im wesentlichen die gleiche Information trägt wie die völlig abstrakte Wellenfunktion der konventionellen Quantentheorie, stimmen die beiden Formulierungen in ihren Vorhersagen überein. Doch in der Theorie der Führungswelle folgt das Elektron die ganze Zeit über einer klar abgegrenzten klassischen Bahn und unternimmt zu keinem Zeitpunkt Quantensprünge aus der Potentialität in die Aktualität.

Die Bohm-de Broglie-Theorie hatte nie viele Anhänger. In den sechziger Jahren, als ich studierte, galt Bohm bei vielen als exzentrischer Exilphysiker, und von de Broglie hieß es, er habe seine besten Jahre hinter sich. Es schien keinen zwingenden Grund zu geben, die Erfolge der Quantenmechanik aufs Spiel zu setzen. Doch dann erhielt die Theorie der Führungswelle einen einflußreichen Fürsprecher in der Person von John Stewart Bell am Europäischen Zentrum für Kernphysik (CERN) in Genf, der sich einmal als «Quanteningenieur» bezeichnet hat, in dem gleichen Sinne, wie der Autor Primo Levi sich einen «Monteur-Chemiker» nannte. Beide Männer wollten damit betonen, wie wichtig es für sie ist, die praktischen Grundlagen ihres Handwerks zu beherrschen.

Bells Ruhm gründet sich auf ein vielbewundertes mathematisches Theorem, das er 1964 bewiesen hat und das heute seinen Namen trägt. Er verwandelt Einsteins vage philosophische Einwände gegen die Quantenmechanik in eine klare numerische Aussage. Dabei befaßt er sich mit statistischen Korrelationen zwischen verschiedenen Teilchen und zeigt, daß sich quantenmechanische Korrelationen von klassischen unterscheiden. Leider sind statistische Korrelationen schwer zu verstehen, wie die Debatte über Rauchen und Krebs eindringlich zeigt. Kein spezieller Raucher bekommt mit Sicherheit Krebs, und kein bestimmtes Krebsopfer ist notwendigerweise ein Raucher. Dennoch ist die enge Beziehung zwischen den beiden Phänomenen eine bewiesene Tatsache. Statistische Korrelationen sind in der Physik wie in der Medizin schwer zu erfassen, weil sie sich nicht mit Einzelfällen abgeben, während sie gleichzeitig logische Strenge und mathematische Gewißheit für sich in Anspruch nehmen.

Und als ob binäre Korrelationen – zum Beispiel zwischen Rauchen und Krebs – nicht schon schwierig genug wären, behandelt das Bellsche Theorem Dreieckskorrelationen, die das Denken vollends verwirren. So ist es beispielsweise nach der gewöhnlichen Logik eine unbestreitbare Tatsache, daß die Zahl der Frauen mit Krebs kleiner oder gleich der Zahl weiblicher Raucher plus der Zahl von Nichtrauchern beiderlei Geschlechts mit Krebs ist. Nur professionelle Logiker und Menschen mit einer Leidenschaft für mathematische Spiele finden diese Aussage unmittelbar einleuchtend. Und doch hat Bell gezeigt, daß es genau diese Ungleichung zwischen drei Kategorien ist, die, auf die Beschreibung der Teilchenbewegung angewendet, durch die Regeln der Quantenmechanik verletzt wird.

Im Falle von Photonen werden beispielsweise die Kategorien Frau, Krebspatient und Raucher durch drei Polarisationsrichtungen ersetzt, und die klassisch erwartete Ungleichung wird zu einer Beziehung zwischen der Zahl der Photonen, die in der Lage sind, entsprechend ausgerichtete Filter zu durchqueren. Der Grund für die Verletzung dieser Ungleichung ist die Fähigkeit von Quantensystemen, zwei entgegengesetzte Zustände gleichzeitig einzunehmen: Ein Photon kann beispielsweise gleichzeitig nach zwei verschiedenen Richtungen ausgerichtet sein und insofern der konventionellen Logik zuwiderlaufen. (Ein Quantengeschöpf könnte wahrscheinlich männlich und weiblich sein, Raucher und Nichtraucher, krebskrank und gesund, alles zur gleichen Zeit. Schrödinger hat sogar dargelegt, daß eine Quantenkatze gleichzeitig tot und lebendig sein könnte.) Angesichts der Kompliziertheit des Bellschen Theorems ist es nicht verwunderlich, daß es zunächst von Physikern wie der Öffentlichkeit übergangen und später häufig mißverstanden wurde.

Doch Bell war ein Quanteningenieur, kein Logiker, deshalb war für ihn der Kontakt mit der realen Welt von übergeordneter Bedeutung. Gegen Ende seines kurzen, aber revolutionären Artikels aus dem Jahre 1964 schrieb er: «Das oben betrachtete Beispiel hat den Vorteil, daß wenig Phantasie erforderlich ist, um sich vorzustellen, daß die betreffenden Messungen tatsächlich ausgeführt werden.» Mit diesen Worten forderte er seine Kollegen aus der Experimentalphysik dazu heraus, Verfahren zu ersinnen, um sein Theorem im Labor zu überprüfen und die Natur vor die Entscheidung über die Gültigkeit der gewöhnlichen Logik auf der einen und der Quantenmechanik auf der anderen Seite zu stellen. Es dauerte nicht lange, da konnte man die Experimente durchführen, und in den achtziger Jahren hatten sich die Vorhersagen der Quantenmechanik eindeutig bestätigt. Mit seinen bahnbrechenden Bemühungen, philosophische Debatten in überprüfbare Aussagen zu verwandeln, erwarb sich Bell den Ruf, einer der kreativsten zeitgenössischen Denker auf dem schwierigen Feld der quantentheoretischen Grundlagen (nicht ihrer Anwendung) zu sein.

Bell, der 1990 mit zweiundsechzig Jahren, auf der Höhe seines Schaffens starb, vertrat nachdrücklich die Auffassung, Physikstudenten müsse neben der Kopenhagener Version auch die Theorie der Führungswelle vermittelt werden. «Trotz einiger merkwürdiger Eigenschaften», schrieb er, «verdient sie nach meiner Auffassung durchaus unsere Aufmerksamkeit als ein Modell für die logische Struktur einer Quantenmechanik, die nicht *per se* ungenau ist.» Die Ungenauigkeit, von der er sprach, ist die fatale Unfähigkeit der Quantenmechanik, eine Erklärung für den Meßprozeß zu finden. Bell hielt dieses Problem für so grundsätzlich, daß er dafür plädierte, alternative Theorien, selbst wenn sie krasse Fehler oder, wie er taktvoll sagte, «merkwürdige Eigenschaften» aufwiesen, genauer zu untersuchen.

Die merkwürdigste Eigenschaft der Führungswelle ist ihre sogenannte Nichtlokalität, die Tatsache, daß sie sich weit über das Teilchen hinaus erstreckt, zu dem sie gehört, und daß sie dieses in die Lage versetzt, andere Teilchen augenblicklich zu beeinflussen und seinerseits von fernen Objekten und Ereignissen unverzüglich beeinflußt zu werden. Diese Erscheinung ist in der makroskopischen Welt unbekannt: Wenn ein Boot auf einem See eine Welle aufwirft, braucht diese eine gewisse Zeit, um ein anderes Boot zu erreichen, während eine Führungswelle ihren Einfluß ohne Zeitverzögerung geltend macht. Diesen Effekt bezeichnet man als Fernwirkung – etwas, was Einstein als «spukhaft» verurteilte.

Die Fernwirkung ist für Physiker deshalb so schwer zu akzeptieren, weil sie ursprünglich große Probleme hatten, sie aus der Naturbeschreibung zu eliminieren. Newtons Erklärung der Schwerkraft war der Prototyp einer Fernwirkungstheorie. Nach seiner Auffassung ziehen sich zwei beliebige materielle Objekte im Universum mit einer Kraft an, die ohne Zeitverzögerung durch die Materie und den leeren Raum hindurch übertragen wird. Wenn sich ein Berg in Australien oder auf dem Mond verlagert, verändert sich augenblicklich die Anziehungskraft der Gravitation auf eine Masse in New York, wenn auch nur um einen unmerklich kleinen Betrag. Die Fernwirkung ist eine magische Kraft.

Heute halten Physiker Newtons Fernwirkung für überholt, bestenfalls für eine grobe Annäherung an die tatsächlichen Verhältnisse. Man glaubt, daß Gravitation, Elektrizität und Magnetismus sowie alle anderen Kräfte durch Teilchen übertragen werden, die sich durch die Materie und den leeren Raum bewegen. Die Fernwirkungstheorie entspricht der Annahme, daß Einflüsse sich mit unendlicher Geschwindigkeit ausbreiten, während aus Einsteins Relativitätstheorie hervorgeht, daß sich Teilchen höchstens mit Lichtgeschwindigkeit bewegen können. In den meisten modernen

Theorien, einschließlich der gegenwärtigen Beschreibung der Schwerkraft, sind die Einflüsse lokal: Diese krafttragenden Teilchen können auf ein Objekt nur einwirken, wenn sie mit ihm tatsächlich in Berührung kommen. Die Fernwirkung ist ein Relikt aus vergangener Zeit, und die meisten Physiker reagierten äußerst skeptisch, als die Theorie der Führungswelle von Bohm und de Broglie sie zu rehabilitieren trachtete.

John Bell dagegen machte aus der Not eine Tugend. Insofern die Bohm-de Broglie-Theorie mit der normalen Quantenmechanik äquivalent sei, so Bell, und insoweit erstere nichtlokal sei, müsse es letztere auch sein. Nach Bell ist der größte Vorteil der Theorie der Führungswelle, daß sie es gestatte, die prinzipielle Nichtlokalität der Quantenwelt deutlich zu machen, die seltsame Fähigkeit zur Fernwirkung, die die Kopenhagener Deutung durch nebulöse Erklärungen verdunkle. Die absurde Nichtlokalität der Quantenmechanik in der konventionellen wie in der Führungswellen-Formulierung verlangt genauso nach einer Erklärung, wie die Nichtlokalität der Newtonschen Gravitation es tat. Dies war der Kernpunkt der Meinungsverschiedenheit zwischen Einstein und Bohr, und Bell machte kein Geheimnis daraus, wessen Partei er ergriff: «Ich glaube, Einstein war in diesem Punkt Bohr geistig weit überlegen. Es klaffte ein gewaltiger Abgrund zwischen dem Mann, der deutlich sah, was notwendig war, und dem Mann, der obskure Ideen vertrat.» Bell behauptete, der Grund für Einsteins Einwände gegen die konventionelle Quantentheorie werde in der Bohm-de Broglie-Interpretation sichtbar.

Um mehr über diese Theorie zu erfahren, suchte ich Jean-Pierre Vigier auf, einen renommierten französischen Physiker, der ein führender Vertreter dieser Theorie ist. Ich traf ihn in seinem winzigen vollgestopften Büro an, das im zweiten Stock des Institut Henri Poincaré in der Rue Pierre et Marie Curie in Paris hinter einem Fahrstuhl versteckt ist. Vigier war einer der bevorzugten Assistenten de Broglies. Zur langen Liste seiner wissenschaftlichen Veröffentlichungen gehören einige, die er gemeinsam mit seinem illustren Mentor schrieb, und andere, die er zusammen mit David Bohm verfaßte. Als ich ihm begegnete, war er einundsiebzig Jahre alt, doch sein dichtes, von silbernen Streifen durchzogenes Haar, seine bewegliche, kräftige Gestalt und seine rasche, zupackende Art zu sprechen ließen ihn weit jünger erscheinen. Sobald ich mich vorgestellt und den Grund meines Besuches erläutert hatte, wies er auf einen winzigen runden Sessel, dessen brüchiger Lederbezug mit den angelaufenen Messingnägeln sein Alter deutlicher preisgab als Vigier das seine. «Setzen Sie sich in de Broglies Sessel», forderte er mich auf und schlängelte sich durch die Bücherstapel, die seinen Schreibtisch umgaben, zur Tafel, wo er so zwanglos mit einem Vortrag begann, als wäre ich aus einem der Büros nebenan gekommen. So saß ich in diesem engen und niedrigen, doch überraschend bequemen Sessel, konnte förmlich de Broglies Aura spüren, die diesen Raum noch durchdrang, und lauschte dem Bericht über den Stand der Führungswellentheorie.

An der theoretischen Front gibt es bescheidene Fortschritte. Vigier und eine verschworene kleine Gruppe von «Quantenrealisten» in der ganzen Welt erweitern die Bohm-de Broglie-Theorie, indem sie sie mit den Bedingungen der Relativitätstheorie in Einklang bringen, eine Vielzahl unterschiedlicher Ideen zur physikalischen Beschaffenheit von Materiewellen durchspielen und vor allem nach neuen Ableitungen jener Ergebnisse suchen, die die konventionelle Quantenmechanik bereits erfolgreich erklärt hat. Die Arbeit ist schwierig und vielfach enttäuschend, weil Berechnungen, die sich aus der Kopenhagener Deutung ohne Probleme ergeben, im Rahmen der Führungswellentheorie manchmal schrecklich mühsam sind. Zweck dieser Bemühungen ist es, auf die Entdeckung eines grundsätzlichen Fehlers in der konventionellen Quantentheorie vorbereitet zu sein, die durchaus im Bereich der Möglichkeiten liegt. Wenn man auf einen solchen Fehler stoßen sollte, wären die Führungswellentheoretiker in der Lage, zum Generalangriff überzugehen, weil ihr Modell im Augenblick die beste Alternative zum konventionellen Modell darstellt. Als John Bell

1986 die gegenwärtig vorliegenden Interpretationen der Quantenmechanik auf einem Nobel-Symposion in Stockholm Revue passieren ließ, schloß er nachdenklich: «Nach meiner Auffassung zeigt das [Führungs-]Wellenbild zweifellos die größte handwerkliche Vollkommenheit unter allen Bildern, die wir betrachtet haben. Aber ist das in unserer Zeit eine Tugend?»

Vigier gibt gern zu, daß er sich auf einen schwierigen Kampf eingelassen hat, doch wirft er Bohr eine dogmatische Haltung vor. «Der Geist von Kopenhagen ist sehr negativ», meinte er zu mir, «und das ist nicht gut für die Wissenschaft. Bohr sagte: ‹Man kann die Bahn eines Elektrons nicht entdecken, also versucht es gar nicht erst!› Ich glaube, dieses Verdikt hat zwei Generationen von Physikern zu bloßen Technikern degradiert, die sich der Quantenmechanik nur bedienen und nie innehalten, um über ihre Grundlagen nachzudenken.» Versöhnlicher fuhr er fort: «Vielleicht war das auch gut so, weil es soviel Arbeit zu leisten gab. Doch heute ist es an der Zeit, zu den Anfängen zurückzukehren und zu probieren, was Bohr für unmöglich erklärt hat.»

Keine der theoretischen Entwicklungen vermag Vigier auch nur annähernd so zu begeistern wie die jüngsten Fortschritte in der Experimentalphysik. Tatsächlich ist er, wie die meisten Anhänger beider Lager, der Überzeugung, die Bohr-Einstein-Kontroverse trete in eine neue Phase. Vor allem dank der Erkenntnisse von John Bell verlagert sich die Debatte jetzt endlich nach fünfundsechzig Jahren philosophischer Erörterung auf die einzig legitime Arena, in der die Entscheidung über wissenschaftliche Dispute gefällt werden kann – das Experimentallabor.

Vigier berichtete mir von dem Experiment, auf das er die größten Hoffnungen setzt. Im Frühjahr 1991 schlugen drei Wissenschaftler vom Max-Planck-Institut für Quantenoptik in München – Marlan Scully, Berthold-Georg Englert und Herbert Walther – eine Verbesserung des Doppelspalt-Experiments vor, durch die sie genau das zu erreichen hoffen, was Einstein sich ausmalte und Bohr und Feynman für unmöglich hielten: die Unschärferelation zu umgehen. Das Experiment wird auf der Manipulation einzelner Atome und Photonen beruhen und deshalb schwer durchzuführen sein, doch wenn es gelingt, wird es das Wesen der Quantenrealität in einem neuen Licht zeigen.

Das Doppelspalt-Experiment, das gegenwärtig in München vorbereitet wird, gleicht im Prinzip jener Atominterferometrie, die Jürgen Mlynek im nahe gelegenen Konstanz durchgeführt hat, mit einer wichtigen Ergänzung: Wenn die Atome ihre Wellennatur offenbaren, indem sie ein charakteristisches Interferenzmuster entwickeln, wird jedes von ihnen mit einer Markierung versehen, anhand derer sich feststellen läßt, ob es sich durch den einen oder den anderen Spalt bewegt. Während Einstein vorschlug, jedes Teilchen durch seine Wirkung auf ein externes, makroskopisches Gerät – den beweglichen Schirm – kenntlich zu machen, wird das neue Experiment innere, mikroskopische Markierungen verwenden. Jedes Atom, das sich durch einen Spalt bewegt, wird seine Gegenwart dadurch signalisieren, daß es ein Photon abgibt.

Das Grundschema des Experiments wird Youngs Versuchsanordnung entsprechen, nur daß vor jedem Spalt ein Mikrowellenhohlraum (Kavität) angebracht ist, ähnlich jenem, den Daniel Kleppner in seinem eleganten Nachweis für die Unterdrückung spontaner Emission benutzte. Wie in jenem Experiment wird ein Laser jedes Atom (wahrscheinlich des Rubidiums, eines mit dem Natrium verwandten Metalls) in einen höheren Energiezustand befördern, bevor es in den Hohlraum gelangt. Doch während Kleppner die Größe des Hohlraums so wählte, daß er die spontane Strahlung minimierte, wird hier die Strahlung maximiert, so daß das Vakuum aus jedem hindurchgelangenden Atom ein Photon löst. Obwohl sich die Elektronenstruktur des Atoms natürlich mit der Emission eines Photons verändert, ist die Wellenfunktion, die die Bewegung des Atoms beschreibt, überraschenderweise keiner Modifikation unterworfen. Mit der Registrierung eines Photons in einem Mikrowellenhohlraum hat die Münchener Gruppe also eine Möglichkeit gefunden, den Ort eines Atoms in einem Spalt zu bestimmen, ohne mit der Unschärferelation in Konflikt zu geraten. Der Vorteil dieser Versuchsanordnung gegenüber Einsteins schwankendem Schirm entspricht dem Unterschied zwischen der altmodischen Kontrolle über makroskopische Geräte und der modernen Kontrolle über einzelne Teilchen.

Das Experiment, das, wenn alles nach Plan läuft, im Laufe der nächsten zehn Jahre durchgeführt werden wird, läßt sich leicht im Rahmen der konventionellen Quantenmechanik analysieren. Solange die Mikrowellenhohlräume vor den Spalten nicht in Betrieb sind, werden die Atome das vertraute Interferenzmuster hervorrufen, das Young für das Licht entdeckte und Mlynek zweihundert Jahre später mit Atomen reproduzierte. Wenn Laser und Mikrowellenhohlräume eingeschaltet werden, verschwindet das Muster, weil jedes Atom signalisiert, durch welchen der beiden Spalte es sich bewegt hat, und damit seine Bahn durch Zeit und Raum offenbart. Nach der Kopenhagener Deutung wird deshalb das Interferenzmuster, der Fingerabdruck der Wellen, nicht erscheinen.

Dieses Ergebnis stimmt mit Bohrs Kritik an Einsteins Gedankenexperiment in Brüssel überein. Doch das Fehlen des Interferenzmusters läßt sich dann nicht mehr auf die Unschärferelation zurückführen oder der physikalischen Wirkung zuschreiben, die die Hohlräume auf die Atome ausüben: Im Gegensatz zur Bewegung eines Teilchens in Einsteins Gedankenexperiment mit dem beweglichen Schirm wird die Bewegung eines Atoms durch die Emission eines Photons in einem Mikrowellenhohlraum nicht beeinflußt. Die Ursache für den vorhergesagten Interferenzverlust ist weit differenzierter.

Nach der Analyse der Münchener Gruppe wird das Experiment allein durch die *Information* bestimmt, die beim Durchgang der Atome in den Mikrowellenhohlräumen enthalten ist. Die Wellenfunktion für das Gesamtsystem – Atome, Photonen und Hohlräume – ist eine einzige zusammenhängende Einheit. Wenn man ein Photon in einem der Hohlräume entdeckt, übermittelt die Wellenfunktion – die alles verschlüsselt, was in Hinblick auf das Atom physikalisch meßbar ist, auch die Emission eines Photons – diese Information nach vorn zum Sichtschirm und sorgt so dafür, daß das Interferenzmuster verschwindet.

Um zu beweisen, daß die Wechselwirkung eines Atoms mit einem Mikrowellenhohlraum nur Information und kein physikalisches Material beeinflußt, haben sich die Erfinder des Experimentes noch einen weiteren Kunstgriff einfallen lassen. Sie schlagen vor, einen «Quantenlöscher» einzubauen, der die von den Hohlräumen ermittelte Information eliminieren und auf diese Weise dafür sorgen kann, daß die Interferenzstreifen wieder erscheinen.

Der Quantenlöscher ist ein Detektor, der mit beiden Hohlräumen gleichzeitig verbunden ist. Er wird so empfindlich sein, daß er ein einziges Photon aus ihnen extrahieren kann. Allerdings wird er das Eintreffen dieses Photons aufzeichnen, ohne anzugeben, aus welchem der beiden Hohlräume es kommt. Der Quantenlöscher wird also anzeigen, daß ein Atom die Apparatur durchquert hat, aber gleichzeitig den Hinweis verwischen, der Aufschluß über die Bahn des Teilchens gibt.

Um die Funktion des Quantenlöschers zu verstehen, wollen wir zunächst ein Experiment betrachten, in dem er ausgeschaltet bleibt. Ein Atom durchquert die Apparatur, gibt ein Photon ab, das in einem der beiden Mikrowellenhohlräume gespeichert wird, und ruft einen Fleck auf dem Schirm hervor. Lange Zeit später – vielleicht eine Millisekunde danach, eine Ewigkeit auf der atomaren Ebene – beschließen die Versuchsleiter, das Photon zu registrieren, und schicken sich dann an, den Prozeß mit dem nächsten Atom zu wiederholen. Da sie auf diese Weise die Bahn jedes Atoms ermitteln, werden sie auf dem Schirm keine Interferenzstreifen finden.

Auch im zweiten Experiment lassen sie ein Atom bis zum Schirm gelangen, doch statt jedes Photon zu registrieren, schalten sie den Löscher ein, bevor sie sich dem nächsten Atom zuwenden. Da sie dadurch alle Information über die Bahn des Atoms verlieren, werden sie feststellen, daß sich Interferenzstreifen bilden. Doch in beiden Experimenten wird die Entscheidung, entweder die Bahn des Atoms zu bestimmen oder statt dessen den Löscher zu aktivieren, erst gefällt, *nachdem* das Atom bereits eine Markierung auf dem Schirm hinterlassen hat.

Wenn die Atome ihre Markierungen in beiden Experimenten auf exakt die gleiche Weise hinterlassen, wie kann dann der Sichtschirm im zweiten Falle Streifen zeigen, nicht aber im ersten? Vor zehn Jahren hat der amerikanische Physiker Edwin Jaynes bereits die Möglichkeit eines Quantenlöschers erörtert: «Ich behaupte, es ist höchst irrational, daß irgendwo in dieser Theorie die Unterscheidung zwischen Wirklichkeit und unserer Wirklichkeitserkenntnis verlorengegangen ist. Das Ergebnis hat mehr Ähnlichkeit mit der Schwarzen Kunst des Mittelalters als mit Wissenschaft.»

Die Münchner Gruppe löst das scheinbare Paradoxon, indem sie zeigt, daß das erste Experiment wie beschrieben abläuft, das zweite jedoch nicht so einfach ist, wie es klingt. Stellen wir uns vor, daß jedes Experiment mit tausend Atomen durchgeführt wird. Zunächst ist das Ergebnis beider Experimente gleich: Wenn alle tausend Atome ihre Spuren auf dem Schirm hinterlassen haben, wird er eine konturlose Verteilung der Punkte ohne Streifen zeigen – darin liegt kein Paradoxon. Doch das zweite Experiment und insbesondere der Quantenlöscher müssen sorgfältiger analysiert werden. Da dieser einzelne Photonen entdeckt, ist er ein Quantengerät – er gehorcht also den Quantenregeln und nicht der normalen Logik. Eine einfache quantenmechanische Rechnung zeigt, daß er in der Hälfte der Zeit kein Photon entdeckt, auch wenn eines die Apparatur durchquert hat. Während im ersten Experiment die Mikrowellenhohlräume fünfhundert Durchgänge im linken und fünfhundert im rechten Spalt aufzeichnen würden, würde im zweiten Experiment der Löscher fünfhundert Durchgänge für beide Spalte und fünfhundert durch keinen von beiden anzeigen.

Die Atome, die den Löscher nicht auslösen, tragen sozusagen Überschußinformation und müssen aus dem zweiten Experiment eliminiert werden. Nach der Quantentheorie ergibt sich folgende Vorhersage: Werden nach Abschluß des zweiten Experiments die Flecken, die diese Atome hervorgerufen haben, aus dem unbestimmten, gleichmäßigen Muster auf dem Schirm entfernt, so werden die verbleibenden fünfhundert Flecke die charakteristischen Interferenzstreifen zeigen. Die Apparatur scheint uns mitzuteilen: «Wenn ihr jene Ereignisse auswählt, in denen die durch die Hohlräume gesammelte Information spurlos gelöscht worden ist, werde ich die Wellennatur der Atome offenbaren. Doch solange ihr diese Information nicht wirklich löscht, wird sie irgendwo in dem System erhalten bleiben, und deshalb werde ich die Rubidiumatome als normale Teilchen betrachten, die sich durch den einen oder den anderen Hohlraum bewegen.»

Vor der Erfindung des Quantenlöschers verlangte die Kopenhagener Deutung des Doppelspalt-Experiments, daß ein Atom, das die ausgeschalteten Mikrowellenhohlräume durchquert, eine Welle ist und keiner genau umschriebenen Bahn folgt. Bei aktivierten Hohlräumen hingegen würde die Theorie vorhersagen, daß die Atome Teilchen mit klar definierten Bahnen durch den einen oder den anderen Spalt sind. Nun können diese Teilchen wieder in Wellen verwandelt und ihre Bahnen rückwirkend gelöscht werden. Wenn das keine Schwarze Kunst ist!

Als ich an jenem Tag mit Professor Vigier in seinem Büro saß, zog er das vorhergesagte Resultat des vorgeschlagenen Experiments nicht in Zweifel, sondern bot mir eine Alternative zur Erklärung der Kopenhagener Schule an. In Übereinstimmung mit der Bohm-de Broglie-Version der Quantenmechanik führte er aus, das Atom sei stets ein Teilchen und durchquere wie ein Tennisball entweder den einen Hohlraum oder den anderen. Das Interferenzmuster wird nach dieser Auffassung durch die Führungswelle erklärt, die jedes Atom begleitet, aber sich durch beide Spalte bewegt. Doch wie diese Welle im einzelnen von den Mikrowellenhohlräumen und den Quantenlöschern beeinflußt wird, hat man bislang noch nicht vollständig untersucht; deshalb läßt sich auch noch nicht mit Gewißheit sagen, wie das Experiment, das ja ohnehin noch nicht durchgeführt worden ist, in die Theorie der Führungswelle paßt. Jean-Pierre Vigier arbeitet daran.

Als ich an jenem Tag sein Büro verließ, schien mir, daß eine klare Entscheidung in der Bohr-Einstein-Debatte noch in weiter Ferne liegt. Wenn das Münchener Experiment Erfolg hat, werden die Anhänger des Bohrschen Weltbildes einen weiteren Punkt verbuchen können, weil sich das Ergebnis leicht mit Hilfe der konventionellen Quantentheorie vorhersagen läßt. Gleichzeitig wird Einsteins Wunsch, die Unschärferelation zu überwinden, endlich in Erfüllung gehen, würde doch dieses Experiment der Vorstellung Nahrung geben, daß Atome reale Teilchen mit realen Bahnen in Zeit und Raum sind – wie Einstein, Schrödinger und de Broglie immer gehofft haben. Ein gewaltiger Schritt nach vorn.

Auf dem Rückweg in mein Hotel, vorbei an den mit Läden versehenen Fenstern der ehrwürdigen Universitätsgebäude in der Rue Pierre et Marie Curie, fielen mir die beiden Bilder wieder ein, die in meinem Arbeitszimmer über dem Schreibtisch hängen. Als sie Anfang der zwanziger Jahre aufgenommen wurden, war Einstein auf der Höhe seines Ruhms. Die spezielle und die allgemeine Relativitätstheorie waren experimentell bestätigt und wurden von den meisten Physikern akzeptiert. Beide Theorien waren radikal in ihren grundlegenden Annahmen, und doch standen sie in Einklang mit dem realistischen Weltbild der klassischen Mechanik. Bohr dagegen war der Vorläufer eines neuen Zeitalters, in dem die Wahrscheinlichkeit die Bestimmtheit ersetzen und die Möglichkeit an die Stelle der Wirklichkeit treten sollte. Einstein repräsentierte das klassische Establishment, Bohr die kommende Quantenrevolution.

Heute, siebzig Jahre später, haben sich die Rollen verkehrt. Die Quantenrevolution ist lange vorbei, und Bohrs Kopenhagener Deutung ist zur herrschenden Lehre geworden. Einsteins Zweifel dagegen beflügeln heute eine kleine Gruppe von Quantenrealisten, deren Ziel es ist, das herrschende Dogma zu stürzen – unter seinem Banner bereitet sich eine neue Revolution vor.

In der Gemeinschaft der Physiker spüre ich eine erwartungsvolle Haltung, ähnlich der Stimmung, die Anfang der zwanziger Jahre in Berlin geherrscht haben muß, kurz bevor sich die Quantenmechanik durchsetzte. Nur eines ist anders: An dem Platz, den Theoretiker wie Einstein und Bohr einnahmen, als sie die Debatte über das Wesen der Quantenrealität beherrschten, stehen jetzt Experimentalphysiker, die früher eher im Hintergrund blieben, Seite an Seite mit meinem Großonkel. Die stillen und mühseligen Bestrebungen der Münchener Gruppe und vieler anderer in der gleichen Richtung arbeitender Teams werden die nun schon so lange währende Kontroverse vielleicht doch noch zu einem Ende bringen. Einstein jedenfalls war zuversichtlich, daß eine Entscheidung möglich sei. In seinem Brief an Max Born vom 7. September 1944, in dem er seine Philosophie als antipodisch zu der der Kopenhagener Schule bezeichnete, endet mit den Worten: «Einmal wirds sich ja herausstellen, welche instinktive Haltung die richtige gewesen ist.»

14 Die nächste Revolution

Eines Nachts im Januar des Jahres 1610 stand Galileo Galilei, damals sechsundvierzig Jahre alt und Mathematikprofessor an der Universität von Padua, im Garten der Villa del Selve, zwanzig Kilometer flußaufwärts von Florenz, und beobachtete den Himmel. Als er sein erst kurz zuvor verbessertes Fernrohr auf den Planeten Jupiter richtete, wird er entzückt gewesen sein, als er dessen blasse Scheibe von vier hellen kleinen Flecken flankiert fand, die wie Perlen an einem Halsband glänzten. Wahrscheinlich glaubte er, es handle sich um Sterne, zu schwach, um mit bloßem Auge wahrgenommen zu werden, und nur zufällig aufgereiht wie die drei Gürtelsterne des Orion. Also hielt er ihre Position fest und wandte sich anderen Himmelskörpern zu. Man kann sich sein Erstaunen vorstellen, als er einige Nächte später die vier kleinen Punkte wieder in der Nähe des Jupiters entdeckte, trotz des Umstands, daß sich der Planet in der Zwischenzeit über eine beträchtliche Strecke des Himmels bewegt hatte. Die vier Flecken waren dem Jupiter offensichtlich gefolgt, so daß sie keine Fixsterne sein konnten, sondern seine Satelliten sein mußten – so nannte Johannes Kepler sie ein Jahr später nach dem lateinischen Wort für «Trabant» und «Begleiter». Noch bemerkenswerter war, daß sich ihre Positionen gegeneinander und gegenüber Jupiter seit der ersten Beobachtung verändert hatten. Sie schienen zusammen mit ihrem Mutterplaneten eine dynamische Einheit zu bilden, deren Teile auf geheimnisvolle Weise durch eine unsichtbare Wirkung verbunden waren und deren innere Bewegung nach einer Erklärung verlangte.

Ein Atom in einer Falle sendet eine ähnliche Botschaft. Es blinkt, als wolle es uns mitteilen, daß es nicht nur ein inertes Teilchen, sondern ein dynamisches System ist, nicht unähnlich einem Planeten, der von seinen Monden umkreist wird. Das Atom und der Planet sind Signalfeuer, die uns auffordern, die fremdartigen Welten an den beiden extremen Enden des Spektrums zu untersuchen, das die unseren Sinnen zugänglichen Abstände umfaßt.

Galilei erkannte sofort die grundlegende Bedeutung seiner Entdeckung. Als er drei Monate später in seiner ersten astronomischen Veröffentlichung, ‹*Sidereus Nuncius – Sternbotschaft*›, von seinen zahlreichen astronomischen Beobachtungen berichtete, hob er sich die Entdeckung der Jupitermonde bis zum Schluß auf und erklärte sie «bei dem gegenwärtigen Unternehmen für die wichtigste». Das Büchlein wurde zu einer Sensation und veranlaßte Menschen in ganz Europa, Fernrohre herzustellen und sich astronomischen Beobachtungen zu widmen, obwohl viele Galileis Behauptungen zurückwiesen. Die wissenschaftliche Debatte über die Frage, ob es sich bei den Monden möglicherweise um optische Täuschungen handle, die durch Mängel der Linsen verursacht seien, war eine frühe Vorläuferin der Diskussion über die Mehrdeutigkeit der RTM-Atombilder. Dennoch lieferte am Ende das Fernrohr, so einfach in seiner Konstruktion und doch so einflußreich im Verlauf der Geschichte, überzeugendere Argumente als Galilei selbst.

Eine der wichtigsten Konsequenzen dieser Erfindung lag darin, daß sie zeigte, wie ähnlich die Monde des Jupiters unserem eigenen Mond sind. Doch der ‹*Sidereus Nuncius*› berichtete auch von Mondgebirgen, die unseren irdischen glichen. Auf diese Weise hörten die Himmelskörper allmählich auf, unzugängliche Teile aus Himmelsstoff zu sein, wie die Alten glaubten, und wurden statt dessen zu gewöhnlichen Objekten, die aus gewöhnlichem Gestein und anderen Substanzen bestehen wie der Boden, auf dem wir gehen.

Das war das wichtigste Erbe, das Galilei der Astronomie hinterließ. Indem er die Planeten zugänglich machte – nicht nur für Gelehrte, sondern für alle, die sie zu sehen wünschten –, überbrückte er die Kluft zwischen dem irdischen und dem himmlischen Reich, die die Philosophen des Mittelalters von den Griechen übernommen hatten, ein Erbe, das den Fortschritt der Physik Jahrhunderte hindurch behinderte. Nur zehn Monate nach der Veröffentlichung von Galileis Buch hatte der Dichter John Donne bereits seine wirkliche Botschaft verstanden. Sich auf Galilei beziehend, schrieb er: «Der Mensch, er flocht ein Netz und warf dies Netz / Den Himmeln über; nun sind sie sein eigen...» Die öffentliche Phantasie hatte sich des Themas bemächtigt, und die wissenschaftliche Revolution stand unmittelbar bevor.

Die Wirkung der jüngsten Atombeobachtungen wird, obwohl diese nicht so unerwartet kommen wie Galileis Entdeckungen, ebenso tiefgreifend sein. Das Quecksilberatom, das ich in seiner Falle in Colorado sah, stellt den Höhepunkt einer Entwicklung dar, die vor vierundzwanzig Jahrhunderten von Demokrit in Gang gesetzt wurde. Isolierte Atome sprechen die Empfindungen professioneller Wissenschaftler sehr stark an. Nachdem sie bereits die Atomphysiker zu besonderen Leistungen motiviert haben, lassen sie eine Vielzahl praktischer Anwendungen für die Zukunft erwarten, zu denen vor allem eine verbesserte Uhr gehört – zufällig auch das erste nützliche Ergebnis von Galileis Entdeckung. Sobald er festgestellt hatte, daß die Monde den Jupiter mit gleichbleibender Regelmäßigkeit umkreisen, schlug er vor, ihre Bewegung als astronomisches Zeitmaß zu nutzen. Nach seinem Tod wurde diese Idee in die Tat umgesetzt.

Doch ebenso wie die philosophischen Konsequenzen der Galileischen Entdeckung die Bedeutung ihrer praktischen Anwendungsmöglichkeiten überwogen, geht die langfristige Bedeutung der Atomfallen über ihren wissenschaftlichen und technischen Nutzen hinaus. Für die breite Öffentlichkeit werden die Fallen dazu beitragen, das Atom aus seiner wissenschaftlichen Abstraktion in ein reales, konkretes Objekt zu verwandeln, das der direkten Sinneserfahrung zugänglich ist. Sie überbrücken die Kluft zwischen der alltäglichen Welt und dem theoretischen Reich der Atome, dessen Bild die griechischen Philosophen als erste entworfen haben.

Die neuen dreidimensionalen Farbbilder von Atomen, die wir

dem Raster-Tunnelmikroskop von Gerd Binnig und Heinrich Rohrer verdanken, konkretisieren, was die Fallen vermuten ließen. Wir sehen mit unseren eigenen Augen, daß Atome glatte, feste Materiekörner sind. Körner mit meßbaren Dimensionen und Formen, genauso wie Lukrez sie sich vorgestellt hatte. In den letzten Jahren sind wir sogar über den Gesichtssinn hinausgelangt: Mit Hilfe des magischen Handgelenks können wir Atome fühlen, während andere Geräte uns gestatten, sie im Raum umherzubewegen. Eine Spielart der Pinzette, von der Primo Levi träumte, um mit ihr chemische Strukturen manipulieren zu können, wird bald in Katalogen für wissenschaftliche Instrumente angeboten werden. Atome sind zu realen Objekten wie Sandkörner und Planeten geworden.

Sie sind völlig real, doch die Solidität ihres äußeren Erscheinungsbildes trügt. Unter der Oberfläche hat das Atom eine komplexe und dynamische innere Struktur, und ihre Verformungen, die bislang zu rasch abliefen, als daß man sie hätte verfolgen können, werden jetzt von Ahmed Zewails Femtosekunden-Laser aufgezeichnet. Unter der Peitsche der modernen Technologie wird das Atom so zahm wie Jupiter.

Gleichzeitig spielt es auch eine immer wichtigere Rolle in unserem täglichen Leben. Da Zeit, Länge, Spannung und elektrischer Widerstand heute durch international abgesegnete Atommaße bestimmt werden, richten sich unsere Geschäfte mittlerweile in einer Weise nach den Eigenschaften von Atomen, über die wir uns selten im klaren sind. Durch eine komplizierte Folge von Eichprozessen mit Hilfe der Prototypen wird ein trivialer Akt wie etwa die Zeitmessung oder die Größenbestimmung eines Kindes zu einem Eingriff der atomaren Wirklichkeit in unsere alltägliche Welt. Die Verwandlung der makroskopischen in atomare Maßeinheiten ist seit den sechziger Jahren, als man mit diesem Prozeß begann, ein beträchtliches Stück vorangekommen, und in ein paar Jahren, wenn man die Masse, die körperlichste aller physikalischen Eigenschaften, ebenfalls mit Hilfe des Atoms mißt, wird diese Umwandlung abgeschlossen sein. Die atomare Größenordnung wird die menschliche als das Maß aller Dinge ersetzt haben.

Diese Verlagerung zeigt an, welche Richtung die Wissenschaft in Zukunft einschlagen wird: In zunehmendem Maße wird sie ihre Aufmerksamkeit von Erscheinungen der menschlichen Größenordnung abwenden, um sich ganz der Untersuchung der ihr zugrundeliegenden atomaren Strukturen zu widmen. Die Astronomie war beispielweise bestrebt, die Planeten und Sterne in menschlichen Begriffen zu verstehen. In der Antike wurden die Konstellationen nach ihrer Ähnlichkeit mit Figuren der menschlichen Phantasie klassifiziert, und dann wurden die astronomischen Entfernungen, allerdings mit immer geringerem Erfolg, auf menschliche Dimensionen bezogen. Wohl am deutlichsten ist dieser menschliche Aspekt der Astronomie im bemannten Weltraumprogramm erhalten geblieben, das die Phantasie der Öffentlichkeit in beispielloser Weise zu fesseln vermag. Wissenschaftler dagegen vertreten überwiegend die Auffassung, die Weltraumforschung mit Hilfe von Robotern sei billiger, sicherer, vielseitiger und letztlich auch aufschlußreicher. Die Frage sei nicht, so behaupten sie, wie sich der Boden des Mars anfühle, sondern vielmehr, welche chemische Zusammensetzung er aufweise. Die moderne Astronomie möchte nicht wissen, wie sich das Universum der menschlichen Erfahrung darstellt, sondern wie es beschaffen ist.

Auch im mikroskopischen Bereich vollzieht sich eine entsprechende Verlagerung der Blickrichtung. Die Biologie, die einst ausschließlich damit beschäftigt war, Tiere und Pflanzen in Kategorien einzuordnen, die der Mensch festgelegt hat, erschließt die neuen Gebiete der Biophysik und Biochemie, in denen sie versucht, lebende Organismen anhand atomarer Prozesse zu erklären. Die moderne Chemie arbeitet mehr mit Massenspektrometern und Lasern als mit Bottichen und Reagenzgläsern, und die Physik selbst hat ihre Aufmerksamkeit von der Mechanik fallender Äpfel und fliegender Kanonenkugeln auf die Bewegung von

Atomen gelenkt. Am Ende wird der Dreh- und Angelpunkt aller wissenschaftlicher Aktivitäten der universelle Baustein der Materie sein.

Trotz dieser wachsenden Bedeutung des Atoms entziehen sich seine inneren Abläufe weiterhin dem gewöhnlichen Denken. Auch in dieser Hinsicht ähnelt das Atom den Jupitersatelliten, wenngleich sich die visuelle Beobachtung und die theoretische Erklärung beider Erscheinungen jeweils in umgekehrter Reihenfolge ergaben. Die Entdeckung der Jupitermonde ging der Beschreibung ihrer Umlaufbahnen mit Hilfe der Newtonschen Gravitationstheorie um ein paar Generationen voraus, während die Bilder von Atomen der Quantentheorie etwa in dem gleichen Abstand folgten. Doch von diesem historischen Unterschied abgesehen, bleibt eine überraschende Parallele zwischen den beiden Mechanismen.

Als Isaac Newton 1666 das allgemeine Gravitationsgesetz formulierte, wandte er es sofort auf die Bewegung des Mondes, die Kreisbahn der Planeten und die Umlaufbahnen der Jupitersatelliten an. Da es bis ins letzte Detail mit allen astronomischen Beobachtungen der Zeit übereinstimmte, gewann es an Bedeutung, bis es zum wichtigsten Pfeiler der klassischen Mechanik wurde. Schulkinder lernen dieses Gesetz und führen es als offenkundigen Grund ins Feld, wenn sie erklären sollen, warum ein Apfel vom Baum fällt und der Mond über den Himmel wandert.

Aber natürlich ist es nicht offenkundig – es ist noch nicht einmal vernünftig. Die Vorstellung, daß zwei entfernte Objekte einander anziehen, als wüchsen ihnen unsichtbare Fangarme, mit denen sie durch den leeren Raum greifen und sich umarmen können, ist fantastisch. In unserer alltäglichen Erfahrung gibt es nichts, was auf einen solchen Effekt schließen ließe. Um eine Zuckerdose in meine Nähe zu bringen, muß ich sie ergreifen, und um sie wieder zurückzustellen, muß ich sie fortschieben. Billardkugeln lenken einander nur ab, wenn sie aufeinandertreffen. Und selbst die Kraft des Windes wird durch Luftteilchen vermittelt, welche die Bäume, die sie beugen, physikalisch meßbar berühren. Lokale Wirkung entspricht den Gesetzen des gesunden Menschenverstandes, Fernwirkung ist Hexerei.

Niemand wußte das besser als Newton selbst. 1693 schrieb er vier Briefe an den hochbegabten jungen Geistlichen Richard Bentley, dem die Philosophie Newtons Schwierigkeiten bereitete und der diesen deshalb gebeten hatte, ihm bei ihrem Verständnis zu helfen. Zum Thema der allgemeinen Gravitation schrieb Newton: «Daß die Gravitation der Materie innewohnend, anhaftend und wesentlich sein soll, so daß ein Körper auf einen anderen wirken kann, auf die Entfernung durch ein Vakuum, ohne Vermittlung von sonst irgendwas, von dem und durch das ihre wirkende Kraft und Gewalt von einem zum anderen übertragen wird, ist für mich eine derartige Ungereimtheit, daß ich glaube, kein Mensch, der in philosophischen Dingen hinlängliche Denkfähigkeit besitzt, könne je auf sie verfallen.»

Newton war klar, daß sein Gesetz eine präzise Beschreibung der Erscheinungen lieferte, es ihm aber an Erklärungsvermögen fehlte. Und doch, wir sehen mit eigenen Augen die seltsame Wirkung des Jupiters auf seine Monde, und wir erzählen unseren Kindern, daß das Gravitationsgesetz erkläre, wie diese Wirkung zustande komme.

Mit der Auffassung, daß die Idee der Fernwirkung unzulänglich sei, stand Newton nicht allein. Auch andere kluge Köpfe mißtrauten dem Gedanken. René Descartes, der starb, als Newton noch ein Kind war, und der mithalf, die philosophischen Grundlagen der wissenschaftlichen Revolution zu schaffen, schlug eine Theorie vor, nach der die Schwerkraft durch Strudel unsichtbarer Teilchen übertragen wird, die den gesamten Raum durchdringen. Da Newton mit seiner eigenen Theorie nicht zufrieden war, nahm er diese Hypothese so ernst, daß er sie eingehend untersuchte, um sie dann allerdings zu verwerfen. Seine Nachfolger dagegen waren unbedenklicher. Geblendet von den praktischen Triumphen des allgemeinen Gravitationsgesetzes hoben sie es in den Rang eines Evangeliums. Zweihundertfünfzig Jahre lang wurde das Gesetz, das sein eigener Schöpfer für absurd hielt, als einer der größten Entwürfe des menschlichen Geistes und als das Paradigma der wissenschaftlichen Methode schlechthin gepriesen. Seine Vorherrschaft reichte von 1666 bis 1916, als Albert Einstein es erklärte und korrigierte, indem er zeigte, daß die dort beschriebene Wirkung durch den Raum selbst vermittelt wird. Auf diese Weise ersetzte er das Konzept der Fernwirkung durch den weit natürlicheren Begriff der lokalen Wirkung.

Viele Architekten der Atomtheorie, unter anderem Planck, Einstein, de Broglie und Schrödinger, hatten hinsichtlich der Interpretation der Quantenmechanik nicht weniger Bedenken als Newton in bezug auf die Gravitation. Wenn Einstein die quantenmechanische Fernwirkung als «spukhaft» charakterisiert, klingt das ganz so wie Newtons Kennzeichnung der Gravitation als «Absurdität», und die moderne Aufnahme der Quantenmechanik zeigt eine verblüffende Ähnlichkeit mit den begeisterten Reaktionen der Menschen im 18. und 19. Jahrhundert auf die Newtonsche Lehre. Bis in jüngste Zeit hatten die Physiker so viel damit zu tun, die vielfältigen Konsequenzen der Theorie auszuarbeiten, daß ihnen keine Zeit blieb, über ihre Grundlagen nachzudenken. Meistenteils akzeptierten sie die Quantenmechanik so, wie sie war, und freuten sich über das Privileg, so weit in die Geheimnisse des Universums einzudringen. Sie waren dankbar für den Blick unter den großen Schleier, den ihnen die Quantenmechanik gestattete, und akzeptierten ihre Merkwürdigkeit als den unvermeidlichen Preis für den wissenschaftlichen Fortschritt.

Doch diese Einstellung verändert sich. «Niemand versteht die Quantenmechanik», beklagte Richard Feynman; «Schwarze Kunst» war die Bezeichnung, die Edwin Jaynes wählte, um den Quantenlöscher zu charakterisieren; «bizarr» nannte John Stewart Bell die Fernwirkungsaspekte der Theorie. Solche Ausdrücke zeugen von der unterschwelligen Skepsis, die dafür sorgt, daß die Bedeutung der Quantenmechanik abermals ins Zentrum der Forschung rückt.

Die beiden konkurrierenden Konzeptionen des Atoms kommen immer deutlicher in den Blick: das gewöhnliche Atom, das körperlich und stofflich ist, ein Gegenstand, der sich von dem großen Jupiter-Atom im Himmel nicht unterscheidet, nimmt man fraglos als Bestandteil aller Materie hin, während gleichzeitig das wissenschaftliche Atom, das in der fremdartigen Sprache der Quantenmechanik beschrieben wird, eine theoretische Abstraktion bleibt. Die probabilistische Deutung der Wellenfunktion, die Nichtlokalität der Theorie, die Rätsel der Quantensprünge und des Meßaktes, die Unschärferelation, die Welle-Teilchen-Dualität und das Ausschließungsprinzip, das die Elektronen voneinander fernhält – alle diese extrem komplizierten Sachverhalte entziehen das Atom unserer Vorstellungskraft.

Wir können den Widerspruch zwischen den beiden Konzeptionen nicht länger übergehen; die außergewöhnlichen technischen Fortschritte der letzten zehn Jahre werden uns zwingen, uns mit ihm auseinanderzusetzen. Je stärker quantenmechanische Phänomene durch Experimente wie Claudia Tesches geplante Untersuchung der Supraströme in die makroskopische Welt gehoben werden, Wellenfunktionen durch Carlos Strouds Laserpulse Teilchenform annehmen und die Atom-Interferometrie Einblicke in die Abläufe der Quantenmechanik gibt, desto nachdrücklicher wird das gewöhnliche Atom gezwungen sein, sich seinem wissenschaftlichen Doppelgänger zu stellen.

Nicht der Schatten eines Zweifels fällt auf die beiden Arten, das Atom wahrzunehmen – als winziges Sandkorn und als quantenmechanisches Phantom: Das erste sehen wir, vom zweiten wissen wir, und die Kluft zwischen beiden ist tief. Die Frage lautet: Was fangen wir mit ihr an?

Es gibt zwei Möglichkeiten: Entweder wir leben mit ihr, oder wir finden einen Weg, sie zu überbrücken. Wenn sich die Quantenmechanik als das einzig richtige Bild der Wirklichkeit erweist, dann wird sich die menschliche Intuition allmählich darauf einzustellen haben, daß ein Skiläufer grundsätzlich einen Baum gleichzeitig zu beiden Seiten passieren, daß ein Auto eine Garagenwand durchtunneln und daß sich ein Tennisball an zwei Orten zugleich befinden kann. Wahrscheinlichkeit und Möglichkeit würden angemessenere Sprachen zur Beschreibung der Welt werden als strenger Determinismus, und man müßte das Gesetz aufgeben, nach dem zwei widersprüchliche Aussagen nicht gleichzeitig richtig sein können. Alle Dinge könnten miteinander verknüpft sein, und die Beziehungen zwischen Objekten würden sich als ebenso grundlegend erweisen wie die Objekte selbst. Unsere Wahrnehmung der physikalischen Wirklichkeit unterschiede sich von der heutigen so sehr, wie die materialistische Perspektive der Gegenwart von der religiösen des Mittelalters abweicht.

Wenn sich die Quantenmechanik durchsetzen sollte, würde das gewöhnliche Atom, und mit ihm die gewohnte Welt, wie wir sie tagtäglich erleben, auf den Status einer Illusion oder bestenfalls einer Annäherung an die Wirklichkeit reduziert werden. Die Physiker müßten sich der Frage stellen, wie eine traumartige Welt, die unseren Sinnen real erscheint, aus der ihr zugrundeliegenden quantenmechanischen Wahrheit erwachsen kann. Wie Festes aus Flüssigem wird, wie Kontinuität aus Körnigkeit, Gewißheit aus Wahrscheinlichkeit, Stofflichkeit aus ihrem Gegenteil – all das müßte erklärt werden.

Wenn sich die Quantenmechanik durchsetzen würde, wäre dies ein Sieg der Bohrschen Annahmen über Einsteins Auffassung. Damit wäre der Vorherrschaft der Atomistik ein Ende gesetzt. Diese Lehre, die auf der Überzeugung beruht, daß sich physikalische Erscheinungen mit Hilfe einer endlichen Zahl von fundamentalen Bausteinen und ihren Wechselwirkungen erklären lassen, hat sich für die Untersuchung der Materie als außerordentlich erfolgreich erwiesen, doch die Quantenmechanik steht in einem grundlegenden Widerspruch zu ihr. Nach quantenmechanischer Auffassung sind atomare Teilchen potentiell und nicht aktuell, Objekte, deren Verwirklichung von den Details der zu ihrer Beobachtung verwendeten externen makroskopischen Meßeinrichtungen, das heißt von ihrer physikalischen Umgebung, abhängt. Einige Autoren behaupten, die Quantenmechanik verwische die Grenzlinie zwischen dem Beobachter und dem Beobachteten, doch wäre es wohl richtiger, das Wort «Beobachter» durch «Umgebung» zu ersetzen. Auf jeden Fall leugnet die Quantenmechanik die Möglichkeit, die Welt mit Hilfe ihrer irreduziblen Bestandteile zu analysieren, und verstößt damit gegen den Geist der Atomistik.

Doch es gibt noch einen anderen Ausweg aus dem Dilemma: Vielleicht wird die Kluft zwischen der gewöhnlichen und der theoretischen Version des Atoms durch eine zweite Quantenrevolution aufgehoben. Keine wissenschaftliche Theorie lebt ewig. Im Gegenteil, die letzte Rechtfertigung jeder Theorie ist ihre Einbettung in ein allgemeineres Bezugssystem. Newtons Gravitationsgesetz überlebt als eine Näherung für Einsteins allgemeine Relativitätstheorie. Maxwells Gleichungen sind fundamentale Axiome der Quantenelektrodynamik, und selbst die griechische Atomistik bleibt, nachdem man sie den Forderungen der Quantenmechanik angeglichen hat, ein Grundthema der modernen Teilchenphysik. Entsprechend könnte sich die Quantenmechanik eines Tages als Teil eines größeren Entwurfs erweisen.

Aus welcher Richtung die Revolution kommen wird, läßt sich unmöglich vorhersagen, aber sie wird höchstwahrscheinlich mit einem Defizit der heutigen Atomtheorie beginnen, etwa der ihr inhärenten Nichtlokalität, ihrer scheinbaren Unvereinbarkeit mit der Gravitationstheorie und ihrer Unfähigkeit, den Meßakt zu beschreiben. In diesen drei Bereichen wird man die Theorie am intensivsten überprüfen und am eifrigsten nach Alternativen suchen. Jede dieser Schwierigkeiten könnte sich als Vorteil erweisen, wenn sie Hinweise zu einer umfassenden Theorie und damit zu einem vollkommeneren Verständnis des Atoms liefern sollte. Alle drei haben auch schon Spekulationen ausgelöst, ohne jedoch zu klaren Antworten geführt zu haben.

Es ist denkbar, daß eine allgemeinere Theorie so komplex wäre, daß sie die Geheimnisse der Quantenmechanik in einem Sumpf von Rechenoperationen ersticken würde. Solche Probleme gibt es beispielsweise in der Bohm-de Broglie-Theorie, in der die Wellenfunktion für das Doppelspalt-Interferenz-Experiment der zerklüfteten Topografie des Himalaya ähnelt. In einer solchen Theorie gewinnt das Atom eine Art mittelbare Realität, wie die unvorstellbaren Turbulenzen im Innern der Sonne, die sich nur durch einen Supercomputer beschreiben lassen. Wir verstehen die grundlegenden Gleichungen, doch ihre Bedeutung für irgendeinen besonderen Fall kann man nur mit Hilfe eines Rechners finden.

John Wheeler, der eloquente theoretische Physiker und Doktorvater von Richard Feynman, der die Bohr-Einstein-Debatte in der Sprache von Baseballschiedsrichtern auf den Punkt gebracht hat, ist da sehr viel optimistischer. Er lehnt es ab, sich hinter dem Modewort «Komplexität» zu verstecken, und riskiert ein offenes Wort: «Verstünde man wirklich den entscheidenden Punkt [der Quantenmechanik] und ihre Notwendigkeit für die Konstruktion der Welt, müßte man ihn in einem klaren, einfachen Satz ausdrükken können. Solange sich das Quantenprinzip uns nicht in dieser Einfachheit darstellt, haben wir guten Grund zu der Annahme, daß wir das Wesen des Universums, unserer selbst und unseres Platzes im Universum noch nicht kennen.»

Auf einer Konferenz im Jahre 1984 machte er dann eine bemerkenswerte Vorhersage, die all denen als Leitfaden dienen könnte, welche die Quantentheorie verstehen möchten: «Die revolutionärste Entdeckung in der Wissenschaft steht noch aus! Und sie wird kommen, nicht indem wir das Quantum in Frage stellen, sondern indem wir die außerordentlich einfache Idee entdecken, die das Quantum notwendig macht.»

Für diese folgenreiche Entdeckung wird es notwendig sein, das Atom zu zähmen, denn wie der Fuchs zu Saint-Exupérys ‹*Kleinem Prinzen*› sagt: «Man kennt nur die Dinge, die man zähmt.» Und als der kleine Prinz fragt, was er tun muß, um ihn zu zähmen, erwidert der Fuchs: «Du mußt sehr geduldig sein. Du setzt dich zuerst ein wenig abseits von mir ins Gras. Ich werde dich so verstohlen, so aus dem Augenwinkel anschauen, und du wirst nichts sagen. Die Sprache ist die Quelle der Mißverständnisse. Aber jeden Tag wirst du dich ein bißchen näher setzen können...»

‹*Der kleine Prinz*› gibt unmittelbarer über die physikalische Methode Aufschluß als irgendeine gelehrte Abhandlung. Er erinnert uns daran, daß es letztlich die Beobachtung ist, die entscheidet, was wissenschaftliche Wahrheit ist, und die uns vor den Irrwegen schützt, in die uns die abstrakte Theorie führen kann. Nachdem wir mehr als zweitausend Jahre vom Atom gehört haben, haben wir endlich gelernt, es zu sehen, zuerst aus den Augenwinkeln, und nun rücken wir ihm jeden Tag ein bißchen näher. Das Band des Verständnisses, das wir dadurch mit dem Atom geknüpft haben, wird immer bedeutsamer für uns werden, bis eines Tages eine Idee, zugleich profund und einfach, das Rätsel des Quantums lösen wird.

Als es für den Fuchs Zeit wird zu gehen, macht er dem kleinen Prinzen ein Abschiedsgeschenk. «Hier ist mein Geheimnis», sagt er. «Es ist ganz einfach: man sieht nur mit dem Herzen gut. Das Wesentliche ist für die Augen unsichtbar.» – «Das Wesentliche ist für die Augen unsichtbar», wiederholt der kleine Prinz, um es sich zu merken. In der Physik wie in menschlichen Angelegenheiten sind die tiefsten Wahrheiten unsichtbar – sie müssen gefühlt werden. Die großen Physiker wußten das: Als Isaac Newton das Gravitationsgesetz entdeckte, spürte er instinktiv, daß es absurd war; der junge Werner Heisenberg vertraute seiner Eingebung, die ihm sagte, daß seine merkwürdige neue Theorie richtig sei, und Albert Einstein, der die mathematische Formulierung der Quantentheorie so gut wie irgendein anderer verstand und sehr wohl ihre eindrucksvollen Erfolge sah, spürte dennoch tief in seinem Innern, daß wir damit das unsichtbare Wesen des Atoms noch nicht erfaßt hatten. Sobald dies der Fall ist, wird sich die Art, wie wir die Welt wahrnehmen, radikal verändern.

Falls die Analogie zwischen dem Atom und dem Planeten Jupiter uns tatsächlich als Anhaltspunkt dienen kann, müßten wir noch ein Vierteljahrtausend auf diese Revolution warten. In der Zwischenzeit würde die Quantentheorie so unangefochten gültig sein wie einst das Gravitationsgesetz von Newton. Andererseits bietet die Physik des 20. Jahrhunderts einen sehr viel günstigeren historischen Präzedenzfall. Die Quantenmechanik begann im Jahre 1900, als Max Planck bei dem Versuch, eine scheinbar unbedeutende Lücke in den Grundlagen der klassischen Mechanik zu schließen, über das erste Element der Theorie stolperte. Seither hat sich die Quantenphysik zu einem stabilen Gebäude entwickelt, dessen Fundamente allerdings lange verborgen geblieben sind, unzugänglich für direkte Experimente. Jetzt sind sie freigelegt; das Atom ist sichtbar und greifbar geworden, man hat die Quanteneffekte vom Atom ins Labor übertragen, die Gedankenexperimente von gestern sind zu realen Experimenten geworden, und die Physiker in der Industrie beginnen, das seltsame Verhalten von Atomsystemen in ungewöhnlichen neuen Geräten zu nutzen. Die Grundlagen, die man seit fünfzig Jahren praktisch nicht mehr untersucht hat, werden wieder zu einem begehrten Forschungsgegenstand, und das Atom selbst ist zum wichtigsten Werkzeug dieser Bestrebungen geworden. Die Umstände sprechen dafür, daß das dritte Jahrtausend wie das 20. Jahrhundert mit einer wunderbaren neuen Einsicht in den großen Plan der Natur beginnen könnte.

Und während sich das Atom der Öffentlichkeit wie ein Edelstein von herrlicher Beschaffenheit präsentiert, wird es sich öffnen und zum erstenmal seit Beginn der Wissenschaft einen Blick in sein Inneres gestatten.

Literatur und Anmerkungen

S. 15f «Das ist… ‹vertraut machen›»: Antoine de Saint-Exupéry, Der kleine Prinz, Karl Rauch, Düsseldorf 1975, S. 66.

S. 20 «In den Experimenten.. und Tatsachen»: Werner Heisenberg, Physik und Philosophie, Hirzel, Stuttgart 1984 (4. Aufl.), S. 180.

S. 20 «Es führt… Metaphysik»: Tom Stoppard, Hapgood, Bühnenmanuskript, Theater & Medien Verlag, Köln o. J., S. 52.

S. 24 «lieber… Perser werden»: Dionysios, Bischof von Alexandria, bei Eusebios, Vorbereitung auf das Evangelium 14, 27, 4. Zitiert nach: Griechische Atomisten. Texte und Kommentare zum materialistischen Denken der Antike. Reclam, Leipzig 1988 (3. Aufl.), S. 109.

S. 26 «Woraus besteht… Materie?»: Kein wörtliches Zitat; vgl. Wilhelm Capelle (Hg.), Die Vorsokratiker, Kröner, Stuttgart 1968, S. 71.

S. 27 «Wäre… das Eine»: Melissos, zitiert nach: Griechische Atomisten, a. a. O., S. 13.

S. 27 «Der gebräuchlichen… Leeres»: Demokrit, in: Hermann Diels (Hg.), Die Fragmente der Vorsokratiker, Rowohlt, Hamburg 1957, S. 106. Capelle übersetzt: «Nur scheinbar hat ein Ding eine Farbe, nur scheinbar ist es süß oder bitter; in Wirklichkeit gibt es nur Atome und den leeren Raum.» Dazu schreibt Galen («Von den Elementen des Hippokrates» I, 2): «Danach wäre also die Quintessenz seiner [Demokrits] Meinung diese: bei den Menschen gilt zwar etwas als weiß oder schwarz oder süß oder bitter u. dgl.; in Wahrheit aber ist alles ‹Ichts› und ‹Nichts›. Er sagt das ja auch selber, wenn er die Atome das ‹Ichts› nennt, den leeren Raum dagegen das ‹Nichts›.» Vgl. Capelle, Die Vorsokratiker, a. a. O., S. 399f.

S. 29 «einen Zipfel... lüften»: Albert Einstein, Brief an Paul Langevin, 16. Dezember 1924, *La Pensée* 161 (Februar 1973), S. 14.

S. 31 f «Vor'm Andrange... vermöchte?»: Titus Lucretius Carus, Von der Natur der Dinge, Stuttgart 1868, S. 20.

S. 34 «vermitteln das... Autoritäten»: Paracelsus, Intimatio, 5. Juni 1527, zitiert nach: Ernst Kaiser, Paracelsus in Selbstzeugnissen und Bilddokumenten, Rowohlt, Reinbek 1979 (5. Aufl.), S. 89 f.

S. 35 «Ich habe Euch... erblickt habt»: Thomas Harriot, zitiert nach Johannes Lohne, Thomas Harriot (1560–1621): The Tycho Brahe of Optics, *Centaurus*, Band 6, Nr. 2, Kopenhagen 1959.

S. 36 «die Materie... besteht»: Isaac Newton, Tagebuch aus der Studienzeit in Cambridge (unveröffentlicht), zitiert nach: Robert H. Kargon, Atomism in England from Harriot to Newton, Clarendon Press, Oxford 1966, S. 119.

S. 36 f «Nun können... Größe bilden»: Isaac Newton, Optik. Drittes Buch, Verlag von Wilhelm Engelmann, Leipzig 1898, S. 138.

S. 38 f «Also scheint... Mathematiker»: Roberto Bellarmino, Brief vom 4. April 1615 an Pater Foscarini, Verfasser eines Buches zur Verteidigung des kopernikanischen Systems. Zitiert nach: Arthur Koestler, Die Nachtwandler, Scherz, Bern/Stuttgart/Wien 1959, S. 454.

S. 42 «Atome... Gedankendinge»: Ernst Mach, Die Mechanik in ihrer Entwicklung, Brockhaus, Leipzig 1901 (4. Aufl.), S. 521.

S. 42 «Molecüle... Bild»: Ernst Mach, Die Geschichte und die Wurzel des Satzes von der Erhaltung der Arbeit, Calve, Prag 1872, S. 33.

S. 42 «Die Atomtheorie... Thatsachen»: Ernst Mach, Die Mechanik..., a. a. O., S. 521 f.

S. 42 «Jetzt glaube... des Atoms»: Sitzungsberichte der Österreichischen Akademie der Wissenschaften, Mathematisch-Naturwissenschaftliche Klasse, 159, 1 (1950).

S. 42 «hypothetisch-fiktive Physik»: Ernst Mach, Die Leitgedanken meiner naturwissenchaftlichen Erkenntnislehre und ihre

Aufnahme durch die Zeitgenossen, *Physikalische Zeitschrift*, 11. Jahrgang (1910), S. 599–606, dort S. 602.

S. 47 «Wenn es... Beseitigung nannte»: Francis William Aston, zitiert nach: David Wilson, Rutherford: Simple Genius, Hodder and Stoughton, London 1983, S. 83.

S. 50 «muntere Kerlchen... sehen kann»: Ernest Rutherford, zitiert ebd., S. 114.

S. 50 «Meinen Sie... gestreut werden?›»: Ebd., S. 291.

S. 51 «Es war... getroffen»: Ebd.

S. 58 «Daß er... Neuerung einführen»: Max Planck, Wahlvorschlag für A. Einstein zur Aufnahme als ordentliches Mitglied in die Akademie der Wissenschaften (12. Juni 1913). In: Albert Einstein in Berlin 1913–1933, Teil I: Darstellung und Dokumente, Akademie-Verlag, Berlin 1979, S. 95–97, dort S. 96.

S. 64 «Er ist... werden können»: Louis de Broglie, Forschungen zur Quantentheorie, Akademische Verlagsgesellschaft, Leipzig 1927, S. 14.

S. 70 «von merkwürdiger innerer Schönheit»: Werner Heisenberg, Der Teil und das Ganze. Gespräche im Umkreis der Atomphysik, dtv, München 1979, S. 78.

S. 74 «Wenn man... platonischen Lehre»: Werner Heisenberg, Was ist ein Elementarteilchen?, in: W. H., Tradition in der Wissenschaft. Reden und Aufsätze, Piper, München 1977, S. 76–92, dort S. 87.

S. 80 «Das *einzige*... funktioniert»: Richard P. Feynman, Vorlesungen über Physik. Band III: Quantenmechanik, Oldenbourg, München/Wien 1988, S. 18.

S. 87 «Der liebe Gott würfelt nicht»: Hier zitiert nach: Werner Heisenberg, Begegnungen und Gespräche mit Albert Einstein, in: W. H., Tradition in der Wissenschaft, a. a. O., S. 111–125, dort S. 120.

S. 87 «eine unvollständige Darstellung des Sachverhaltes»: Albert Einstein, Brief an Erwin Schrödinger, 9. August 1939, in: Karl Przibram (Hg.), Briefe zur Wellenmechanik, Springer, Wien 1963, S. 32.

S. 87 «eine einfache... Bahn bewegt»: Louis de Broglie, *Comptes Rendues Acad. Sc.*, Band 277 (1973), S. 71.

S. 94 «Nicht weit... Tischerücken»: Adolf Wilhelm Hermann Kolbe, zitiert nach: F. J. Moore, A History of Chemistry, McGraw-Hill, New York 1918, S. 216.

S. 95 «Ich drehte... auszuarbeiten»: August Kekulé, Rede im Rathaus zu Berlin am 11. März 1890. In: Richard Anschütz, August Kekulé, Band 2: Abhandlungen, Berichte, Kritiken, Artikel, Reden. Verlag Chemie, Berlin 1929, S. 937–947, dort S. 942.

S. 104 «Bei manchen... zu unterscheiden»: Robert Hooke, zitiert nach: The Faithful Eye of Robert Hooke, Educational Services Inc., Watertown (MA) 1965, S. 4.

S. 111 f «Alice öffnete... durch die Tür»: Lewis Carroll, Alice im Wunderland / Alice hinter den Spiegeln, Insel, Frankfurt a. M. 1963, S. 13 f.

S. 114 «Wenn einmal... steht bevor»: Fred Hoyle, zitiert nach: Philip und Phylis Morrison, Zehn hoch. Dimensionen zwischen Quarks und Galaxien, Spektrum der Wissenschaft, Heidelberg 1987, S. 135.

S. 123 «Draußen... sagte er»: James Boswell, Dr. Samuel Johnson. Leben und Meinungen, Diogenes, Zürich 1981, S. 172 f.

S. 123 «die mit Hilfe... am Sehen»: George Berkeley, Versuch einer neuen Theorie der Gesichtswahrnehmung, Meiner, Leipzig 1912, S. 51.

S. 124 «Die Reigenbewegung... Mühe sein»: Platon, Timaios, in: Sämtliche Werke, Band 3, Jakob Hegner, Köln/Olten 1967 (5. Aufl.), S. 120.

S. 126 «Den Geist... und Tieren»: Joelle Burrows, Katalog zur Ausstellung «Kenneth Snelson: The Nature of Structure», New York Academy of Science, 1989, S. 12.

S. 132 «*Nie* führen wir... Konsequenzen»: Erwin Schrödinger, Are There Quantum Jumps? (Part 2), *The British Journal for the Philosophy of Science* 3 (1952). In: Gesammelte Abhandlungen, Band 3, Verlag der Österreichischen Akademie der Wissenschaften/Vieweg, Wien 1984, S. 493–502, dort S. 499.

S. 132 «Wir müssen... des Experimentalphysikers»: Ebd., S. 500.

S. 133 «ein einzelnes... schwebt»: Hans Dehmelt, A Single Atomic Particle Forever Floating at Rest in Free Space, *Physica Scripta* T 22 (1988), S. 102.

S. 136f «Ich bin... in der Welt»: Antoine de Saint-Exupéry, Der kleine Prinz, a.a.O., S. 66.

S. 138 «Daß die Einzelpartikel... zugegeben»: Erwin Schrödinger, Unsere Vorstellung von der Materie, *Merkur*, Februar 1953, S. 131–145, dort S. 144f.

S. 139 «Kann man... anschickt»: Primo Levi, Das periodische System, Hanser, München 1987, S. 242.

S. 142 «Wenn es... zu haben»: Erwin Schrödinger im Gespräch mit Niels Bohr, wiedergegeben in: Werner Heisenberg, Der Teil und das Ganze, a.a.O., S. 94.

S. 150 «überflüssig»: Albert Einstein, Zur Elektrodynamik bewegter Körper, *Annalen der Physik* Band 17 (1905). In: Collected Papers, Band 2, Princeton University Press, 1989, S. 277.

S. 151 «Wenn man weiß... was es tut»: Tom Stoppard, Hapgood, a.a.O., S. 51.

S. 156 «Suspensionen... nicht verstanden»: Hendrik Casimir, Van der Waals Forces and Zero Point Energy, in: Physics of Strong Fields, NATO Advanced Institute on Physics of Strong Fields (Maratea/Italien), Plenum Press, New York 1987, S. 958.

S. 157 «Die Kraft... Nullpunktenergie sein»: Ebd., S. 961.

S. 162f «Meiner Meinung nach... berücksichtigen»: Albert Einstein, Seminar 1940, Princeton Institute for Advanced Study. Zitiert nach Edwin T. Jaynes, Probability in Quantum Theory, in: Wojciech H. Zurek (Hg.), Complexity, Entropy, and the Physics of Information, Addison-Wesley, Reading 1991.

S. 176 «Möchte es ... sich gegenseitig»: Isaac Newton, Mathematische Prinzipien der Naturlehre. Unveränderter fotomechanischer Nachdruck der Ausgabe Berlin 1872, Wissenschaftliche Buchgesellschaft, Darmstadt 1963, S. 2.

S. 176 «Die Naturerscheinungen... Entfernung abhängt»: Hermann von Helmholtz, Über die Erhaltung der Kraft (1847), Verlag von Wilhelm Engelmann, Leipzig 1915, S. 5f.

S. 179 «Durchbruch... Produkten»: Ahmed H. Zewail, Der Augenblick der Molekülbildung, *Spektrum der Wissenschaft* 2/1991, S. 100–111, dort S. 111.

S. 179f «Ich aber... primitive Monteure»: Primo Levi, Der Ringschlüssel, Hanser, München/Wien 1992, S. 165f.

S. 181 «Die verwegene Idee... auseinandersetzen wollen»: Arnold Sommerfeld, Zur Frage nach der Bedeutung der Atommodelle, in: Gesammelte Schriften, Band 3, Vieweg, Braunschweig 1968, S. 845–849, dort S. 845.

S. 198 «Man stelle... Fuß sein»: Jacob Köbel, Vom Ursprung der Teilung (1522), zitiert nach: Eugene Hecht, Physics in Perspective, Addison-Wesley, Reading 1980, S. 21.

S. 199 «Was also... weiß ich's nicht»: Augustinus, Bekenntnisse, zitiert nach: Julius T. Fraser, Die Zeit, dtv, München 1991, S. 53.

S. 220 Mlyneks und Carnals Experiment: Young's Double-Slit Experiment with Atoms: A Simple Atom Interferometer, *Physical Review Letters* 66 (1991), S. 2689–2692.

S. 223 «wie ein... Jahre sein»: George Gamow, Mr. Tompkins' seltsame Reise durch Kosmos und Mikrokosmos, Vieweg, Braunschweig/Wiesbaden 1980, S. 69.

S. 230 Leggetts Artikel: Anthony J. Leggett/Anupam Garg, Quantum Mechanics versus Macroscopic Realism: Is the Flux There when Nobody Looks?, *Physical Review Letters* 54 (1985), S. 857–860.

S. 237 «wobei sie ... Welle par excellence»: John Scott Russell (1844), zitiert nach: Muthusamy Lakshmanan (Hg.), Solitons, Springer, Berlin/Heidelberg/New York 1988, S. 7.

S. 239f «ob das Geschehen... zu ihnen gehört»: Erwin Schrödinger, Quantisierung als Eigenwertproblem. Zweite Mitteilung, in: Gesammelte Abhandlungen, Band 3, a. a. O., S. 98–136, dort S. 117f.

S. 240 «Daß eine... wirklich dient»: Erwin Schrödinger, Brief an Wilhelm Wien, 26. August 1926, zitiert nach: Walter Moore, Schrödinger: Life and Thought, Cambridge University Press, Cambridge 1989, S. 226.

S. 243 «Wellengruppen... Schwierigkeiten»: Erwin Schrödinger, Brief an Hendrik Lorentz, 6. Juni 1926, in: Karl Przibram (Hg.), Briefe zur Wellenmechanik, a. a. O., S. 54.

S. 249 Die Bilderfolgen, die Strouds Team veröffentlichte: Z. Dačić Gaeta/Carlos R. Stroud, Classical and Quantum-Mechanical Dynamics of a Quasiclassical State of the Hydrogen Atom, *Physical Review* A, 42 (1990), S. 6308–6313.

S. 250 «Observation... Wave Packet»: John A. Yeazell/Mark Mallalieu/Carlos R. Stroud, *Physical Review Letters* 64 (1990), S. 2007–2010.

S. 251 «Visitation der Natur»: Francis Bacon, Neues Organ der Wissenschaften. Unveränderter reprografischer Nachdruck der Ausgabe Leipzig 1830, Wissenschaftliche Buchgesellschaft, Darmstadt 1974, S. 104.

S. 254 «tiefer... einzudringen»: Hendrik Lorentz, Brief an Erwin Schrödinger, 27. Mai 1926, in: Karl Przibram (Hg.), Briefe zur Wellenmechanik, a. a. O., S. 41.

S. 256 «In unserer... Antipoden entwickelt»: Albert Einstein/Max Born, Briefwechsel 1916–1955, Nymphenburger, München 1991 (Neuaufl.), S. 199 (Brief vom 7. September 1944).

S. 259 Artikel, den Einstein mitverfaßte: Albert Einstein/Boris Podolsky/Nathan Rosen, Can Quantum-Mechanical Description of Physical Reality Be Considered Complete?, *Physical Review* 47 (1935), S. 777–780.

S. 259 Bohrs veröffentlichte Antwort: Niels Bohr, Can Quantum-Mechanical Description of Physical Reality Be Considered Complete?, *Physical Review* 48 (1935), S. 696–702.

S. 261 «Wenn ein Apparat... aufgegeben werden»: Richard P. Feynman, Vorlesungen über Physik, Band III, a. a. O., S. 28.

S. 261 Allegorie, die John Wheeler erzählt: Nach Jeremy Bernstein, Quantum Profiles, Princeton Univerity Press, Princeton 1991, S. 96.

S. 262 «etliche interessante und anregende Diskussionen»: David Bohm, A Suggested Interpretation of the Quantum Theory in Terms of «Hidden» Variables I/II, *Physical Review* 85 (1952), S. 166–193, dort S. 179.

S. 262 «zu billig»: Albert Einstein / Max Born, Briefwechsel, a. a. O., S. 252 (Brief vom 12. Mai 1952).

S. 265 «Das oben ... ausgeführt werden»: John Stewart Bell, Speakable and Unspeakable in Quantum Mechanics, Cambridge University Press, Cambridge 1987, S. 19.

S. 265 «Trotz einiger ... ungenau ist»: Ebd., S. 127.

S. 266 «spukhaft»: Albert Einstein / Max Born, Briefwechsel, a. a. O., S. 210 (Brief vom 3. März 1947).

S. 267 «Ich glaube ... Ideen vertrat»: John Stewart Bell, zitiert nach: Jeremy Bernstein, Quantum Profiles, a. a. O., S. 84.

S. 269 «Nach meiner Auffassung ... eine Tugend?»: John Stewart Bell, Speakable and Unspeakable in Quantum Mechanics, a. a. O., S. 195.

S. 273 «Ich behaupte ... mit Wissenschaft»: Edwin T. Jaynes, Quantum Beats, in: A. O. Barut (Hg.), Foundations of Radiation Theory and Quantum Electrodynamics, Plenum Press, New York 1980, S. 37–43, dort S. 42.

S. 276 «Einmal ... gewesen ist»: Albert Einstein / Max Born, Briefwechsel, a. a. O., S. 199 (Brief vom 7. September 1944).

S. 278 «bei dem gegenwärtigen Unternehmen für die wichtigste»: Galileo Galilei, Sternenbotschaft, in: Schriften, Briefe, Dokumente (hg. von Anna Mudry), Band 1, Rütten & Loening, Berlin 1987, S. 94–144, dort S. 123.

S. 279 «Der Mensch ... sein eigen»: John Donne, zitiert nach: Arthur Koestler, Die Nachtwandler, a. a. O., S. 373.

S. 283 «Daß die Gravitation ... sie verfallen»: Isaac Newton, Brief an Richard Bentley (1693), zitiert nach: Arthur Koestler, Die Nachtwandler, a. a. O., S. 342 f.

S. 288 «Verstünde man ... nicht kennen»: John Archibald Wheeler: A Few Highlights of His Contributions to Physics. Compiled and edited by Kip Thorne and Wojciech H. Zurek, *Foundations of Physics*, Band 16, 2 (1986), S. 79–89, dort S. 86.

S. 288 «Die revolutionärste ... notwendig macht»: Ebd., S. 88.

S. 288 f «Man kennt ... setzen können»: Antoine de Saint-Exupéry, Der kleine Prinz, a. a. O., S. 67.

S. 289 «Hier ist ... Augen unsichtbar»: Ebd., S. 72.

Register

Danksagung

Ich möchte den Herausgebern der Zeitschriften *The Sciences* und *Discover* für die Erlaubnis danken, daß ich auf Texte zurückgreifen darf, die schon einmal in ihren Seiten erschienen sind. Die großzügige Hilfe vieler Kollegen, vor allem das Entgegenkommen von David Wineland, Sam Hurst, Jean-Pierre Vigier und Ken Snelson, hat meine Recherchen zu einer angenehmen Aufgabe gemacht. Zu großem Dank verpflichtet bin ich auch meiner Agentin Beth Vesel, auf deren umsichtigen, zuverlässigen Rat ich mich in schwierigen und arbeitsreichen Zeiten stets verlassen konnte. Gewidmet ist dieses Buch meinen Kindern, die seit zwei Jahren geduldig darauf warten, daß ich wieder «Schiffeversenken» mit ihnen spiele, und meiner Frau Barbara Watkinson, ohne die dieses Buch Makulatur geblieben wäre.